U0053385

深智數位
股份有限公司

深智數位
股份有限公司

前言

歷時五年，本書終於和讀者見面了。

五年，不長也不短。五年，可以讓我有充足的時間來沉澱、挖掘和整理 Go 並發相關知識，為讀者呈現一本全面且深入的 Go 並發知識的書。五年來，相關的 Go 並發知識也在不斷地更新，比如 Go 記憶體模型的重新定義、atomic 套件更新，以及互斥鎖和讀寫鎖終於加上了 TryLock 方法等，對這些同步基本操作內部的實現也有最佳化，相關的最新變動也都表現在本書中。

從 2018 年開始，我就有意地整理 Go 並發程式設計的知識。2019 年，在 GopherChina 大會上做了第一次分享，後來又在滴滴出行做過專門的研討課，再後來，我在「極客時間」上做了一個《Go 並發程式設計實戰課》專欄，大家反映也比較好。

其實，我很早就想把「極客時間」上的專欄內容整理出來，再加上這幾年我對 Go 並發程式設計的新的理解和總結，把它打造成一本全面且深入的 Go 並發程式設計的書。Go 非常適合並發程式設計，學習 Go 語言的人感受最深，但是熟練掌握並發程式設計並不是一件簡單的事情，比如知名的 Go 生態圈的專案，包括 Go 語言本身，也都出現過很多並發程式設計的錯誤。有些書也介紹了 Go 標準函式庫的幾個同步基本操作，並簡單介紹了其使用方法，但是讀者覺得不過癮。所以，我很想儘快將這些內容整理成書，但是一拖就是三四年，「忙」是我用來解釋這本書現在才出版的藉口，「遲疑」才是我一拖再拖的原因。

我有兩個遲疑的點：一是我一直在思考，當前我整理出來的 Go 並發知識是否已經足夠全面？我不想出一本關於 Go 並發程式設計的書，只是介紹 Go 並發程式設計的部分知識，我想系統地覆蓋 Go 並發程式設計的各個方面，讓想學習 Go 並發程式設計的讀者看這一本書就足夠了。所以，這幾年我也一直在整理、分析和補充 Go 並發程式設計的資料，現在終於到了它「出山」的時候。

二是我有點個人化。我期望這本書讀者閱讀起來非常舒服、有條理。多年前我也出過書，這麼多年我也閱讀過很多電腦方面的書。我個人覺得書籍的排版、樣式、插圖、顏色非常影響讀者的讀書興趣，我期望這本書能夠有良好的排版、舒服的字型和間距、漂亮的插圖，並且彩色印刷。我夫人經常嘲笑我這是買櫝還珠，但是我還是期待能夠遇到與我的這種執念一致的「有緣人」，直到看到《Linux 網路內功修煉——徹底了解底層原理及高性能架構》這本書，透過作者彥飛認識了知名的出版策劃人姚新軍老師，一拍即合，本書才得以出版。我個人雖然沒有美術細胞，但是我從讀者的角度希望本書能夠以 Gopher 卡通的形象，最好以傳統古典風格設計插圖。我看了相關的插圖和排版，我個人非常喜歡，相信讀者閱讀起來也會覺得妙趣橫生。

當然，為避免「金玉其外，敗絮其中」的結局，本書還是致力於好料的介紹，也不枉讀者送我「鳥窩出品，必是好料」的稱號。本書內容經過仔細的設計，有清晰的脈絡可以遵循，內容由淺入深，適合各層次的 Go 語言同好學習，甚至買回來當一本工具書備查也是不錯的。

本書特色

- 全面。本書詳細介紹了 Go 標準函式庫中的每一個同步基本操作，並且補充介紹了 Go 官方擴充函式庫的同步基本操作，以及很多第三方的並發函式庫。本書還全面介紹了基於 etcd 的分散式同步基本操作，讀者在開發分散式程式的時候它很有參考價值。本書還整理了 Go 並發模式，讀者可以系統性地了解採用並發模式要解決的問題。
- 由淺入深。每個同步基本操作一開始都會介紹其使用場景和基本的使用方法，很多同步基本操作都會介紹其實現，讀者可以深入了解同步基本操作背後的原理。書中有作者多年開發經驗的總結和整理，讓讀者少走彎路。

- 實戰。書中包含大量的範例，獨創性地整理了同步基本操作使用陷阱，還專門列出了知名專案如 Kubernetes、Docker、gRPC 等專案中出現的並發錯誤，讓讀者切身感受到知名專案的有經驗的 Go 程式設計師也會犯的錯。
- 獨立。各章之間沒有依賴性，每一章都是獨立的，讀者可以從任意一章開始進行學習。正如「極客時間」的一位讀者所說，課程需要反覆學幾遍才能理解透，所以希望讀者也能勤翻一翻本書，多學習幾遍，把相關知識掌握透徹。

目標讀者

這是一本專門講解 Go 並發程式設計的書。雖然本書面對的是 Go 初級、中級、高級的程式設計師，但還是希望讀者有基本的 Go 語言知識，至少要花半天時間先學習一下 Go 語言的基本程式設計知識，因為我在一些場合聽到其他語言的程式設計師說半天就可以掌握 Go 語言了（當然也可以看看其他程式語言的程式，和其他語言的並發程式設計做一個對比，很多知識都是相通的，可以參考）。

任何想使用 Go 語言進行程式設計的朋友，無論是在校的學生，還是企業中有志於使用 Go 語言程式設計的程式設計師，建議都看一看本書。

勘誤與支持

由於作者水準有限，書中難免會出現一些錯誤或不準確的地方，懇請讀者們朋友批評指正。

大家可以在 https://cpgo.colobu.com 網站上討論、留言，查看勘誤，獲取書中的連結。

致謝

感謝《Go 並發程式設計實戰課》的讀者以及參加過技術分享的朋友，你們的支持、鼓勵和意見使得這本書越來越充實、準確和權威。

感謝積夢智慧 CEOAsta 謝孟軍，GopherChina 成為每年 Gopher 分享和交流的盛會，這有賴於 Asta 的組織和堅持，而我有幸在 2019 年的 GopherChina 大會上首次分享了我整理出來的 Go 並發程式設計的內容，並且在 Asta 的支持下專門開辦了一期研討課。

感謝極客邦科技原合夥人兼總編輯郭蕾（Gary），在他的盛情邀請下，我辭職後專門抽出時間把自己對 Go 並發程式設計的理解再一次進行整理和沉澱，專門開設了《Go 並發程式設計實戰課》專欄。當然，還要感謝各位編輯，有了你們，專欄才得以順利地和讀者見面。

感謝成都道然科技有限責任公司的姚新軍（@ 長頸鹿 27）老師，對於本書的出版，姚老師給我提供了很多建議和幫助，尤其對於我期望的書中插圖的風格，姚老師都安排插畫老師統一繪製出來了。

感謝我的家人，允許我將週末和假日的時間用於本書的撰寫，並給我的生活帶來了很多快樂。

最後，我想感謝你們，本書的讀者，是你們對 Go 語言的熱愛和應用，才使得 Go 語言熱度高漲，越來越多的企業尤其是網際網路企業採用和推廣 Go 語言。同時，也希望讀者到 https://cpgo.colobu.com 多多提出寶貴的意見和建議。

鳥窩

目錄

1 Go 並發程式設計和排程器

2 互斥鎖 Mutex

3 讀寫鎖 RWMutex

4 任務編排好幫手 WaitGroup

5 條件變數 Cond

6 單實體化利器 Once

7 並發 map

8 池 Pool

9 不止是上下文：Context

10 原子操作

11 channel 基礎：另闢蹊徑解決並發問題

12 channel 的內部實現和陷阱

13 Go 記憶體模型

14 訊號量 Semaphore

15 緩解壓力利器 SingleFlight

16 循環屏障

17 分組操作

18 限流

19 Go 並發程式設計和排程器

20 並發模式

21 經典並發問題解析

1 Go 並發程式設計和排程器

本章內容包括：

- 為什麼要採用並發程式設計
- 並發和平行
- 並發程式設計對提升程式執行性能的極限
- 並發執行的速度不一定比串列快
- Go 執行時期排程簡介

首先問大家一個直擊靈魂的問題：為什麼我們要採用並發程式設計？這個問題很重要，也是我們在動手寫程式之前必須要考慮的問題，它決定了程式的設計方式。

事實上，在某些場景下，比如撰寫一個「hello world」程式，解決一道力扣上的難題，撰寫一個簡單的運行維護工具，我們都不需要考慮並發程式設計的問題，簡單地撰寫一個循序執行（也叫串列執行）的程式就可以了。但是在大部分場景下，尤其是要執行一些複雜的業務邏輯時，我們想並發地執行一些業務邏輯，比如同時執行對 N 個網站的請求，或並發地處理使用者端的請求，然後交給一個 worker 池去處理，在這些場景下，我們就需要考慮並發的問題了。

並發程式設計，目的就是提高程式的吞吐能力和性能，能夠同時處理很多業務，而不管這些業務是相同的還是不同的。為什麼並發程式設計能提升程式的吞吐能力和性能呢？原因如下：

- 合理地拆解程式的邏輯，使不同的業務模組可以並發執行，同時可以處理多個業務模組，從而在相同的時間內有更多的業務單元可以被處理。在串列程式設計的模式下，必須一個模組執行完，才能執行下一個模組，其中一個模組在執行的時候，其他模組就一直在等待，同一個時間點只能有一個模組執行（見圖 1-1）。

▲ 圖 1.1 串列程式（上）和平行程式（下）對比

- 當然，對程式的拆解並不是一件容易的事情。因為業務邏輯中有些部分必須等待其他並發部分全部或部分完成後才能執行，比如統計造訪幾大搜索網站的平均延遲，統計模組需要等待存取 bing、Google 等並發模組都傳回結果後才能進行統計。在本書中，我們把這種需要多個並發模組協調的邏輯處理叫作編排。對任務的編排並不是一件很容易的事情，在本書的後續章節中會介紹各種各樣的同步基本操作（同步基本操作指幫助你開發並發程式設計的一些函式庫和資料結構，專門用來做並發同步的資料結構。我們後面稱之為同步基本操作，在本書後續介紹中並沒有對它們進行嚴格區分）。有的時候，並發使用某個資源還會涉及競爭的問題，如果沒有同步基本操作的支持，相關的分享資料可能就會出現意想不到的結果。這也是並發程式設計常見的問題，本書也會介紹常見的對分享資料進行保護的同步基本操作及常見的陷阱，比如鎖死等問題。
- 對於 I/O 敏感型的程式，並發程式設計對其性能的提升巨大。I/O 敏感型的程式會將大量的時間耗費在等待 I/O 完成上，比如從網路中讀取資料，往磁碟中寫入批次的持久化資料，或存取一個資料庫等。對於串列程式設計模型，程式在等待的過程中不能執行其他業務邏輯（即使 CPU 空閒）；但是對於平行程式設計模型，程式在等待 I/O 完成的過程中完全可以處理其他業務邏輯，程式不會被阻塞，所以平行對 I/O 敏感型程式的性能提升有時候是巨大的（見圖 1.2）。

▲ 圖 1.2 I/O 敏感型程式

- 並發程式設計可以充分利用現代 CPU 的多核心能力。從 1970 年到 2002 年，處理器的速度大約每 18 個月成長一倍（摩爾定律），所以當時調侃程式設計師對程式的最佳化就是耐心等待，等待新的 CPU 出現，程式在新的 CPU 上執行性能自然地被提升。但是到了 2002 年，IBM 推出了多核心的 POWER4，Intel 和 AMD 也相繼推出了多核心的 CPU，現在 AMD ZEN 架構的 EPYC 9000 系列 CPU 已經達到 96 核心 192 執行緒的超恐怖的能力了。如果是串列程式，只使用一個核心，那麼其他的 CPU 核心就無事可做浪費掉了；而如果能夠並發執行，把每個核心都利用起來，那麼就可以充分利用伺服器的運算能力，極大地提高程式的性能（見圖 1.3）。

▲ 圖 1.3 CPU 敏感型程式

所以說，如果掌握了並發程式設計的能力，就能夠充分利用當今 CPU 的運算能力，極大地提升程式的吞吐能力和性能，帶來更大的效益。

1.1 Go 特別適合並發程式設計

當今很多高級程式語言都支援並發程式設計，但是 Go 語言絕對是很特殊的那一個，一開始它就從語言設計上為並發程式設計提供了最簡單的方式，並且設計了比執行緒更輕量級的 goroutine，還為 CSP 模型提供了容易使用的 channel 類型，並將其作為內建類型直接提供。

2019 年，在 *Go Time* 對 Rob Pike 和 Robert Griesemer 的訪談節目中，Rob Pike 談到發明 Go 語言的想法時說道，「我們聽到了一個 C++ 新版本發佈的訊息，我一直認為 C++ 缺乏對新的多核心機器的支持，我想嘗試把多年來自己對並發程式設計的理解展現出來。因為我和 Robert Griesemer 在同一間辦公室，所以 2007 年 9 月的一天我們坐下來討論，從此 Go 語言誕生了，所以你看發明 Go 語言的初衷之一就是方便進行並發程式設計的開發。」在 2008 年 3 月 7 日制定的初級的 Go 語言規範中，就明確指出 Go 要對多執行緒提供支援，並且提到對函式提供並發執行的能力，以及透過 channel 提供通訊和同步。這些來自 Rob Pike 開發 Plan9 作業系統以及設計 Squeak/NewSqueak 程式語言的方法和創新都被應用到了 Go 語言中。

在 Go 語言中，實現並發程式設計非常簡單，在函式的執行敘述的前面加上 go 關鍵字，該函式就會自動生成一個 goroutine 來執行，很少有程式語言能夠提供如此簡潔的並發開發方式：

```
package main

import (
    "fmt"
    "net/http"
    "time"
)

func getFromBaidu() {
    resp, err := http.Get("https://www.baidu.com")
    if err != nil {
        fmt.Println(err)
        return
    }

    fmt.Println(resp.Status)
}
func main() {
    // 併發輸出
    go func() {
```

```go
        fmt.Println("Hello from a goroutine!")
    }()

    // 併發存取
    go getFromBaidu()

    time.Sleep(time.Second)
}
```

啟動一個 goroutine 就是如此簡單。在函式和方法的呼叫前面加上 go，就會建立一個 goroutine，這個 goroutine 會加入 Go 排程器的佇列進行排程或執行，呼叫者不會被阻塞，而是會繼續執行，所以避免了程式直接退出。這裡我們等待了 1 秒鐘，將來會使用同步基本操作更進一步地控製程式的等待方式。函式執行結束後，此 goroutine 也會終止。

下面的一行敘述就啟動了一個監聽 8080 通訊埠的 HTTP 服務。

```go
go http.ListenAndServe(":8080", nil)
```

那麼問題來了，go 敘述要求函式或方法的傳回值的數量和類型嗎？ go 敘述是否只允許傳回一個值並且類型是 error 的函式呢？

go 敘述並不理會函式的傳回值的數量和類型，在它看來這一切都是浮雲，它都不關注。比以下面的 add 方法，傳回值是兩個，並沒有問題，依然可以使用 go 敘述並發執行。

```go
func add(x, y int) (int, error) {
    if y == 0 {
        return 0, fmt.Errorf("y can not be zero")
    }
    return x / y, nil
}

func main() {
    go add(1, 2)

    time.Sleep(time.Second)
}
```

這樣的敘述經常會被 go linter 工具檢查出不符合要求，因為 ListenAndServe 方法傳回的 error 並沒有被處理，無論傳回什麼都會忽略 go 敘述。比如使用 golangci-lint 工具做檢查，它會對下面兩行沒有檢查 error 的程式提示有問題，如圖 1.4 所示的輸出顯示有兩行程式不符合規範，都是因為傳回的 error 沒有被處理。

```
smallnest@birdnest  > > > > > > lint  master  ERROR  golangci-lint run
example.go:17:24: Error return value of `http.ListenAndServe` is not checked (errcheck)
        go http.ListenAndServe(":8080", nil)
                                         ^
example.go:19:8: Error return value is not checked (errcheck)
        go add(1, 2)
              ^
smallnest@birdnest  > > > > > > lint  master  ERROR
```

▲ 圖 1.4 使用 golangci-lint 工具做檢查

如果確定不需要處理傳回的錯誤，那麼可以添加註釋告訴 golangci-lint 不需要對此做檢查。比以下面的程式，在不想做 golangci-lint 檢查的那一行添加了註釋 nolint：

```
go http.ListenAndServe(":8080", nil)

go add(1, 2) //nolint
```

再次執行 golangci-lint 就不會檢查 go add(1,2) 這一行了，如圖 1.5 所示。

```
smallnest@birdnest  > > > > > > lint  master  ERROR  golangci-lint run
example.go:17:24: Error return value of `http.ListenAndServe` is not checked (errcheck)
        go http.ListenAndServe(":8080", nil)
                                         ^
smallnest@birdnest  > > > > > > lint  master  ERROR
```

▲ 圖 1.5 遮罩 golangci-lint 工具檢查

如果需要處理 error 資訊，則可以把 go 敘述改造一下，使用匿名函式（anonymous function）將其封裝起來。比如把執行 HTTP 伺服器的那一句改造一下：

```
go func() {
    if err := http.ListenAndServe(":8080", nil); err != nil {
        fmt.Println(err)
```

```
    }
}()
```

go 敘述經常讓人迷惑的地方就是它的參數被求值的時機，因為函式是非同步執行的，函式非同步執行時這個參數可能會在後面某個時間才被使用，傳入的參數在呼叫者所在的 goroutine 中可能會被修改，所以有的面試官會故意製造一些混亂，問你這個參數求值的一些問題—別被迷惑，你只需要記住，go 敘述的參數求值和正常的函式 / 方法呼叫都是一樣的。比以下面的例子：

```
var list []int

go func(l int) {
    time.Sleep(time.Second)
    fmt.Printf("passed len: %d, current list len:%d\n", l, len(list))
}(len(list))

list = append(list, 1)

time.Sleep(2 * time.Second)
```

在這個例子中，呼叫 go 敘述時傳入 len(list)，這個時候 list 是空的，它的長度是 0，所以此時參數的求值結果就是 0。

這個 goroutine 執行輸出結果時，list 被呼叫者修改了，它的長度變成了 1，所以輸出結果如圖 1.6 所示，goroutine 開始時 list 長度為 0，1 秒後再檢查就變成 1 了。

```
 smallnest@birdnest  > > > > > > > list  master  go run main.go
passed len: 0, current list len:1
 smallnest@birdnest  > > > > > > > list  master  
```

▲ 圖 1.6 goroutine 中對變數的修改

go 敘述的這一點和 defer 敘述是類似的。

但是有時候出題者並不會出這麼簡單的題，比以下面的程式，我們修改了 go 敘述的函式物件的值，會對已經求值的 go 敘述造成影響嗎？

```
list := []int{1}

foo := func(l int) {
    time.Sleep(time.Second)
    fmt.Printf("passed len: %d, current list len:%d\n", l, len(list))
}

go foo(len(list))

foo = func(l int) {
    fmt.Printf("passed len: %d, current list len:%d\n", l*100, len(list)*100)
}

time.Sleep(2 * time.Second)

foo(len(list))
```

在上面的程式中，go 敘述執行的還是被修改前的 foo 的值。

或，還會考查你對 Go 參數傳遞指標和傳遞值的理解，結合 go 敘述：

```
type Student struct {
    Name string
}

s := &Student{
    Name: " 博文 ",
}

go func(s *Student) {
    time.Sleep(time.Second)
    fmt.Printf("student name: %s\n", s.Name)
}(s)

s.Name = " 約禮 "
time.Sleep(2 * time.Second)
```

Go 總是傳值的，即使是傳遞一個指標，也是把指標的值傳遞進去。這裡 go 敘述使用的指標指向的物件和外部呼叫者使用的物件是同一個物件，所以程式輸出的結果是修改後的結果，學生的名字已經從「博文」改成了「約禮」，如圖 1.7 所示。

```
 smallnest@birdnest  ~ > ~ > ~ > ~ > ~ > ~ > paramEvaluated  master  go run main.go
student name: 約禮
 smallnest@birdnest  ~ > ~ > ~ > ~ > ~ > ~ > paramEvaluated  master 
```

▲ 圖 1.7 函式的參數傳遞是傳值方式

1.2 並發 vs 平行

並發（concurrency）vs 平行（parallelism）是非常有意思的話題。本來，這並不是什麼大問題，因為平常我們更多談論的是並發的問題和實現。但是一些嚴謹的人會執著地對概念做一個剖析，這也沒什麼大問題，學術界追求嚴謹的態度是值得肯定的。但遺憾的是，有些人拿著這個概念做面試題，如果你沒有認真地學習和分析過這兩個概念，則很容易在這個問題上「翻車」。本書並不是 Go 面試題應試指南，但是既然和並發程式設計相關，那麼不妨在這裡給大家剖析一下。

本來對於並發和平行，不同的人有不同的理解，但是 Go 三巨頭之一的 Rob Pike 在 2012 年分享了一個著名的演講——「並發不是平行」，詳細對比了這兩個概念，並演示了將一個串列程式改成並發 / 並存執行的幾種方式。這個演講意義深遠，基本上成了大家理解 Go 並發程式設計的必讀和基礎材料之一。

Rob Pike 提出了幾個觀點，其中第一個觀點非常流行，後面幾個觀點反而介紹得很少。他提出：

- 並發是同時處理很多事情，平行是同時做很多事情。

  並發是同時處理很多事情，有時間段的概念，這些事情可能會有一個先後順序，但是會在這個時間段內去做。從這個時間段來看，這些事情都被處理了。比如我在編寫這本書的同時還在聽著音樂，這兩件事情如果被排程在同一個 CPU 上，它們是並發執行的。

平行是在同一個時間點有多件事情都在做。如果手頭闊綽，我還可以買一台機器放在旁邊，打開 Markdown 編輯器撰寫本書的內容，同時音樂播放機在播放網路上最流行的歌曲。這兩台伺服器可以平行地執行，在同一個時刻，兩台伺服器都在做著事情，這是平行。

- 並發和平行並不相同，但是相關（見圖 1.8）。

並發和平行區別的第一筆已經講得很清楚了，是和時「處理」和同時「做」的差別。舉例來說，我很久沒有去銀行辦理業務了，最近去了一次，其效率基本上和以前一樣。進門後，銀行經理檢查我的身份證和金融卡，然後在抽號機上取了一個號給我，我的業務正式開始被「處理」了。我環顧四周，發現大堂裡全是已被「處理」但是還在等待視窗辦理的顧客。有限的幾個視窗正在「做」業務，每個「做」的過程都非常漫長，有可能需要等半天才能輪到我「做」業務。這一點和電腦的 CPU 也是類似的，我使用的 CPU 可能只有幾個核心，但是我打開視窗，所做的事情卻非常多，很多事情都在「被處理」，而正在「做」的工作也就是幾個而已。銀行辦理業務是並發執行的，但是並存執行的就寥寥幾個業務。

▲ 圖 1.8 形象展示並發和平行（左邊並發，右邊平行）

- 並發的焦點是設計結構，平行的焦點是程式的執行。

並發的本質是我們要設計 / 實現一個結構，這個結構可以使程式的不同計算模組並發地執行。這些模組的執行可能真的是平行的，比如在多核心的 CPU 上，不同的模組不會相互阻塞，它們被分配到不同的核心上，所以可以平行地執行。而在一個核心的 CPU 上，它們不能平行地執行，

> 但是可以並發地執行，在一段時間內每個模組都可以佔用 CPU 的時間切片，每個模組都可以被執行。並發程式設計的本質就是要設計 / 實現這樣的程式結構，以便不同的模組可以並發地執行。並發的目標之一就是能利用平行（多核心）的能力，但是平行的目標並不是並發。

本書後面的章節主要介紹並發程式設計的相關知識。

接下來，以名為「鳥窩客棧」的連鎖飯店為例來介紹並發技術。

「鳥窩客棧」是一家知名的美食飯店，專做八大菜系，在美食界赫赫有名。現在它準備在京師最火的美食街開一家分店。開店初期只租了一個場地，服務員、廚師和結帳員都由店長一人承擔。所以，一旦有一個顧客過來，店長就得親自接待，安排好顧客座位，等待顧客點餐，然後拿著顧客的單子去炒菜，給顧客上菜，結帳送客，接下來才能迎接下一個顧客。可想而知，店門外等待品嘗美食的顧客排了長長的一隊，但是由於此店是順序接待顧客的，所以大家只能順序就餐，前一個顧客吃完才能輪到下一個顧客（見圖 1.9）。

▲ 圖 1.9 順序服務顧客的場景

某一天集團老闆過來巡視，發現不行，這樣太低效了，處理流程需要改造，於是把整個就餐流程改造成四部分：接待顧客和點餐、炒菜、上菜和結帳。接待顧客和上菜可以由一個服務員負責，炒菜由一個廚師負責，然後結帳由收銀員負責，三個步驟可以並發地執行。它們之間可以透過訊息傳遞資訊，比如服務員遞一個單子，廚師就知道要炒新菜了，廚師炒好菜後搖一下鈴就可以通知服務員端菜了。服務員和收銀員之間也透過打招呼的方式結帳。接待顧客和點餐、炒菜、上菜和結帳並發地執行，可以同時服務多個顧客，處理流程大大加快，店裡的流水也多起來了，客棧開始盈利（見圖 1.10）。

某一天老闆又過來了，還是有點不滿意，因為他發現同時就餐的顧客雖然多了，但是只有一個廚師，導致大部分顧客都在座位上苦苦等待，顧客頗有怨言；廚師在灶台前忙得熱火朝天，而服務員坐在長凳上曬太陽，收銀員在櫃檯後無聊地追劇，非常不合理。得益於先前的並發流程的改造，老闆決定再增加 7 個廚師和 7 個灶台，廚師可以平行炒菜；再增加兩個服務員，這樣即使菜炒得很快，服務員也能及時端給顧客。因為顧客很快能吃到飯菜，所以就餐時間也很短，收銀員也忙碌起來，一派欣欣向榮的景象。所以大家看到並發程式設計的設計，可以輕鬆地解決規模擴大的問題，並且可以利用平行的方式，同時處理多個並發單元（見圖 1.11）。

▲ 圖 1.10 初步改造後的場景

▲ 圖 1.11 並發單元增加能力後的場景

「鳥窩客棧」太有名了，四面八方的顧客慕名而來，小小的客棧即使採用了並發技術，也難以應對這麼大的客流，顧客又不滿意了。老闆過來考察後，決定在這條美食街再開一家分店，照搬第一家分店的處理流程和資源配備，依然火爆，結果開了第三家分店、第四家分店……直到第八家分店，基本上滿足了顧客的需求，顧客不需要再等待了。這就是採用平行的方式來解決問題，每個店的處理流程依然是並發的方式，服務員忙忙碌碌，廚師幹得熱火朝天，收銀員手打算盤劈裡啪啦，顧客不需要等待，很舒服地在「鳥窩客棧」裡品嘗美食（見圖 1.12）。

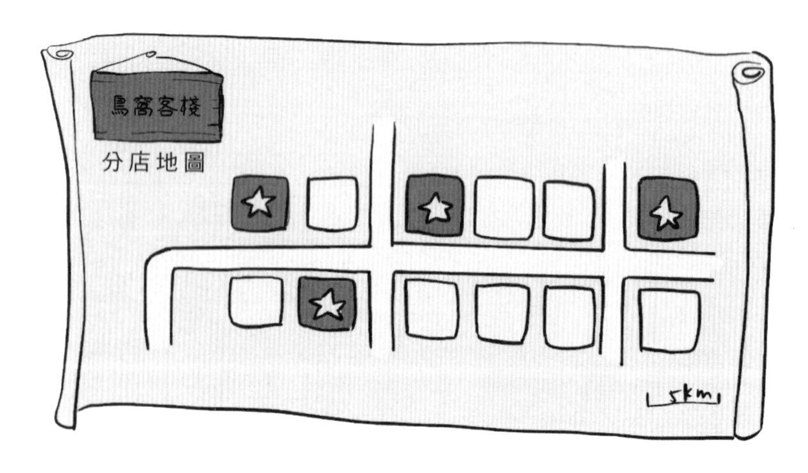

▲ 圖 1.12 開分店平行服務的場景

可以看到，並發是對結構的設計和改造，將整個處理流程拆解成可以並發處理的單元。拆解的方式也不是唯一的，還可以增加洗菜工、刷碗工、收拾餐餘的工作人員等。總之，看到哪裡有瓶頸，就要考慮有沒有可能把它分解並發地執行。這些人員之間可以透過訊息傳遞資訊，如果同時有很多顧客結帳，而這裡只設置了一個收銀員，還需要互斥鎖等方式，將並發單元排成佇列，順序結帳。如果結帳這裡一直是瓶頸的話，那麼可以透過增加幾個收銀員來消除這個流程上的瓶頸。

綜上所述，我們在設計並發程式的時候，經常要進行並發單元的設計，並且要進行並發模組之間的資料同步和訊息傳遞，甚至要編排任務讓它們按照固定的流程執行。在大部分場景下，並發程式可以提升程式的性能，而我們可以透過提供更多的 CPU 核心等方式，讓並發單元能夠更多、更快地執行一儘管這不是必需的。

1.3 阿姆達爾定律：並發程式設計最佳化是有上限的

阿姆達爾定律（Amdahl's Law，Amdahl's Argument），電腦科學界的經驗法則，因 IBM 公司電腦架構師吉恩·阿姆達爾而得名。阿姆達爾曾致力於平行處理系統的研究，他進行了一項富有洞察力的觀察：提升系統的一部分性能對整個系統的性能有多大影響。這一觀察被稱為阿姆達爾定律：

$$\frac{1}{(1-\alpha)+\alpha/k}$$

當提升系統的一部分性能時，對整個系統性能的影響取決於：

- 這一部分有多重要。
- 這一部分性能提升了多少。

假設原來在系統中執行一個程式需要的時間為 T_{old}，其中某一部分佔的時間百分比為 a，如果這一部分的性能提升 k 倍，即提升的這一部分原來需要的時間為 aT_{old}，現在需要的時間變為 $(aT_{\text{old}})/k$，那麼整個系統執行此程式需要的時間就會變為

T_{new}= 不能並發執行的部分所需的時間 + 並發提升後所需的時間
$=(1\text{-}a)T_{old} + (aT_{old})/k$

因此，加速比（系統性能加速的倍數，T_{old}/T_{new}）為

$$S = 1/((1\text{-}a) + a/k)$$

因為 a 的設定值範圍是 0~1，所以加速比就是 1~k。在程式沒有部分做並發性能提升的情況下，程式沒有辦法加速。如果程式整個部分都可以做並發性能提升，那麼加速比可以達到 k。

阿姆達爾定律從理論上指出了程式所能達到的最大加速比。比如程式原來是串列執行的，但是我們對其中的一半進行最佳化，使其可以平行地執行，而且有充足的 CPU 可以並存執行這一半的任務。結果是，即使使用足夠多的 CPU 去並存執行這一半的任務，最後的加速比也不會超過 2。

我們在設計並發程式的時候，應儘量讓可並發的部分在整個系統中佔比較大（a 較大），這樣才可能得到更大的加速比。這就要求我們仔細地設計程式，儘量減少串列的部分，同時儘量提升並發部分的性能，使 k 變大。

1.4 Go 並發並不一定最快

一般來說，正如我們平常理解的那樣，將串列程式修改為平行程式之後，其性能會得到提升。但也不是絕對的，在某些情況下，串列程式設計性能反而更好。

下面這個例子是快速排序的串列實現。

```
// 快速排序中的分區，把 a 分成左右兩部分，左邊部分小於右邊部分
func partition(a []int, lo, hi int) int {
    pivot := a[hi] // 將最後一個值作為分界值
    i := lo - 1
    for j := lo; j < hi; j++ {
        if a[j] < pivot { // 如果值小於分界值，則挪到左邊
            i++
```

```
            a[j], a[i] = a[i], a[j]
        }
    }
    a[i+1], a[hi] = a[hi], a[i+1]

    return i + 1
}
func quickSort(a []int, lo, hi int) {
    if lo >= hi {
        return
    }
    p := partition(a, lo, hi)
    quickSort(a, lo, p-1)
    quickSort(a, p+1, hi)
}
```

我們將串列實現修改為並發實現：

```
func quickSort_go(a []int, lo, hi int, done chan struct{}) {
    if lo >= hi {
        done <- struct{}{}
        return
    }

    p := partition(a, lo, hi)
    childDone := make(chan struct{}, 2)
    go quickSort_go(a, lo, p-1, childDone) // 啟動一個 goroutine，快速排序左邊
    go quickSort_go(a, p+1, hi, childDone) // 啟動一個 goroutine，快速排序右邊
    <-childDone
    <-childDone
    done <- struct{}{}
}
```

我們期望並發的版本執行得更快一點，畢竟串列的版本使用一個 CPU 核心來執行，而並發的版本可以並發處理，充分利用 CPU 多核心的能力來執行。我們隨機生成測試資料，測試它們執行所花費的時間：

```
func bench_quicksort() {
    // 生成測試資料
```

```
    rand.Seed(time.Now().UnixNano())
    n := 10000000
    testData1, testData2 := make([]int, 0, n), make([]int, 0, n)
    for i := 0; i < n; i++ {
        val := rand.Intn(n * 100)
        testData1 = append(testData1, val)
        testData2 = append(testData2, val)
    }

    // 串列程式
    start := time.Now()
    quickSort(testData1, 0, len(testData1)-1)
    fmt.Println(" 串列執行 :", time.Since(start))

    // 併發程式
    done := make(chan struct{})
    start = time.Now()
    go quickSort_go(testData2, 0, len(testData2)-1, done)
    <-done
    fmt.Println(" 併發執行 :", time.Since(start))
}
```

實際執行：

```
E:\2022book\concurrency-programming-via-go-code\ch1>go run.
串列執行：879.2528ms
併發執行：4.4318051s
```

什麼，並發程式的耗時反而遠遠大於串列程式的耗時？為什麼在 6 個核心的 CPU 上執行的並發程式反而比在一個核心上執行的串列程式還要慢？哪裡出了問題？讓我們分析一下。

我們使用 1000 萬個資料進行排序，並發程式會將資料分成兩個部分，這兩個部分使用兩個子 goroutine 來執行，每個子 goroutine 負責其中一部分資料。同樣地，每個子 goroutine 也會將自己要排序的部分分成兩個孫 goroutine，這樣整體上並發程式會建立許許多多的 goroutine。雖然我們前面說過，goroutine 相對於執行緒是輕量級的，但這並不表示它沒有資源的佔用和性能的損耗。與作業系統的執行緒相比，goroutine 的記憶體佔用更小：Go 1.4 以後的 goroutine 只佔用 2KB，在執行中 goroutine 的記憶體佔用還會隨選進行調整；更進一步，Go 1.19 會根據歷史 goroutine 堆疊的使用率來初始化新的 goroutine 堆疊的大小，goroutine 堆疊的大小不再是固定的 2KB。因為建立新的 goroutine 會伴隨堆疊的分配，這也會損耗性能。同時大量的 goroutine 在排程和垃圾回收檢查時也會佔用一定的時間，所以整體上說，這些額外的時間反而讓程式的性能下降了，儘管使用了 6 個 CPU 核心。

那麼就沒有辦法利用並發的優勢了嗎？別急，我們還有絕招！既然我們意識到太多的 goroutine 影響並發程式的性能，那麼可以減少 goroutine 的生成，並且遞迴深度在 3 以內，採用並發的方式快速排序；如果遞迴深度超過 3，則退化為串列的方式，這樣就既利用了並發執行的優勢，又減少了過多 goroutine 帶來的管理損耗。所以並發程式的最佳化版本如下：

```
func quickSort_go2(a []int, lo, hi int, done chan struct{}, depth int) {
    if lo >= hi {
        done <- struct{}{}
        return
    }
    depth--
    p := partition(a, lo, hi)
    if depth > 0 {
        childDone := make(chan struct{}, 2)
        go quickSort_go2(a, lo, p-1, childDone, depth)
        go quickSort_go2(a, p+1, hi, childDone, depth)
        <-childDone
        <-childDone
    } else {
        quickSort(a, lo, p-1)
        quickSort(a, p+1, hi)
    }
    done <- struct{}{}
}
```

使用測試程式測試，串列版本、完全並發版本和最佳化並發版本的性能對比如下：

```
E:\2022book\concurrency-programming-via-go-code\ch1>go run.
串列執行：889.0072ms
完全併發執行：6.743595s
最佳化併發執行：798.3423ms
```

可以看到，我們最佳化的並發版本可以獲得更好的性能。

還有，那個遞迴深度為什麼取 3，能不能取 5 或 1024 呢？它基本上是一個經驗值，最好透過基準測試的方式來確定這個值。如果是 CPU 敏感型的程式，則可以嘗試使生成的 goroutine 的數量和 CPU 的邏輯核心數相等；如果是 I/O 敏感型的程式，則可以嘗試把 goroutine 的數量設置為 CPU 邏輯核心數的數倍或十幾倍。當然，具體的數值最好還是透過基準測試來確定。

1.5 Go 執行時期排程器

了解 Go 執行時期對 goroutine 的排程，對於深入分析和理解並發程式還是很有幫助的。

當作業系統的執行緒切換到另一個執行緒時，CPU 會執行一個操作，叫作**上下文切換**（context switch），作業系統會在中斷、系統呼叫時執行執行緒上下文切換。執行緒上下文切換是一種昂貴的操作，因為作業系統需要將使用者態轉移到核心態，儲存要切換執行緒的執行狀態，也就是將一些重要暫存器的值和處理程序狀態儲存在執行緒控制區塊資料結構中。當恢復執行緒的執行時期，需要將這些狀態載入到暫存器中，從核心態轉移到使用者態。想想就比較複雜、耗時，如果又涉及處理程序上下文切換，就更加耗時了。goroutine 的排程是由 Go 執行時期控制的，每個編譯的 Go 程式都會附加一個很小的 Go 執行時期，負責記憶體分配、goroutine 排程和垃圾回收。goroutine 會和某個執行緒綁定，它是使用者態的，並且初始的堆疊也比較小，所以它的上下文切換銷耗比較小，大致上，你可以認為 goroutine 的上下文切換銷耗是執行緒上下文切換銷耗的十分之一。當然，這個數值會隨著一些應用場景和 CPU 架構的不同而不同，我們可以大致粗略估計成這個數量級。最早的 Go 執行時期（1.0 版以下）採用 GM 模型，隨著 Go 執行時期的最佳化，改成了 GPM 模型（見圖 1.13）。

- **G**：表示 goroutine，儲存了與 goroutine 相關的資訊，比如堆疊、狀態、要執行的函式等。
- **P**：表示邏輯 processor，有人把它和 CPU 處理器的概念混在一起，這是不對的，它和 CPU 的處理器沒有半點關係。P 負責把 M 和 G 捏合起來，讓一系列的 goroutine 在某個 M 上循序執行。在預設情況下，P 的數量等於 CPU 邏輯核心的數量，當然，你也可以使用 runtime.GOMAXPROCS 改變它，尤其是在 I/O 敏感的場景下。有些資料結構會利用 P 的特性，實現 per-P 的方式以避免使用鎖來提升性能，因為屬於同一個 P 的 goroutine 沒有資料競爭的風險。如圖 1.13 所示，每個 P 都有一個自己的本地 goroutine 佇列。
- **M**：表示執行運算資源單元，Go 會把它和作業系統的執行緒一一對應。只有在 P 和 M 綁定之後，才能讓 P 的本地佇列中的 goroutine 執行起來。

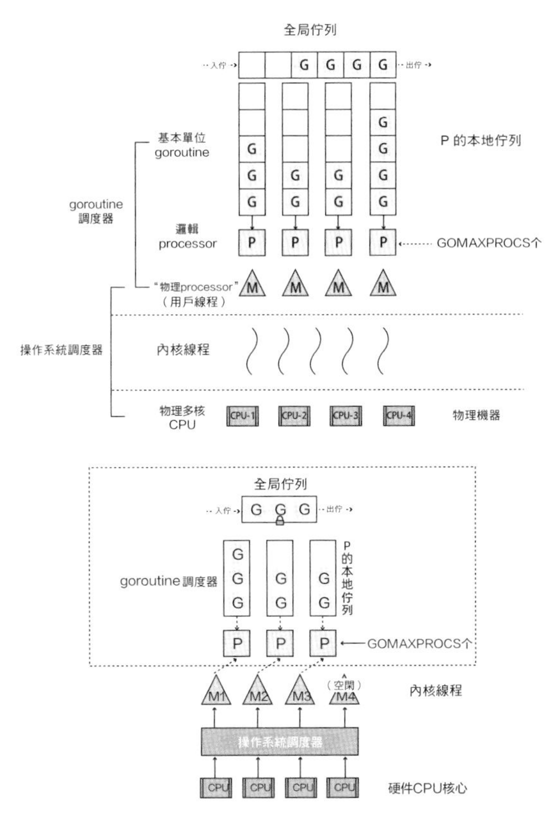

▲ 圖 1.13 GPM 模型

執行 Go 程式時，程式的進入點並不是 main 函式，而是會呼叫 Go 執行時期的函式，完成執行時期的初始化工作，包括排程器初始化和垃圾回收等工作。最開始會建立 m0 和 g0，完成排程器初始化的工作，為 main.main 生成一個 goroutine，並且被 m0 執行。

但凡看過 Go 的 GPM 模型的讀者都會知道這些，但這裡還是簡單地複述一下。Go 執行時期會啟動 *N* 個 P 和 M，並把 P 和 M 捏合在一起，除非有阻塞的 I/O 導致 P 和 M 解綁，P 再找到「新歡」（新的 M）。每個 P 都有自己的本地佇列，它會循序執行其本地的 goroutine 佇列，但是每 61 次或本地佇列沒有 P 可執行的 goroutine 時，它會從全域佇列找到一個 goroutine 來執行，避免全域佇列的 goroutine 沒有機會執行。還有大家熟知的工作竊取演算法，如果一個 P 太過清閒，沒有什麼 goroutine 可執行，它也會嘗試從其他的 goroutine 佇列竊取一半的 goroutine 過來，讓工作比較均衡。這個過程大家都比較清楚且耳熟能詳，但是這裡還有兩個大家可能不太熟悉的場景，也就是 timer 和 netpoll。timer 經過幾次演化，它的四叉堆積依附在 P 上，P 在排程的時候也會檢查這個四叉堆積上是否有 timer 需要觸發，同時也會竊取 timer。排程器還會檢查 netpoll，對於那些網路 I/O 已經就緒的 goroutine，也是有機會執行讀 / 寫操作的。sysmon 是一個獨立的 goroutine，不依附在某個 P 上，而是執行在一個獨立的 M 中，定時執行一次，檢查與網路 I/O 相關的 goroutine 和那些長時間執行的 goroutine（超過 10ms），避免某個 goroutine 長時間佔用運算資源。先前 Go 實現的是協作式排程，在一些安全點如系統呼叫、額外的堆疊檢查程式等地方進行排程，但是對於執行空的無窮迴圈的 goroutine 是沒有機會讓它排程的。後來 Go 1.14 實現了基於訊號的先佔式排程，向正在執行的 goroutine 所綁定的那個 M 發出 SIGURG 訊號，訊號處理函式會進行排程，讓其他 goroutine 有機會執行。

m0 和 g0 是兩個特殊的物件。m0 是 Go 程式啟動時的第一個執行緒，也就是主執行緒。這個 m0 是放在全域變數中的，不像其他的 m 都是執行時期的區域變數。程式執行的時候只有一個 m0。

g0 是排程用的 goroutine，每個 m 都有一個 g0。g0 和其他的 goroutine 是有區別的，g0 的堆疊是系統分配的，在 Linux 上堆疊大小預設固定為 8MB，不能擴充，也不能縮小。而普通的 goroutine 堆疊大小預設是 2KB（Go 1.19 改成了根據歷史使用自動調整的方式），它們的堆疊是可擴充的。一個 goroutine 執行完成後，或新建一個 goroutine 時，排程器會先被切換到 g0 上，讓 g0 負責排程。

每個 m 都有一個 g0 用來排程它的 goroutine，而且都叫 g0。其中與 m0 綁定的那個 g0 也是放在全域變數中的。

goroutine 被建立時，優先加入本地 goroutine 佇列，之後有可能透過工作竊取執行在其他 P/M 上。

2 互斥鎖 Mutex

本章內容包括：

- Mutex 的功能和使用場景
- 檢查資料競爭
- Mutex 的原理和實現歷史
- Mutex 的使用陷阱
- Mutex 的擴充

Mutex 是一種互斥鎖，名稱來自 mutual exclusion，是一種用於控制多執行緒對分享資源的競爭存取的同步機制。在有的程式語言中，也將其稱為鎖（lock）。當一個執行緒獲取互斥鎖時，它將阻止其他執行緒對該資源的存取，直到該執行緒釋放鎖。這可以防止多個執行緒對分享資源進行衝突存取，從而保證執行緒安全。我們通常把 Mutex 這樣的用來幫助實現同步的類型稱為同步基本操作（synchronization primitive）。當然，在其他一些程式語言的環境中指的是多執行緒的同步機制，在 Go 語言中指的就是 goroutine 的同步機制。

互斥鎖的概念可以追溯到 1968 年，當時電腦科學家 E.W.Dijkstra 在論文「Solutions of a Problem in Concurrent Programming Control」中首次實現了一種同步機制，防止兩個處理程序同時進入臨界區（critical section)，該方案後來被稱為「Dijkstra 互斥演算法」，並成為互斥鎖的一種基本實現。隨後，互斥鎖逐漸被廣泛應用於多執行緒程式設計，成為一種重要的同步機制。今天，它已經被廣泛應用於各種不同的程式語言和平臺。

> **本書中，基於我們談論的問題的語境不同，並發單元指的可能是處理程序、執行緒或 goroutine。我們在談論通用概念時一般用執行緒舉例，但是具體到 Go 語言的問題時則用 goroutine。**

在不同的支援並發的程式語言中基本都有 Mutex 的實現，儘管實現有所不同，但它們的功能是相似的。下面是一些常見的程式語言中 Mutex 的類型。

- 在 C++ 中，Mutex 類型通常是 std::mutex。
- 在 Java 中，Mutex 類型通常是 java.util.concurrent.locks.ReentrantLock。
- 在 Python 中，Mutex 類型通常是 threading.Lock。
- 在 C# 中，Mutex 類型通常是 System.Threading.Mutex。
- 在 Rust 中，Mutex 類型通常是 std::sync::Mutex。

在 Go 語言中，標準函式庫 sync 套件中提供了 Mutex，它實現了互斥鎖的功能。Mutex 可以提供對臨界區的保護。臨界區不僅指一個資源、一個變數，它也可以指一組資源、一段處理程式，我們把程式中這部分因為並發存取和修改需要保護起來的程式稱作臨界區，比如對資料庫連接的存取、對某一個分享資料結構的操作、對一個 I/O 裝置的使用、對一個分享狀態的修改、對一組資源的原子存取和修改等。Mutex 限定臨界區同一時間只能有一個 goroutine 進入。當臨界區中有一個 goroutine 時，如果其他執行緒想進入這個臨界區，就會傳回失敗，或需要等待，直到已進入的那個 goroutine 退出臨界區，這些等待的 goroutine 中的某一個才有機會接著進入這個臨界區（見圖 2.1）。

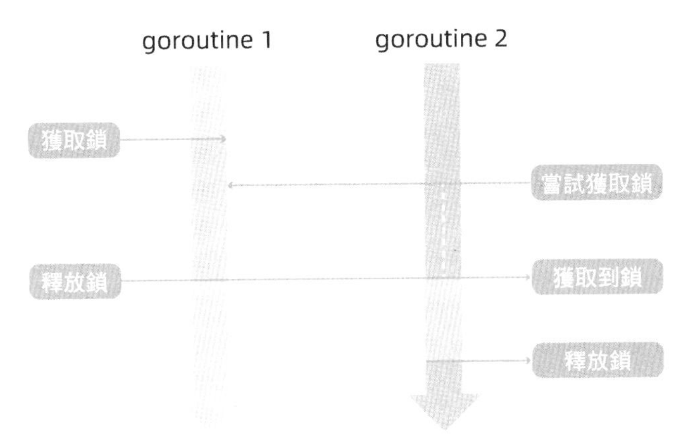

▲ 圖 2.1 Mutex 的互斥

2.1 競爭條件與資料競爭

在進一步介紹 Mutex 同步基本操作之前，我們先了解兩個概念：競爭條件（race condition）和資料競爭（data race）。

競爭條件和資料競爭是兩個相關的概念，它們都涉及多執行緒環境中的資料競爭。但是，它們也有以下一些重要的區別。

- **競爭條件**：指的是在多執行緒環境中，由於操作順序的不確定性導致的程式執行結果的不確定性。舉例來說，如果兩個執行緒同時對同一個變數進行讀 / 寫操作，那麼它們的執行順序將對最終的結果產生影響。這就是競爭條件。外部時序或排序的非確定性會產生競爭條件；典型的範例包括上下文切換、作業系統訊號、多處理器上的記憶體操作和硬體中斷等。競爭條件有時候難以避免，因為在很多情況下我們無法精確控制 goroutine 的執行順序；競爭條件有時候是我們可以接受的。

- **資料競爭**：指的是在多執行緒環境中，由於操作順序的不確定性導致的資料不一致問題。舉例來說，如果兩個執行緒同時對同一個變數進行讀/寫操作，並且沒有使用任何同步機制，那麼它們的操作將導致資料的不一致。這就是資料競爭。

競爭條件和資料競爭之間既不是子集的關係，也不是充分必要條件的關係。競爭條件和資料競爭的區別在於：前者是一種狀態，而後者是一種問題。對於資料競爭，它的定義是非常明確的：一個執行緒中的記憶體操作可能會嘗試存取記憶體位置，同時另一個執行緒中的記憶體操作正在寫入該記憶體位置，並且它們之間沒有同步控制，這就會發生資料競爭。

我們以一個銀行轉帳的例子來說明競爭條件和資料競爭的區別。銀行轉帳的時候，不能憑空增加錢，也不能莫名其妙地遺失錢，同時還會面臨並發的問題，所以它是一個很好的演示競爭條件和資料競爭的例子（見圖 2.2）。

▲ 圖 2.2 銀行轉帳

一個單執行緒的程式，沒有競爭條件和資料競爭的轉帳函式以下（當然，這只是一個範例，相信沒有銀行會使用下面的方式）：

```
// 銀行帳戶
type Account struct {
    Balance int64 // 餘額
    InTx    bool  // 是否在操作中
}

// 轉帳
// amount: 轉帳金額
// accountFrom: 轉帳的來源帳戶
```

```go
// accountTo: 轉帳的目的帳戶
func transfer1(amount int64, accountFrom, accountTo *Account) bool {
    // 檢查餘額是否小於轉帳的金額
    if accountFrom.Balance < amount {
        return false
    }
    // 目的帳戶的餘額加上轉帳金額
    accountTo.Balance += amount
    // 來源帳戶的餘額減去轉帳金額
    accountFrom.Balance -= amount

    return true
}
```

這個函式既有競爭條件問題，也有資料競爭問題。如果按照這個函式轉帳，使用者的帳目最終將變得一塌糊塗，全亂了。比如來源帳戶的餘額有 100 萬元，如果同時有兩個轉帳操作，都從這個來源帳戶中轉出 100 萬元，那麼來源帳戶的餘額就有可能變成 0 元，而兩個目的帳戶都增加了 100 萬元，銀行莫名其妙地損失了 100 萬元，這是資料競爭問題。在不同的轉帳順序下，帳戶的餘額可能還會不同，這是由執行順序導致的競爭條件問題。

於是，我們修改上面的函式，使用原子操作，保證沒有資料競爭問題。

```go
func transfer2(amount int64, accountFrom, accountTo *Account) bool {
    bal := atomic.LoadInt64(&accountFrom.Balance) // 原子操作：讀取
    if bal < amount {
        return false
    }

    atomic.AddInt64(&accountTo.Balance, amount) // 原子操作：增加
    atomic.AddInt64(&accountFrom.Balance, -amount) // 原子操作：減少

    return true
}
```

在多執行緒並發操作的情況下，transfer2 函式沒有資料競爭問題，對來源帳戶的餘額操作都是原子操作，不會出現部分被修改的情況，所以帳戶裡的錢

不會憑空消失。但是很明顯，這是一個有問題的函式，它存在競爭條件問題。比如來源帳戶的餘額有100萬元，兩個goroutine同時轉帳，其中g1轉帳50萬元，g2轉帳70萬元，我們無法預測它們執行的順序。如果g1先執行，那麼g2執行不成功，最後來源帳戶的餘額還剩50萬元；如果g2先執行，那麼g1執行不成功，最後來源帳戶的餘額還剩30萬元。執行順序的不同導致結果不同，這是競爭條件問題。目前這個轉帳最終是轉了30萬元還是轉了70萬元，銀行是可以接受的，畢竟它也沒有什麼損失。但是如果g1和g2同時呼叫transfer2，都檢查到來源帳戶有100萬元的餘額，它們都認為可以轉帳，結果執行完轉帳後，來源帳戶的餘額變成了-20萬元，這次銀行可不願意了，使用者的餘額不足以支付這兩筆轉帳，而這個函式卻導致兩個轉帳操作都成功了。

為了修正這個問題，我們實現第三版的轉帳函式，使用互斥鎖來解決特定的競爭條件。

```
var txMutex sync.Mutex

func transfer3(amount int64, accountFrom, accountTo *Account) bool {
    txMutex.Lock() // 加鎖
    defer txMutex.Unlock()

    bal := atomic.LoadInt64(&accountFrom.Balance)
    if bal < amount {
        return false
    }

    atomic.AddInt64(&accountTo.Balance, amount)
    atomic.AddInt64(&accountFrom.Balance, -amount)

    return true
}
```

這裡使用了一個互斥鎖Mutex來解決競爭條件問題，其中轉帳那幾行程式被稱為臨界區。這個函式足夠完美了，即使在多執行緒並發呼叫的情況下，transfer3也和我們期望的一樣，不是成功，就是失敗，不會因為多執行緒執行順序的不同而得到不期望的結果：使用者的帳戶不會被透支，保證在餘額充足的情況下可以轉帳。這個函式解決了我們所關注的競爭條件的問題。

那麼，如何實現一個有資料競爭，但是沒有競爭條件的例子呢？請看下面的程式。

```
var txMutex sync.Mutex

func transfer4(amount int64, accountFrom, accountTo *Account) bool {
    accountFrom.InTx = true
    accountTo.InTx = true

    defer func() {
        accountTo.InTx = false
        accountFrom.InTx = false
    }()

    txMutex.Lock() // 加鎖
    defer txMutex.Unlock()

    bal := atomic.LoadInt64(&accountFrom.Balance)
    if bal < amount {
        return false
    }

    atomic.AddInt64(&accountTo.Balance, amount)
    atomic.AddInt64(&accountFrom.Balance, -amount)

    return true
}
```

在這個例子中，我們給帳戶增加了一個變數 InTx，代表這個帳戶在事務之中。多執行緒執行轉帳操作時，可能會同時修改這個變數，產生資料競爭。實際上，我們並沒有使用這個變數進行邏輯處理，所以在這個簡單的例子中，資料競爭對業務沒有什麼影響。這個函式依然不會導致超額轉帳的競爭條件問題，只是存在存取 InTx 的資料競爭問題。

總結一下，上面的四個函式演示了一個函式可能存在競爭條件和資料競爭的問題，或二者之一。

	資料競爭	無資料競爭
競爭條件	transfer1	transfer2
無競爭條件	transfer4	transfer3

這是一類非常常見的競爭條件和資料競爭的問題。為了幫助開發者解決這類問題，各種程式語言都提供了同步基本操作，本章我們就來學習互斥鎖 Mutex，後面幾章還會介紹其他的同步基本操作。

還有一類問題是關於並發編排的，我們需要一組執行緒（在 Go 語言中指的是 goroutine）按照一定的循序執行，還需要一些工具對它們進行編排，這些用來幫助我們編排的類型被稱為「並發基本操作（concurrency primitive）」，比如 WaitGroup、channel 等。

有些人會嚴格區分並發基本操作和同步基本操作，比以下面一種劃分方式：

- 同步基本操作是一種用於控制多個執行緒同時執行的操作。它通常用於實現並發操作，例如多執行緒平行計算。常見的同步基本操作包括原子操作、訊號量、互斥鎖等。
- 並發基本操作是一種用於控制多個執行緒之間的執行順序的操作。它通常用於實現同步操作，例如執行緒間的資料傳遞。常見的並發基本操作包括條件變數、訊息佇列、事件通知等。

按照這種分法，同步基本操作用來處理競爭條件和資料競爭，而並發基本操作用來編排。在本書中，並不嚴格區分這兩個概念，將其統一稱為「同步基本操作」。

2.2 Mutex 的用法

因為並發程式設計中有競爭條件和資料競爭的問題，我們才需要將程式部分設定為臨界區，透過使用 Mutex 等同步基本操作將臨界區保護起來。接下來，我們來熟悉 Go 標準函式庫的 Mutex 的使用方法，看看它是如何保護臨界區，解決競爭條件和資料競爭的問題的。

2.2.1 一個並發問題

有時候，我們很清楚地知道臨界區或分享資源，能主動地發現資料競爭問題；但是有時候，資料競爭問題卻不那麼容易被發現，比以下面這段程式，你認為有資料競爭問題嗎？

```
func TestCounter(t *testing.T) {
    var counter int64 // 計數值

    var wg sync.WaitGroup // 用來等待子 goroutine 全部執行完

    for i := 0; i < 64; i++ {
        go func() {
            for i := 0; i < 1000000; i++ { // 迴圈 100 萬次
                counter++ // 計數值加 1
            }

            wg.Done()
        }()
    }

    wg.Wait()

    if counter != 64000000 {
        t.Errorf("counter should be 64000000, but got %d", counter)
    }
}
```

這段程式演示了並發修改一個類型為 int64 的計數器的並發問題，其中 counter++ 存在著資料競爭，它並不是一個原子操作。如果使用虛擬程式碼來表示 counter++ 敘述，它類似於下面的形式：

```
tmp := counter
tmp = tmp + 1
counter = tmp
```

可見，counter++ 不是原子操作，會有資料競爭問題。執行上面的測試，基本會失敗，最終的結果並不是我們預期的 6400 萬（見圖 2.3）。

```
 smallnest@birdnest  ⌂ 〉 〉 〉 〉 〉 〉 ch02  master  go test -run TestCounter .
--- FAIL: TestCounter (0.03s)
    counter_test.go:27: counter should be 64000000, but got 6697039
FAIL
FAIL    github.com/smallnest/concurrency-programming-via-go-code/ch02   6.789s
FAIL
 smallnest@birdnest  ⌂ 〉 〉 〉 〉 〉 〉 ch02  master  ERROR
```

▲ 圖 2.3 計數器的結果不符合預期

其中的 sync.WaitGroup 是用來等待 goroutine 執行的同步基本操作，這裡啟動了 64 個 goroutine 來並發執行，我們需要等待這 64 個 goroutine 都執行完才能檢查 counter 的結果，所以使用了 WaitGroup（後面會有一章專門介紹它）。

我們透過一個簡單的例子就能自己看到資料競爭帶來的「破壞性」，程式會得到一個意想不到的結果，那麼如何使用 Mutex 修復它呢？下面是一個修復的例子。

```go
func TestCounterWithMutex(t *testing.T) {
    var counter int64

    var wg sync.WaitGroup
    var mu sync.Mutex // 使用互斥鎖

    for i := 0; i < 64; i++ {
        wg.Add(1)
        go func() {
            for i := 0; i < 1000000; i++ {
                mu.Lock() // 對計數值的更改進行加鎖保護，避免資料競爭
                counter++
                mu.Unlock()
            }

            wg.Done()
        }()
    }

    wg.Wait()
```

```
    if counter != 64000000 {
        t.Errorf("counter should be 64000000, but got %d", counter)
    }
}
```

執行上面的測試，執行成功（見圖 2.4）。最終計數器的結果符合預期，計數器的值為 6400 萬。

```
 smallnest@birdnest  ⌂ > ▭ > ▭ > ▭ > ▭ > ▭ > ch02  master  go test -v -run TestCounterWithMutex .
=== RUN   TestCounterWithMutex
--- PASS: TestCounterWithMutex (6.63s)
PASS
ok      github.com/smallnest/concurrency-programming-via-go-code/ch02   (cached)
 smallnest@birdnest  ⌂ > ▭ > ▭ > ▭ > ▭ > ▭ > ch02  master
```

▲ 圖 2.4 執行成功，計數器的結果符合預期

2.2.2 Mutex 的使用

Mutex 使用起來特別簡單，因為它本身只有三個方法。

- Lock()：獲取鎖。
- Unlock()：釋放鎖。
- TryLock()bool：嘗試獲取鎖，Go 1.18 中才加入。

我們使用 Mutex 的實例 m 保護臨界區。當一個 goroutine 想進入臨界區時，它應該呼叫 m.Lock() 獲取鎖。如果這個 goroutine 獲取到了鎖，它就持有了鎖 m。如果此時 m 被其他 goroutine 所持有，這個請求的 goroutine 就會被阻塞，等待其他 goroutine 釋放鎖。

一個 goroutine 可以透過 m.Unlock() 釋放鎖，比如持有鎖的 goroutine 退出臨界區時，它需要呼叫 m.Unlock() 釋放鎖。鎖一旦被釋放，其他等待這個鎖的 goroutine 才有機會獲取鎖。

和其他一些程式語言的鎖的實現不同，在 Go 語言中，**即使一個 goroutine 沒有持有鎖，它也可以釋放一個 Mutex**。這是一個非常容易出現並發問題的場景，我們儘量不要這樣做，最好的方式就是「誰持有，誰釋放」。

如果 m 還沒有被加鎖，此時一個 goroutine 呼叫 m.Unlock() 會怎樣？

```
func TestOnlyUnlock(t *testing.T) {
    var mu sync.Mutex
    mu.Unlock() // 在未加鎖的狀態下強制釋放鎖
}
```

執行這個測試，你會發現：**如果直接釋放一個未加鎖的 Mutex，它會直接報 panic**。這也是比較容易理解的，因為這種情況是邏輯設計的 bug，程式也無法代替你自動處理這種情況，但也不能忽略這種情況，所以報 panic 了，錯誤資訊是「sync: unlock of unlocked mutex」（見圖 2.5）。

```
smallnest@birdnest  ~ > … > ch02  master  go test -v -run TestOnlyUnlock .
=== RUN   TestOnlyUnlock
fatal error: sync: unlock of unlocked mutex

goroutine 6 [running]:
sync.fatal({0x10106fb58?, 0x1010b3e60?})
        /usr/local/go/src/runtime/panic.go:1031 +0x20
sync.(*Mutex).unlockSlow(0x1400001a1c0, 0xffffffff)
        /usr/local/go/src/sync/mutex.go:229 +0x38
sync.(*Mutex).Unlock(...)
        /usr/local/go/src/sync/mutex.go:223
github.com/smallnest/concurrency-programming-via-go-code/ch02.TestOnlyUnlock(0x0?)
        /Users/smallnest/go/src/github.com/smallnest/concurrency-programming-via-go-code/ch02/panic_test.go:10 +0x64
testing.tRunner(0x14000003a00, 0x1010c9080)
        /usr/local/go/src/testing/testing.go:1576 +0x104
created by testing.(*T).Run
        /usr/local/go/src/testing/testing.go:1629 +0x370
```

▲ 圖 2.5 釋放未加鎖的 Mutex 導致 panic

TryLock 是 Go 1.18 中才加入的新方法，對於添加這個方法討論了很多年，甚至對於這個方法的命名也有爭議。儘管其他程式語言中的互斥鎖早已實現了這個方法，但是這個方法遲遲沒有被加入標準函式庫的 Mutex 中，一些專案會自己實現這個方法，因為在標準函式庫中實現這個方法也就是幾行程式的問題。有時候，Go 團隊對於新功能的增加是偏於謹慎的，畢竟既要保持相容性，又要保證新添加的方法確實能解決痛點問題，而非隨隨便便加入搞得標準函式庫很臃腫。不管怎樣，最終這個方法還是被加入了，包括讀寫鎖也添加了類似的方法。Go 團隊還在方法註釋中好心提醒，這個方法的使用場景很少，容易出錯。

那麼，這個方法又有何用處呢？我們知道，當一個 goroutine 呼叫 Mutex.Lock() 方法時，如果鎖被其他 goroutine 所持有，這個 goroutine 就會被阻塞。在某些場景下，我們可能不想讓此 goroutine 被阻塞，而是允許它放棄進入臨界區去做其他的事情，這個時候就可以使用 TryLock 了。這個方法傳回一個布林類型的值，如果此 goroutine 成功獲取到了鎖，則傳回 true；不然傳回 false。

```
func TestTryLock(t *testing.T) {
    var mu sync.Mutex

    // 加鎖 2s
    go func() {
        mu.Lock()
        time.Sleep(2 * time.Second)
        mu.Unlock()
    }()

    time.Sleep(time.Second)

    // 嘗試獲取鎖，大機率獲取不成功
    if mu.TryLock() {
        println("try lock success")
        mu.Unlock()
    } else {
        println("try lock failed")
    }
}
```

在上面這段程式中，一個 goroutine 獲取到了鎖，主 goroutine 呼叫 TryLock 嘗試獲取鎖。因為此時鎖已經被子 goroutine 持有了，所以主 goroutine 嘗試獲取鎖失敗（見圖 2.6）。

```
 smallnest@birdnest  > > > > > ch02  master  ERROR  go test -v -run TestTryLock .
=== RUN   TestTryLock
try lock failed
--- PASS: TestTryLock (1.00s)
PASS
ok      github.com/smallnest/concurrency-programming-via-go-code/ch02   1.229s
 smallnest@birdnest  > > > > > ch02  master
```

▲ 圖 2.6 嘗試獲取鎖

當然，這個例子不是那麼嚴謹，因為利用 Sleep 編排 goroutine 的執行，理論上，有可能子 goroutine 晚於主 goroutine 對 TryLock 進行呼叫。

如果我們只是在自己的機器上測試，機器的 **load** 指標並不大，那麼一般會按照我們期望的方式執行，所以不要在這個問題上糾結。

之所以使用 **Sleep** 這種簡單的方式進行演示，而沒有採用其他的同步基本操作對 **goroutine** 的執行進行編排，是因為不想在這個簡單的例子中引入太多還沒有介紹的內容，避免產生過多的干擾。

整體來說，Mutex 的使用特別簡單，使用 Lock 和 Unlock 兩個方法就可以進入臨界區和退出臨界區，實現對分享資源的並發保護，所以它也是使用廣泛的同步基本操作之一。

Mutex 實現了 Locker 介面。Locker 介面定義了鎖同步基本操作的方法集（自從 Go 實現了泛型之後，介面的定義就發生了變化，我們應該說 Locker 介面定義了類型集合，Locker 的類型集合的類型要實現下面的方法集）：

```
type Locker interface {
    Lock()
    Unlock()
}
```

可以看到，Go 定義的 Locker 介面的方法集很簡單，只有獲取鎖（Lock）和釋放鎖（Unlock）這兩個方法，秉承了 Go 語言一貫的簡潔風格。但是，這個介面在實際專案中的應用並不多，因為我們一般會直接使用具體的同步基本操作，比如 Mutex，而非透過介面。

2.2.3 正規的用法

Mutex 正規的使用方式是使用它的零值，而非顯式地初始化一個 Mutex 變數。比以下面是常用的寫法：

```
var mu sync.Mutex // 使用零值
    mu.Lock()
    // do something
    mu.Unlock()
```

這裡宣告了一個類型為 Mutex 的變數 mu，預設使用零值。Go 標準函式庫的 Mutex 的零值代表鎖未被任何 goroutine 所持有，也沒有等待獲取鎖的 goroutine，所以直接使用它即可。一般來說我們很少會使用下面的寫法：

```
mu := sync.Mutex{} // 非常規的寫法
    mu.Lock()
    // do something
    mu.Unlock()
```

同樣地，如果在一個 struct 類型中嵌入一個 Mutex，或說 struct 的某個欄位是 Mutex 類型的，則也不需要顯式地初始化它——雖然顯式地初始化它也沒什麼關係，但是正規的用法就是使用它的零值：

```
type T struct {
    mu sync.Mutex // 嵌入互斥鎖
    m map[int]int
}

var t = &T{ // 不需要初始化 mu
    m: make(map[int]int),
}

t.mu.Lock()
// do something
t.mu.Unlock()
```

而非使用下面的方式：

```
type T struct {
    mu sync.Mutex
    m map[int]int
}

var t = &T{
    mu: sync.Mutex{}, // 沒必要初始化 mu
    m: make(map[int]int),
}
```

```
t.mu.Lock()
// do something
t.mu.Unlock()
```

2.3 檢查程式中的資料競爭

資料競爭是並發程式中最常見的，也是最難發現的並發問題，所幸的是，Go 內建了資料競爭檢測器（data race detector），在一定程度上可以發現競爭問題。你可以在測試或執行程式時使用 -race 開啟資料競爭檢測器，或在編譯器時開啟，編譯好的二進位程式在執行時期也可以開啟資料競爭檢測：

```
$ go test -race mypkg          // 測試 mypkg 套件
$ go run -race mysrc.go        // 執行時期測試原始檔案
$ go build -race mycmd         // 編譯時測試
$ go install -race mypkg       // 安裝時測試
```

還是以計數器的程式（TestCounter）為例，使用 -race 參數後會顯示「WARNING：DATA RACE」錯誤（見圖 2.7）。

```
smallnest@birdnest  ch02  master  go test -race -run TestCounter .
==================
WARNING: DATA RACE
Read at 0x00c00012c1e8 by goroutine 7:
  github.com/smallnest/concurrency-programming-via-go-code/ch02.TestCounter.func1()
      /Users/smallnest/go/src/github.com/smallnest/concurrency-programming-via-go-code/ch02/counter_test.go:17 +0x40

Previous write at 0x00c00012c1e8 by goroutine 8:
  github.com/smallnest/concurrency-programming-via-go-code/ch02.TestCounter.func1()
      /Users/smallnest/go/src/github.com/smallnest/concurrency-programming-via-go-code/ch02/counter_test.go:17 +0x50

Goroutine 7 (running) created at:
  github.com/smallnest/concurrency-programming-via-go-code/ch02.TestCounter()
      /Users/smallnest/go/src/github.com/smallnest/concurrency-programming-via-go-code/ch02/counter_test.go:15 +0x6c
  testing.tRunner()
      /usr/local/go/src/testing/testing.go:1576 +0x180
  testing.(*T).Run.func1()
      /usr/local/go/src/testing/testing.go:1629 +0x40
```

▲ 圖 2.7 執行測試時檢查資料競爭問題

在執行測試的時候加上 -race 參數，可以看到 Go 資料競爭檢測器發現了資料競爭的問題（WARNING：DATARACE），並且把資料競爭的 goroutine 以及資料的建立、讀 / 寫資訊都顯示出來了，很方便我們分析資料競爭是怎麼產生的。

如果你不想對某些函式進行資料競爭的檢查，則可以使用條件編譯，在檔案的第一行加上以下一行：

```
// +build !race
```

當然，現在的 Go 版本使用新的條件編譯語法：

```
//go:build !race
```

如果你想相容以前的 Go 版本，這兩種寫法就都加上：

```
//go:build !race
// +build !race
```

注意，Go 內建的資料競爭檢測器並不會執行靜態分析，而是在執行時期對記憶體存取進行檢查，只有針對執行的程式才有可能發現資料競爭問題，對於未被存取的程式，是發現不了資料競爭問題的。

所以在測試時並不能發現全部的資料競爭問題。透過執行開啟了資料競爭檢測器的編譯好的二進位程式，是有可能發現更多的資料競爭問題的，但是也不能做到百分之百地發現，因為有些資料競爭可能只有在特定的條件下才會發生，而這個特定的條件什麼時候存在並不能確定。另外，不要在生產環境中執行開啟了資料競爭檢測器的程式，因為進行資料競爭檢查是有代價的。在開啟了資料競爭檢測器的情況下，記憶體佔用可能增加 5~10 倍，而執行時間可能增加 2~20 倍。

2.4 Mutex 的歷史實現

如前文所述，Mutex 的使用非常簡單，你可能會猜想 Mutex 的實現也很簡單吧？簡單地思考一下，你可能會使用 flag 來標識鎖是否被持有，使用 int32 類型就足夠了；如果你對 CAS（compare and swap）原子操作也有所了解的話，則可能會覺得實現 Mutex 並不是一件很難的事情，可能唯一比較棘手的是獲取鎖的 goroutine，如果獲取不到鎖該怎麼處理？最後再實現一個佇列，把它們放入佇列中排隊。

Go 標準函式庫中最原始的 Mutex 基本是按照這個想法來實現的，它在發展的過程中也出現了諸多問題，然後逐步完善到如今的非常複雜的版本。讓我們跨越歷史，看看 Mutex 的實現過程，從中你也會學到處理並發問題的想法和方法。

2.4.1 初始版本

2008 年，Russ Cox 提交的初版 Mutex 的程式如下：

```
// CAS 操作，當時還沒有抽象出 atomic 套件
  func cas(val *int32, old, new int32) bool
  func semacquire(*int32)
  func semrelease(*int32)
  // 互斥鎖的結構，包含兩個欄位
  type Mutex struct {
      key  int32 // 鎖是否被持有的標識
      sema int32 // 訊號量專用，用於阻塞 / 喚醒 goroutine
  }

  // 保證成功在 val 上增加 delta 的值
  func xadd(val *int32, delta int32) (new int32) {
      for {
          v := *val
          if cas(val, v, v+delta) {
              return v + delta
          }
      }
      panic("unreached")
  }

  // 獲取鎖
  func (m *Mutex) Lock() {
      if xadd(&m.key, 1) == 1 { // ① 將標識量加 1，如果等於 1，則表示成功獲取到鎖
       return
```

```
    }
    semacquire(&m.sema) // ② 否則阻塞等待
}

func (m *Mutex) Unlock() {
    if xadd(&m.key, -1) == 0 { // ③ 將標識量減 1，如果等於 0，則表示沒有其他 waiter
        return
    }
    semrelease(&m.sema) // ④ 喚醒其他被阻塞的 goroutine
}
```

當時還沒有抽象出原子操作的 atomic 套件，所以這裡直接實現了一個 cas 函式。如果不了解 CAS 操作也沒有關係，第 10 章會專門介紹它。現在，你可以把它理解成一個「神奇」的操作，這個操作不是成功，就是失敗，不會只修改了部分資料。這裡是對一個 int32 變數操作，提供了它的原始值和新值。如果這個變數的值和原始值相同，那麼它會被賦值為新值，否則賦值不成功。

這裡還提供了兩個重要的函式：semacquire 和 semrelease。看名稱就知道它們與訊號量（semaphore）有關。semacquire 用來把呼叫者 goroutine 存入一個佇列，並把此 goroutine 設置為阻塞狀態，主要用來處理不能獲取到鎖的 goroutine（稱為 waiter，等待者）。semrelease 用來從佇列中取出一個 goroutine，並且喚醒它，被喚醒的 goroutine 會獲取到鎖。

Mutex 結構包含兩個欄位（見圖 2.8）。

- **key**：一個 flag，用來標識這個排外鎖是否被某個 goroutine 所持有。如果 key 大於或等於 1，則說明這個排外鎖已經被持有。
- **sema**：一個訊號量變量，用來控制等待 goroutine 的阻塞休眠和喚醒。

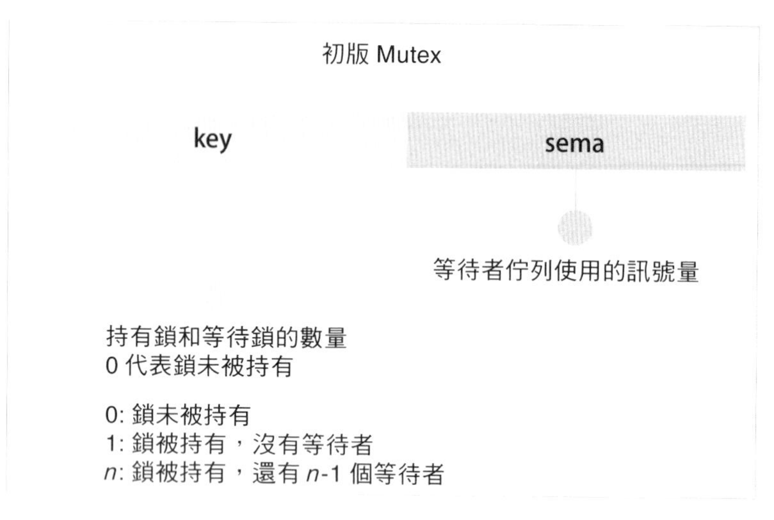

▲ 圖 2.8 初版 Mutex 的資料結構，包含兩個欄位

當 goroutine 呼叫 Lock 獲取鎖時，透過 xadd 方法進行 CAS 操作（①行），xadd 方法透過迴圈執行 CAS 操作直到成功，保證對 key 加 1 的操作成功完成。如果比較幸運，鎖沒有被其他 goroutine 所持有，那麼 Lock 方法成功地將 key 設置為 1，這個 goroutine 就持有了這個鎖；如果鎖已經被其他 goroutine 持有了，那麼當前的 goroutine 會把 key 加 1，而且還會呼叫 semacquire 函式（②行），使用訊號量將自己休眠，等鎖釋放時，訊號量會將它們其中的喚醒。

持有鎖的 goroutine 呼叫 Unlock 釋放鎖時，它會將 key 減 1（③行）。如果當前沒有其他等待這個鎖的 goroutine，這個方法就傳回了。但是，如果還有等待此鎖的其他 goroutine，那麼它會呼叫 semrelease 函式（④行），利用訊號量喚醒等待鎖的其他 goroutine 中的。被喚醒的這個 goroutine 原來被阻塞在 Lock 方法中的 semacquire 呼叫上，一旦 semrelease 被呼叫，它就會被喚醒，繼續執行下去，Lock 方法傳回，也就是這個 goroutine 獲取到了鎖。

我們可以看到，初版的 Mutex 利用 CAS 原子操作，對 key 這個標識量進行設置。key 不僅標識了鎖是否被 goroutine 所持有，還記錄了當前持有鎖和等待獲取鎖的 goroutine 的數量。我們還可以看到，Mutex 這個資料結構並沒有標記當前是哪個 goroutine 持有了這個鎖，這也導致任意的 goroutine 都可以釋放這個鎖，而無論此 goroutine 是否持有這個鎖。

其他 goroutine 可以強制釋放鎖，這是一個非常危險的操作。因為在臨界區原來持有這個鎖的 goroutine 可能不知道鎖已經被釋放了，還會繼續執行臨界區的業務操作，這就可能會帶來意想不到的結果——這個 goroutine 天真地以為自己還持有鎖，有可能導致資料競爭問題。

所以，我們在使用 Mutex 的時候，必須要保證 goroutine 盡可能不去釋放自己未持有的鎖，一定要遵循「誰持有，誰釋放」的原則。在實踐中，我們使用互斥鎖的時候，很少在一個方法中單獨獲取鎖，而在另一個方法中單獨釋放鎖，一般都會在同一個方法中獲取鎖和釋放鎖。

以前，我們通常會基於性能的考慮，及時釋放鎖，所以在一些 if-else 分支中加上釋放鎖的程式，使程式看起來很臃腫。而且，在重構的時候，也很容易因為誤刪或遺漏程式而出現鎖死的現象。

```
type Foo struct {
    mu    sync.Mutex
    count int
    }

func (f *Foo) Bar() {
    f.mu.Lock() // 此處加鎖

    if f.count < 1000 {
        f.count += 3
        f.mu.Unlock() // 此處釋放鎖
        return
    }

    f.count++
    f.mu.Unlock() // 此處釋放鎖
}
```

從 Go 1.14 版本開始，Go 對 defer 做了最佳化，採用更有效的內聯方式，取代之前的生成 defer 物件到 defer 鏈中，defer 對所在函式執行時間的影響微乎其微，所以修改成下面簡潔的寫法也基本沒問題：

```
func (f *Foo) Bar() {
    f.mu.Lock() // 加鎖
    defer f.mu.Unlock() // defer 釋放鎖

    if f.count < 1000 {
        f.count += 3
        return
    }

    f.count++
    return
}
```

這樣做的好處就是 Lock/Unlock 總是成對地出現，不會遺漏或多呼叫，程式更少。但是，如果臨界區只是方法中的一部分，即使不需要鎖，也有很多耗時的操作，在這種情況下，為了儘快釋放鎖，還是應該第一時間呼叫 Unlock，而非一直等到方法傳回時才釋放鎖。所以，我們應該根據實際情況靈活處理，在程式可維護性和性能之間尋找平衡。

在初版的 Mutex 實現之後，Go 開發小組又對 Mutex 做了一些微調，比如把欄位類型變成了 uint32 類型；呼叫 Unlock 方法會做檢查；使用 atomic 套件的同步基本操作執行原子操作等，這些小的改動都不涉及核心功能，簡單地知道就行，這裡就不詳細介紹了。

但是，初版的 Mutex 實現有一個問題：請求鎖的 goroutine 會排隊等待獲取互斥鎖。雖然這似乎很公平，但是從性能上看，卻不是最佳的。因為：如果能夠把鎖交給當前正在佔用 CPU 時間切片的 goroutine，那麼就不需要做上下文切換了，在高並發的情況下，這可能會有更好的性能。接下來，我們就繼續探索 Go 開發小組是怎麼解決這個問題的。

2.4.2 多給新的 goroutine 一些機會

Go 開發小組在 2011 年 6 月 30 日的 commit 中對 Mutex 做了一次大的調整，調整後的 Mutex 實現如下：

```
type Mutex struct { // 互斥鎖的結構，還是包含兩個欄位
    state int32
    sema uint32
}

const (
    mutexLocked = 1 << iota // 第一位代表是否加鎖
    mutexWoken // 喚醒標識
    mutexWaiterShift = iota // waiter 開始的位，2
)
```

雖然 Mutex 結構還是包含兩個欄位，但是第一個欄位已經改成了 state，其含義也不一樣了。

state 是一個複合型欄位，一個欄位包含多種含義，這樣可以透過盡可能少的記憶體佔用來實現互斥鎖。這個欄位的第一位（最小的一位）表示這個鎖是否被持有，第二位代表是否有喚醒的 goroutine，剩餘的位數代表等待此鎖的 goroutine 數量。所以，state 欄位被分成了三部分，代表三個資料（見圖 2.9）。

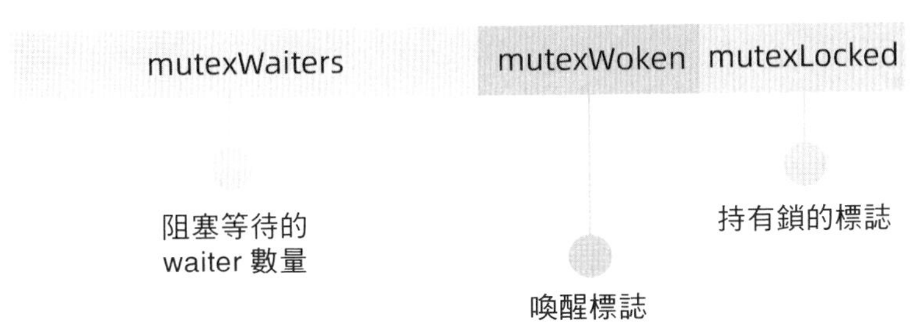

▲ 圖 2.9 state 欄位的不同標識位代表的含義

獲取鎖的方法 Lock 也變得複雜了。複雜之處不僅在於對欄位 state 的操作難以理解，而且程式邏輯也變得相當複雜。

```
func (m *Mutex) Lock() {
    // 快速路徑：幸運，能夠直接獲取到鎖
    if atomic.CompareAndSwapInt32(&m.state, 0, mutexLocked) { // ①
        return
    }
```

```
    awoke := false
    for { // ②
        old := m.state
        new := old | mutexLocked // ③ 新狀態，已加鎖
        if old&mutexLocked != 0 { // ④ 鎖已被持有，加入 waiter 中
            new = old + 1<<mutexWaiterShift // ⑤ waiter 數量加 1
        }
        if awoke { // ⑥
            // 此 goroutine 是被喚醒的
            // 新狀態，清除喚醒標識
            new &^= mutexWoken
        }
        if atomic.CompareAndSwapInt32(&m.state, old, new) {// ⑦ 設置新狀態
            if old&mutexLocked == 0 { // ⑧ 鎖的原狀態，未加鎖，現在此 goroutine
            獲取到了鎖，成功 !
                break
            }
            runtime.Semacquire(&m.sema) // ⑨ 請求訊號量，加入佇列中
            awoke = true // ⑩ 被喚醒，和新的 goroutine 搶鎖
        }
    }
}
```

首先透過 CAS 檢查 state 欄位中的標識（①行），如果沒有 goroutine 持有鎖，也沒有等待持有鎖的 goroutine，那麼當前的 goroutine 就很幸運，可以直接獲取到鎖，這也是註釋中「快速路徑」的意思。

如果不夠幸運，state 不是零值，那麼就透過一個迴圈進行檢查。接下來的一段程式雖然只有幾行，但是理解起來卻要費一番功夫，因為涉及對 state 不同標識位的操作。這裡的位操作以及操作後的結果和數值比較，並沒有舉出明確的解釋，有時候你需要根據後續處理進行推斷。如果你充分理解了這段程式，那麼對最新版的 Mutex 也會比較容易掌握，因為你已經清楚了這些位操作的含義。

我們先前知道，如果請求鎖的 goroutine 沒有機會獲取到鎖，它就會進行休眠，但是在鎖被釋放將其喚醒之後，它並不能像先前一樣直接獲取到鎖，還是

要和正在請求鎖的goroutine進行競爭。這會給後來請求鎖的goroutine一個機會，也讓 CPU 中正在執行的 goroutine 有更多的機會再次獲取到鎖，在一定程度上提高了程式的性能。

for 迴圈不斷嘗試獲取鎖，如果獲取不到，請求鎖的 goroutine 就透過 runtime.Semacquire(&m.sema) 休眠，醒來之後，awoke 被設置為 true，這個 goroutine 嘗試爭搶鎖。

程式中的③行將當前的 flag 設置為加鎖狀態，如果能成功地透過 CAS 把這個新值賦給 state（⑦行），就代表爭搶鎖的操作成功了。

不過，需要注意的是，如果成功地設置了 state 的值，而之前的 state 是已加鎖的狀態，那麼 state 只是清除 mutexWoken 標識，並且增加一個 waiter 而已。

請求鎖的 goroutine 有兩類：一類是新來請求鎖的 goroutine，另一類是被喚醒的等待請求鎖的 goroutine。鎖的狀態也有兩種：已加鎖和未加鎖。下面透過圖 2.10 來說明在不同的鎖狀態下，不同來源的 goroutine 的處理邏輯。

請求鎖的 goroutine 類型	已加鎖	未加鎖
新來的 goroutine	waiter++；休眠等待	獲取到鎖
被喚醒的 goroutine	新來的 goroutine 已經搶到鎖。waiter++; 清除 mutexWoken 標識；重新休眠，回到佇列中	清除 mutexWoken 標識；獲取到鎖

▲ 圖 2.10 請求鎖時不同 goroutine 的處理方式

上面講的都是獲取鎖，下面來講釋放鎖。釋放鎖的 Unlock 方法也有些複雜，我們來看一下。

```
func (m *Mutex) Unlock() {
    // 快速路徑：去除鎖的標識位
    new := atomic.AddInt32(&m.state, -mutexLocked) // ① 去掉鎖標識
    if (new+mutexLocked)&mutexLocked == 0 { // ② 本來就沒有加鎖
        panic("sync: unlock of unlocked mutex")
}
```

```
    old := new
    for {
        if old>>mutexWaiterShift == 0 || old&(mutexLocked|mutexWoken) != 0 {
        // ③ 沒有 waiter，或者有被喚醒的 waiter，或者原來已加鎖
            return
        }
        new = (old - 1<<mutexWaiterShift) | mutexWoken // ④ 新狀態，準備喚醒
goroutine，並設置喚醒標識
        if atomic.CompareAndSwapInt32(&m.state, old, new) {
            runtime.Semrelease(&m.sema)
            return
        }
        old = m.state
    }
}
```

下面解釋一下這個方法。

①行是嘗試將持有鎖的標識設置為未加鎖的狀態，這是透過減 1，而非透過將標識位元置零的方式實現的。接下來的兩行會檢查原來鎖的狀態是否是未加鎖。一個 Mutex 還未被加鎖，如果直接進行解鎖（Unlock），則會導致 panic。

不過，即使將鎖的狀態設置為未加鎖，這個方法也不能直接傳回，還需要一些額外的操作，因為可能有一些等待這個鎖的 goroutine（有時候，也把它們稱為 waiter）需要透過訊號量的方式喚醒它們中的。所以，接下來的邏輯有兩種情況。

第一種情況：如果沒有其他的 waiter，則說明競爭這個鎖的 goroutine 只有一個，就可以直接傳回了；如果這個時候有被喚醒的 goroutine，或又被 waiter 加了鎖，那麼無須我們操勞，其他 goroutine 自己幹得都很好，當前的這個 goroutine 就可以放心傳回了。

第二種情況：如果有 waiter，並且沒有被喚醒的 waiter，那麼就需要喚醒一個 waiter。在喚醒之前，需要將 waiter 的數量減 1，並且設置 mutexWoken 標識，這樣 Unlock 就可以傳回了。

透過這樣複雜的檢查、判斷和設置，我們就可以安全地將此互斥鎖釋放了。

相對於初版的設計，這一版的改動主要就是新來的 goroutine 也有機會先獲取到鎖，甚至一個 goroutine 可能連續獲取到鎖，打破了先來先得的邏輯。但是，程式複雜度也顯而易見。

雖然這一版的 Mutex 已經給新來請求鎖的 goroutine 一些機會，讓它參與競爭，只有當沒有空閒的鎖或競爭失敗時才加入等待佇列中，但是還可以進一步最佳化。我們接著往下看。

2.4.3 多給競爭者一些機會

在 2015 年 2 月的改動中，如果新來的請求鎖的 goroutine 或是被喚醒的 goroutine 首次獲取不到鎖，它們就會透過自旋（spin；透過迴圈不斷嘗試，spin 的邏輯是在 runtime 中實現的）的方式，嘗試檢查鎖是否被釋放。在嘗試一定的自旋次數後，再執行原來的邏輯。

```
func (m *Mutex) Lock() {
    // 快速路徑：幸運之路，正好獲取到鎖
    if atomic.CompareAndSwapInt32(&m.state, 0, mutexLocked) {
        return
    }

    awoke := false
    iter := 0
    for { // 不管是新來的請求鎖的 goroutine，還是被喚醒的 goroutine，都不斷嘗試獲取鎖
        old := m.state // 先保存當前鎖的狀態
        new := old | mutexLocked // 新狀態，設置已加鎖標識
        if old&mutexLocked != 0 { // 鎖還沒有被釋放
            if runtime_canSpin(iter) { // 還可以自旋
                if !awoke && old&mutexWoken == 0 && old>>mutexWaiterShift != 0 &&
                    atomic.CompareAndSwapInt32(&m.state, old, old|mutexWoken) {
                    awoke = true
                }
                runtime_doSpin()
                iter++
                continue // 自旋，再次嘗試請求鎖
```

```
            }
            new = old + 1<<mutexWaiterShift
        }
        if awoke { // 喚醒狀態
            if new&mutexWoken == 0 {
                panic("sync: inconsistent mutex state")
            }
            new &^= mutexWoken // 新狀態，清除喚醒標識
        }
        if atomic.CompareAndSwapInt32(&m.state, old, new) {
            if old&mutexLocked == 0 { // 舊狀態，鎖已被釋放；新狀態，成功持有了鎖，直接傳回
                break
            }
            runtime_Semacquire(&m.sema) // 阻塞等待
            awoke = true // 被喚醒
            iter = 0
        }
    }
}
```

在這一版的實現中，增加了自旋的機制，當前正在請求鎖的被喚醒的 waiter 或新來的請求鎖的 goroutine，如果獲取鎖不成功的話，則會不斷重複檢查鎖是否已經被釋放。具體的自旋次數由 sync_runtime_canSpin 來決定，這個函式的實現細節我們可以忽略，在多核心環境中，在一定的條件下總是會嘗試自旋幾次。

當自旋達到一定的次數或鎖已經被釋放時，會執行接下來的邏輯，設置鎖的新狀態。如果成功，則有兩種可能：一是獲取到了鎖，傳回即可；二是依然沒有獲取到鎖，則需要呼叫 runtime_Semacquire 暫時將其阻塞，等待被喚醒。

透過使用自旋的方式，第 9 行的 for 迴圈會重新檢查鎖是否被釋放。對臨界區的程式執行時間非常短的場景來說，這是一個非常好的最佳化。因為臨界區的程式執行時間很短，鎖很快就能被釋放，而請求鎖的 goroutine 不用透過休眠喚醒的方式等待排程，直接自旋幾次，可能就獲取到了鎖，減少了 goroutine 上下文切換的次數。

同時我們也可以看到，這一版的實現更加複雜，再加上一些特殊標識的檢查和設置，程式已經很難理解了。

2.4.4 解決饑餓問題

經過幾次最佳化，Mutex 的程式越來越複雜，應對高並發爭搶鎖的場景也更加公平。但是你有沒有想過，因為新來的 goroutine 也參與競爭，有可能每次都會被新來的 goroutine 搶到獲取鎖的機會，在極端情況下，等待中的 goroutine 可能會一直獲取不到鎖，這就是**饑餓問題**。而且，這是一個大問題，也是各種程式語言的 Mutex 實現都要去解決的問題。

說到這裡，我突然想到了在《動物星球》紀錄片中看到的一種叫作鸛的鳥。如果鸛媽媽尋找食物很艱難，找到的食物只夠一個幼鳥吃的，鸛媽媽就會把食物給最強壯的那一隻，這樣一來，饑餓、弱小的幼鳥總是得不到食物吃，最後就會被啄出巢去。先前版本的 Mutex 遇到的也是同樣的困境，在極端情況下會有「悲慘」的 goroutine 總是獲取不到鎖。

Mutex 不能容忍這種事情的發生。所以，2016 年，Go 1.9 中的 Mutex 增加了饑餓模式（見圖 2.11），讓獲取鎖變得更公平，不公平的等待時間被限制在 1ms，並且修復了一個大 bug：總是把被喚醒的 goroutine 放在等待佇列的尾部，這會導致更加不公平的等待時間。

state 欄位

mutexWaiters mutexStarving mutexWoken mutexLocked

饑餓標誌

持有鎖的標誌

阻塞等待的
waiter 數量

喚醒標誌

▲ 圖 2.11 為了解決饑餓問題，增加了饑餓狀態

2018 年，Go 開發者將快速路徑和慢速路徑拆成獨立的方法，以便內聯，提高性能。2019 年，也有一個 Mutex 的最佳化，雖然沒有對 Mutex 做出修改，但是排程器可以有更高的優先順序去執行 Mutex 被喚醒後持有鎖的那個 waiter，這已經是很細緻的性能最佳化了。

為了避免程式過多，這裡只列出當前的 Mutex 實現（Go 1.20）。想要理解當前的 Mutex，我們需要好好泡一杯茶，仔細地品一品了。

當然，現在的 Mutex 程式已經複雜得接近不讀取的狀態了，而且程式也非常長，刪減後佔了幾乎 3 頁。但是，作為第一個要詳細介紹的同步基本操作，我還是希望能更清楚地剖析 Mutex 的實現，向你展示它的演化，以及為了一個似乎很小的特性，不得不將程式變得非常複雜的原因。

當然，你也可以暫時略過這一段，以後慢慢品讀，但需要記住，Mutex 絕不容忍一個 goroutine 被落下，永遠沒有機會獲取鎖。不拋棄、不放棄是它的宗旨，而且它也盡可能地讓等待較長的 goroutine 更有機會獲取到鎖。

```
type Mutex struct {
    state int32 // waiter 計數、喚醒標識和加鎖位
    sema  uint32
}

const (
    mutexLocked = 1 << iota // Mutex 加鎖標識
    mutexWoken
    mutexStarving
    mutexWaiterShift = iota

    // 1ms
    starvationThresholdNs = 1e6
)
func (m *Mutex) Lock() {
    // 快速路徑：輕鬆獲取到了鎖
    if atomic.CompareAndSwapInt32(&m.state, 0, mutexLocked) {
        if race.Enabled {
            race.Acquire(unsafe.Pointer(m))
        }
```

```
        return
    }
    // 未能輕易獲取到鎖
    m.lockSlow()
}

func (m *Mutex) lockSlow() {
    var waitStartTime int64
    starving := false // 是否處於饑餓狀態
    awoke := false
    iter := 0
    old := m.state
    for {

    // 不要在饑餓模式下自旋，因為在饑餓狀態下，鎖的所有權會被直接交給 waiter，所以
    // 無法獲取互斥鎖；在非饑餓狀態下才會自旋
    if old&(mutexLocked|mutexStarving) == mutexLocked && runtime_canSpin(iter) {
        // 設置 mutexWoken 標識，通知 Unlock 不要喚醒其他被阻塞的 goroutine
        if !awoke && old&mutexWoken == 0 && old>>mutexWaiterShift != 0 &&
            atomic.CompareAndSwapInt32(&m.state, old, old|mutexWoken) {
            awoke = true
        }
        runtime_doSpin()
        iter++
        old = m.state
        continue
    }
    new := old
    // 只有在非饑餓狀態下才嘗試獲取鎖；不然新的 goroutine 應該被加入 waiter 佇列中
    if old&mutexStarving == 0 {
        new |= mutexLocked
    }
    if old&(mutexLocked|mutexStarving) != 0 {
        new += 1 << mutexWaiterShift
    }

    // 當前 goroutine 嘗試將鎖設置為饑餓狀態，只有在當前的鎖狀態為已加鎖的情況下才這麼做
    if starving && old&mutexLocked != 0 {
        new |= mutexStarving
```

```
}
if awoke { // 清除喚醒標識
    if new&mutexWoken == 0 {
        throw("sync: inconsistent mutex state")
    }
    new &^= mutexWoken
}

// 設置新的狀態
if atomic.CompareAndSwapInt32(&m.state, old, new) {
    if old&(mutexLocked|mutexStarving) == 0 {
        break // 在非饑餓狀態下獲取到鎖
    }

    // 以下處理饑餓狀態

    // 如果 waiter 以前就在佇列裡面，則加到佇列頭
    queueLifo := waitStartTime != 0
    if waitStartTime == 0 {
        waitStartTime = runtime_nanotime()
    }
    runtime_SemacquireMutex(&m.sema, queueLifo, 1) // 阻塞等待
    starving = starving || runtime_nanotime()-waitStartTime >
        starvationThresholdNs // 喚醒後檢查是否處於饑餓狀態
    old = m.state
    if old&mutexStarving != 0 {
        // 非正常狀態
        if old&(mutexLocked|mutexWoken) != 0 || old>>mutexWaiterShift == 0 {
            throw("sync: inconsistent mutex state")
        }

        // 這一段程式比較令人費解，因為這一段是透過特殊的位操作實現的。
        // delta 值預設是設置鎖的位，並且將 waiter 的數量減 1。
        // 如果 Mutex 處於非饑餓狀態，或當前 waiter 的數量為 1，則將饑餓狀態
        // 的位清除；否則（也就是當前 waiter 的數量大於 1，並且處於饑餓狀態），
        // 對饑餓狀態的位元不做改變，因為當前 Mutex 饑餓的位標識已經是 1 了，
        // 所以不需要額外設置
        delta := int32(mutexLocked - 1<<mutexWaiterShift)
        if !starving || old>>mutexWaiterShift == 1 { // 退出饑餓狀態
```

```
                delta -= mutexStarving
            }
            // 增加 delta 值，也就是把鎖的位設置為 1，Mutex 處於已加鎖狀態，執行下一個
            // for 迴圈，此 goroutine 直接獲取到鎖。而且，根據情況設置了饑餓狀態標識
            atomic.AddInt32(&m.state, delta)
            break
        }
        awoke = true
        iter = 0
    } else {
        old = m.state
    }
}

func (m *Mutex) Unlock() {

    // 快速路徑：最容易的情況，直接將鎖的狀態設置為 0，也就是未加鎖狀態
    new := atomic.AddInt32(&m.state, -mutexLocked)
    if new != 0 {
        // 如果還有 waiter，或 Mutex 處於饑餓狀態，則呼叫 unlockSlow
        m.unlockSlow(new)
    }
}

func (m *Mutex) unlockSlow(new int32) {
    if (new+mutexLocked)&mutexLocked == 0 {
        fatal("sync: unlock of unlocked mutex")
    }
    // 非饑餓狀態
    if new&mutexStarving == 0 {
        old := new
        for {
            // 如果沒有 waiter，或已經有 goroutine 被喚醒了，或已經有 goroutine 搶
            // 到了鎖，或 Mutex 處於饑餓狀態，則不需要喚醒任何 goroutine
            if old>>mutexWaiterShift == 0 || old&(mutexLocked|mutexWoken|
            mutexStarving) != 0 {
                return
            }
            // 喚醒一個 goroutine，並設置喚醒標識
            new = (old - 1<<mutexWaiterShift) | mutexWoken
```

```
            if atomic.CompareAndSwapInt32(&m.state, old, new) {
                runtime_Semrelease(&m.sema, false, 1)
                return
            }
            old = m.state
        }
    } else {
        // 在饑餓模式下喚醒一個 goroutine，被喚醒的 goroutine 在 Lock 方法中會直接獲取鎖。
        // 注意，這裡 mutexLocked 標識已經被清除，但是新來的 goroutine 也不會在呼叫 Lock
        // 方法時獲取到鎖，因為已經設置了 mutexStarving 標識。
        // mutexStarving 是一個保護標識，說明當前的鎖是透過直接交接的方式給某一個 goroutine
        // 的，而非透過競爭的方式
        runtime_Semrelease(&m.sema, true, 1)
    }
}
```

我把相關註釋加在了程式行中，並且刪除了資料競爭檢查的程式。現在的程式已經非常難以理解了，並且 Unlock 和 Lock 的邏輯相互影響，Lock 的程式邏輯依賴 Unlock 對有些位元的設置。我的經驗是不要死記硬背這些程式，我的學習方法是找一個時間，仔細地品讀其中的程式邏輯，花一兩個小時慢慢理順邏輯關係，對於不同的場景觀察不同標識的變化，理解這段程式的深刻含義，學習其中的位設置技巧。

lockSlow 是 Go 標準函式庫的同步基本操作中為數不多的複雜度非常高的方法之一，為了讓大家更進一步地掌握這個方法，我特意畫了一個流程圖，全面展示 lockSlow 方法的邏輯（見圖 2.12）。

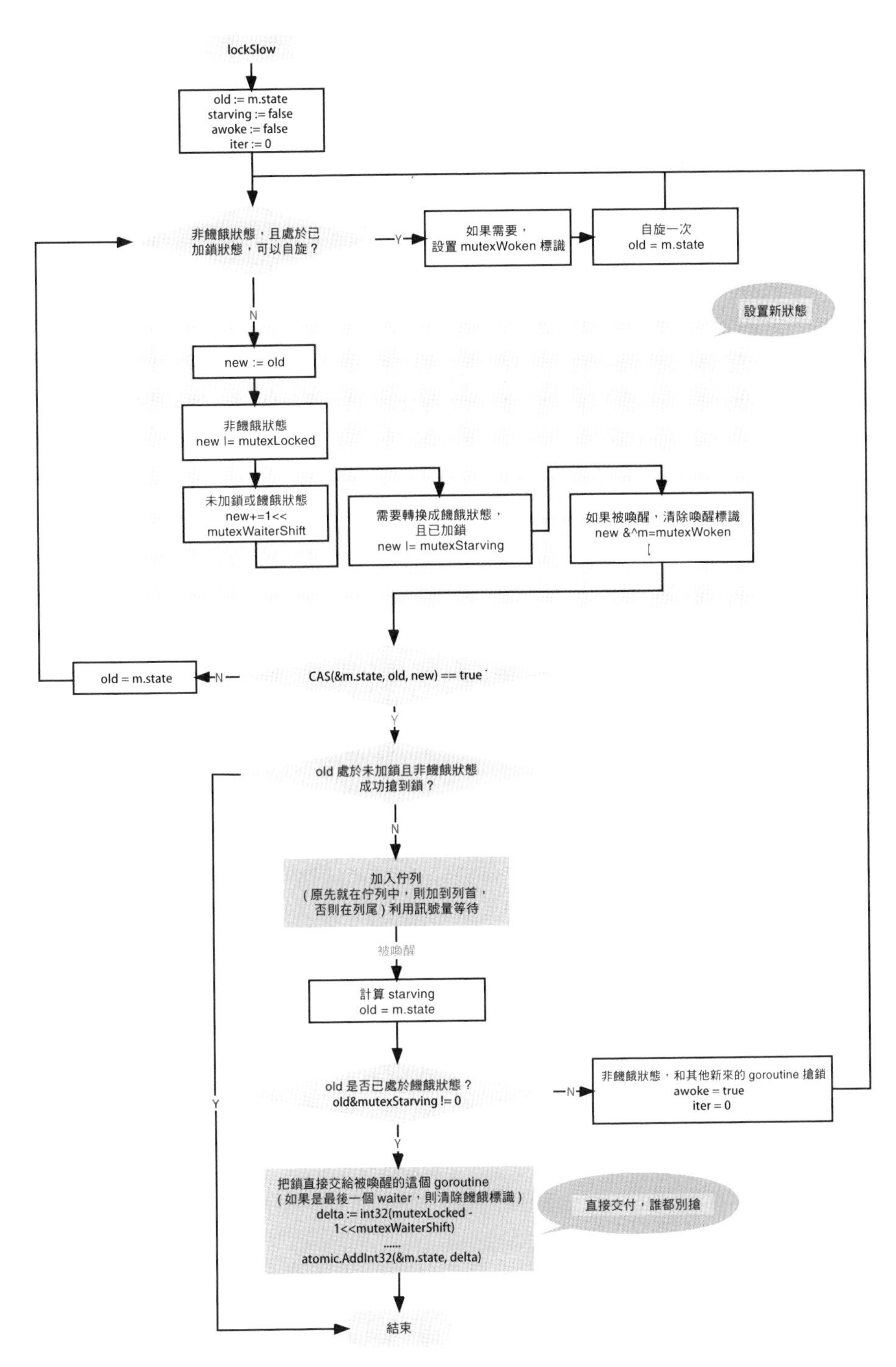

▲ 圖 2.12 lockSlow 方法流程圖

2.4.5 TryLock

在 Go 1.18 中，Mutex 終於增加了 TryLock 方法。

很久以來（可以追溯到 2013 年 #6123），就有人提議給 Mutex 增加 TryLock 方法，但被大佬們無情地拒絕了。然而，斷斷續續一直有人提議需要這個方法，到了 2021 年，Go 團隊的大佬們終於鬆口，增加了相應的方法（#45435）。

用一句話來說，Mutex 增加了 TryLock 方法，嘗試獲取鎖；RWMutex 增加了 TryLock 和 TryRLock 方法，嘗試獲取寫入鎖和讀取鎖。它們都傳回 bool 類型——如果傳回 true，則表示已經獲取到了相應的鎖；如果傳回 false，則表示沒有獲取到相應的鎖（見圖 2.13）。

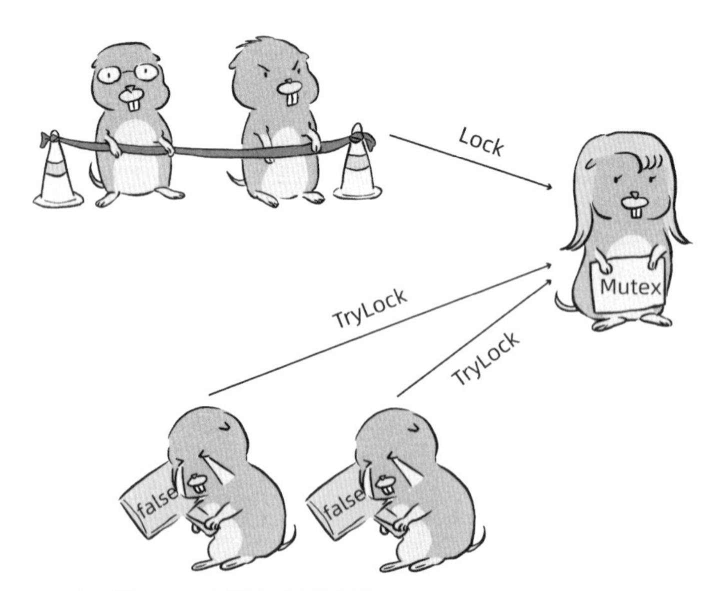

▲ 圖 2.13 在已加鎖的情況下，TryLock 傳回 false

本質上，要實現這些方法並不麻煩，接下來我們看看 Mutex.TryLock 相應的實現（去除了資料競爭檢查程式）。

```
func (m *Mutex) TryLock() bool {
    old := m.state
```

```
    if old&(mutexLocked|mutexStarving) != 0 {
        return false
    }

    // 嘗試設置加鎖標識
    if !atomic.CompareAndSwapInt32(&m.state, old, old|mutexLocked) {
        return false
    }

    return true
}
```

如果當前的 Mutex 已經加鎖了，或當前的 Mutex 處於饑餓狀態，那麼當前請求鎖的 goroutine 就不要有非分之想了，直接傳回 false，沒有獲取到鎖。

不然嘗試加鎖，也就是在 old 上加 mutexLocked 鎖標識。如果這個時候 Mutex 已經被其他 goroutine 加鎖了，或 Mutex 轉換成了饑餓狀態等，那麼也直接傳回 false，沒有獲取到鎖。

不然直接獲取到鎖。

可以看到，即使有 waiter 在等待鎖，而 Mutex 處於非饑餓狀態，呼叫 TryLock 的 goroutine 也是能搶一個鎖的，不過搶不到的話不會自旋再次嘗試去搶，而是直接傳回。

看起來 TryLock 的實現非常簡單，但是 Go 團隊還是在註釋上做了一番「恐嚇」：

```
// Note that while correct uses of TryLock do exist, they are rare,
// and use of TryLock is often a sign of a deeper problem
// in a particular use of mutexes.
```

翻譯過來就是：

```
// 請注意，雖然 TryLock 的正確用法確實存在，但很少使用它。
// 使用 TryLock，通常表明在特定的互斥鎖使用中存在更深層的問題。
```

也就是說，Go 團隊認為 TryLock 的使用場景很有限，當你決定使用 TryLock 的時候，思考一下，是不是 Mutex 的使用方法有問題，有沒有其他的設計方案能避開它。

即使還沒有學習後面的 Go 記憶體模型，你也可以提前了解到，這個實現本身是有問題的。但是根據 Go 記憶體模型，在特定的 CPU 架構下，其理論上是有問題的。問題在於 old:=m.state，為什麼不使用 old:=atomic.LoadInt32(&m.state) 呢？因為：即使一個 goroutine 釋放了鎖，這個請求鎖的 goroutine 在某種架構下也可能永遠都獲取不到鎖。

Go 團隊也在 Go 記憶體模型中提到：

l.TryLock（或 l.TryRLock）：當 Mutex 被另一個 goroutine 釋放鎖時，它可能也會傳回 false，而意識不到 Mutex 已經釋放了鎖。

Ian Lance Taylor 也在討論區中確認了這個問題，但是我相信，幾乎沒有人會在遇到 Mutex 釋放鎖後，再呼叫 Mutex.TryLock 時總是傳回 false，依賴 state 是 int32 類型，不會出現資料讀取或寫入一半的情況，在 AMD64 架構下 old:=m.state 等價於 old:=atomic.LoadInt32(&m.state)，在其他架構下一個 CPU 核心的 cache 也不太可能總是不刷新（現代的作業系統，CPU 時間切片會被執行緒輪流使用，總會發生上下文切換和 cache 刷新，所以幾乎遇不到這種罕見的情況）。

雖然 TryLock 的使用場景比較少，但還是有一些罕見的場景會使用到它的。因為 Go 官方遲遲沒有實現它，所以一些專案會自己實現，比如使用類似於上面擴充 Mutex 的方式，或使用 channel 的範式，如乙太坊中的程式：

```
func (bc *BlockChain) setHeadBeyondRoot(head uint64, root common.Hash, repair
bool) (uint64, error) {
    if !bc.chainmu.TryLock() { // 嘗試獲取 chainmu 鎖
        return 0, errChainStopped
    }
    defer bc.chainmu.Unlock()
    ......
}
```

elasticbeats 中的程式：

```
func lockResource(log *logp.Logger, resource *resource, canceler v2.Canceler) error {
    if !resource.lock.TryLock() { // 嘗試獲取資源鎖
        log.Infof("Resource  '%v' currently in use, waiting...", resource.key)
        err := resource.lock.LockContext(canceler)
        if err != nil {
            log.Infof("Input for resource  '%v' has been stopped while waiting",
                resource.key)
            return err
        }
    }
    return nil
}
```

2.5 Mutex 的使用陷阱

雖然 Mutex 只有 Lock、TryLock、Unlock 三個方法，使用起來非常簡單，但是在實際專案中，使用 Mutex 也會犯一些錯誤，大部分情況是開發者大意了，還有一部分情況是開發者並沒有真正了解 Mutex 的特性和具體實現。接下來，我們就結合一些知名專案中出現的 Mutex 錯誤，來了解這些錯誤的場景，避免犯同樣的錯誤。

2.5.1 誤寫

在實際專案中，通常有一些錯誤是誤寫導致的，也可能是在程式重構後思考不全面導致的。

在正常情況下，我們使用 Mutex 的程式大都是這樣寫的：

```
package ch2

import "sync"

type Counter struct {
```

```
    mu sync.Mutex // 定義一個互斥鎖，保護計數器
    counter int64
}

func (c *Counter) Inc() {
    c.mu.Lock() // 加鎖
    defer c.mu.Unlock() // 緊接著使用 defer 解鎖
    c.counter++
}
```

有的誤寫是漏掉了 defer c.mu.Unlock 這麼一句，導致互斥鎖 Mutex 沒有被釋放，後面請求這個鎖的 goroutine 都會被阻塞，無法繼續執行。有的是寫程式時大意了，寫入了 Lock，忘記寫 Unlock 了。比如：

```
func (c *Counter) Inc() {
    c.mu.Lock() // 只有加鎖，未釋放鎖
    c.counter++
}
```

有的是本來想寫 Unlock，結果寫成了 Lock（如 Issue #793 · grpc/grpc-go，見圖 2.14）。

```
server.go
@@ -798,7 +798,7 @@ func (s *Server) Stop() {
798 798    func (s *Server) GracefulStop() {
799 799            s.mu.Lock()
800 800            if s.drain == true || s.conns == nil {
801     -                  s.mu.Lock()
    801 +                  s.mu.Unlock()
802 802                    return
803 803            }
804 804            s.drain = true
```

▲ 圖 2.14 第 801 行應該是釋放鎖，結果寫成了加鎖

還有的是忘記寫 defer 了，比如 Kubernetes 專案中的錯誤（#68328），第 103 行忘記加 defer 關鍵字了（見圖 2.15）。

```
 99 ∨  func (d *deadlockDetector) runOnce() bool {
100            ch := make(chan bool, 1)
101            go func() {
102                    d.lock.Lock()
103                    d.lock.Unlock()
104
105                    ch <- true
106            }()
```

▲ 圖 2.15 第 103 行忘記寫 defer 了

而更多的誤寫錯誤，是 Unlock 方法的呼叫在特定的分支中，並且沒有在應該呼叫 Unlock 的分支中呼叫 Unlock。這類錯誤非常常見，並不是在普通的 Go 專案中才存在，在 Go 官方的程式中也存在（如 missing unlock in crypt/rand/rand_unix.go，#917，見圖 2.16）。

```
$ hg diff pkg/crypto/rand/rand_windows.go
diff -r 4f91458c5765 src/pkg/crypto/rand/rand_windows.go
--- a/src/pkg/crypto/rand/rand_windows.go       Tue Jul 13 10:47:52 2010 +1000
+++ b/src/pkg/crypto/rand/rand_windows.go       Tue Jul 13 11:09:52 2010 -0700
@@ -30,6 +30,7 @@
                const flags = syscall.CRYPT_VERIFYCONTEXT | syscall.CRYPT_SILENT
                ok, errno := syscall.CryptAcquireContext(&r.prov, nil, nil, provType, flags)
                if !ok {
+                       r.mu.Unlock()
                        return 0, os.NewSyscallError("CryptAcquireContext", errno)
                }
        }
```

▲ 圖 2.16 分支中原來的程式傳回時忘記釋放鎖

當 f==nil 時，函式直接傳回了，這裡並沒有呼叫 r.mu.Unlock。

這類錯誤經常能看到，比如在 grpc-go 專案中（Switched mutex unlock to defer in newAddrConn #5556），在第 723 行 err!=nil 時沒有呼叫 cc.mu.Unlock，也會導致互斥鎖未被釋放的情況。修改方法就是將分散的 Unlock 取出出來，在 Lock 的下面緊接著就寫 Unlock（見圖 2.17）。

```
clientconn.go
@@ -712,8 +712,8 @@ func (cc *ClientConn) newAddrConn(addrs []resolver.Address, opts balancer.NewSub
712  712        ac.ctx, ac.cancel = context.WithCancel(cc.ctx)
713  713        // Track ac in cc. This needs to be done before any getTransport(...) is called.
714  714        cc.mu.Lock()
     715  +     defer cc.mu.Unlock()
715  716        if cc.conns == nil {
716       -             cc.mu.Unlock()
717  717                return nil, ErrClientConnClosing
718  718        }
719  719
@@ -732,7 +732,6 @@ func (cc *ClientConn) newAddrConn(addrs []resolver.Address, opts balancer.NewSub
732  732        })
733  733
734  734        cc.conns[ac] = struct{}{}
735       -     cc.mu.Unlock()
736  735        return ac, nil
737  736   }
738  737
```

▲ 圖 2.17 釋放鎖的程式分散，有的分支忘記釋放鎖

我曾在蘋果公司的 foundationdb 專案中看到這樣一段程式（見圖 2.18），你覺得這裡有問題嗎？

```
89          // The mutex here is used as a signal that the callback is complete.
90          // We first lock it, then pass it to the callback, and then lock it
91          // again. The second call to lock won't return until the callback has
92          // fired.
93          //
94          // See https://groups.google.com/forum/#!topic/golang-nuts/SPjQEcsdORA
95          // for the history of why this pattern came to be used.
96          m := &sync.Mutex{}
97          m.Lock()
98          C.go_set_callback(unsafe.Pointer(f), unsafe.Pointer(m))
99          m.Lock()
```

▲ 圖 2.18 沒有釋放鎖？其實是在 cgo 中釋放的，讓人困惑

這裡呼叫一個臨時互斥鎖的 mu.Lock 兩次，難道不會導致程式被阻塞在第 100 行嗎？如果看來龍去脈（Issue #795 · apple/foundationdb），就會發現在 C.go_set_callback 方法中呼叫了鎖的 Unlock，然後第二個 Unlock 的呼叫會被阻塞，直到 cgo 中的非同步邏輯執行完並釋放鎖。這段程式很醜陋，若不知道上下文則很難理解，我們在撰寫程式的時候應儘量避免這樣寫。

2.5.2 鎖死

鎖死是指兩個或兩個以上的處理程序在執行過程中，由於競爭資源或彼此通訊而造成的一種阻塞現象。若無外力作用，這些處理程序都將無法推進下去。此時，就稱系統處於鎖死狀態或系統產生了鎖死。這些相互阻塞的處理程序被稱為「鎖死處理程序」。

一種鎖死是設計不周帶來的，比如哲學家問題（我們在後面的章節中會詳細分析這個問題）。另一種鎖死是程式 bug 導致的，比如上一節提到的漏寫 Unlock，導致後面其他的 goroutine 請求此互斥鎖時永遠獲取不到。還有一種鎖死是重入問題導致的，我們將在節中分析這個場景。在本節中，我們來看幾個使用 Mutex 不當導致鎖死的例子。

下面是 grpc-go 的鎖死的例子（Issue #3047 · grpc/grpc-go，見圖 2.19）。

```
∨ ⇕ 5 ■■■■■ clientconn.go
          @@ -875,8 +875,9 @@ func (cc *ClientConn) resolveNow(o resolver.ResolveNowOption) {
875  875      // This API is EXPERIMENTAL.
876  876      func (cc *ClientConn) ResetConnectBackoff() {
877  877              cc.mu.Lock()
878       -           defer cc.mu.Unlock()
879       -           for ac := range cc.conns {
     878  +           conns := cc.conns
     879  +           cc.mu.Unlock()
     880  +           for ac := range conns {
880  881                      ac.resetConnectBackoff()
881  882              }
882  883      }
```

▲ 圖 2.19 grpc-go 的鎖死的例子：先呼叫了 cc.mu.Lock 加鎖

在 ResetConnectBackoff 方法中呼叫了 cc.mu.Lock() 方法，並且中規中矩，緊接著加上了 defer cc.mu.Unlock()，這個方法傳回的時候會釋放鎖，看起來一切都好。ResetConnectBackoff 方法會調用 ac.resetConnectBackoff() 方法，而 ac.resetConnectBackoff() 方法的實現如圖 2.20 所示。

```
1290    1291    func (ac *addrConn) resetConnectBackoff() {
1291    1292            ac.mu.Lock()
1292    1293            close(ac.resetBackoff)
1293    1294            ac.backoffIdx = 0
1294    1295            ac.resetBackoff = make(chan struct{})
1295    1296            ac.mu.Unlock()
1296    1297    }
```

▲ 圖 2.20 resetConnectBackoff 方法使用 ac.mu 鎖

看起來也沒問題。我們整理一下鎖的呼叫順序（記為「順序 1」），大致如下：

1. cc.mu.Lock
2. ac.mu.Lock
3. ac.mu.Unlock
4. cc.mu.Unlock

遺憾的是，ac 的另一個方法 resetTransport 對這兩個鎖的呼叫順序是相反的。為了突出鎖的使用，對 resetTransport 進行了簡化（見圖 2.21）。

```
func (ac *addrConn) resetTransport() {
        for i := 0; ; i++ {

                ac.mu.Lock()

               // deleted code for clarity

                ac.updateConnectivityState(connectivity.Connecting)
                // ac.updateConnectivityState() calls, ac.cc.handleSubConnStateChange(), which
                // calls ac.cc.mu.Lock()

                ac.mu.Unlock()

      // deleted code for clarity
```

▲ 圖 2.21 resetTransport 對兩個鎖的呼叫順序有問題

resetTransport 方法對鎖的呼叫順序（記為「順序 2」）大致如下：

1. ac.mu.Lock
2. cc.mu.Lock
3. cc.mu.Unlock
4. ac.mu.Unlock

假如同時有兩個 goroutine，比如 g2 和 g3，分別呼叫 ResetConnectBackoff 和 resetTransport 方法。g2 呼叫 ResetConnectBackoff 方法，進行到了第一步 cc.mu.Lock，g3 呼叫 resetTransport 方法，也進行到了第一步 ac.mu.Lock，當這兩個 goroutine 都進行下一步時，發現它們都在希望對方釋放當前所持有的鎖，以便自己可以進行鎖的請求，可是雙方互不相讓，從而導致鎖死。

這是程式設計中最難發現的並發問題之一。因為程式分散在多個方法中，只有在特定的場景下才會觸發這類問題，在設計層面並不容易發現。

但是在生產環境中，還是比較容易定位到這類問題的，一旦發現程式僵住（阻塞）了，就可以利用 pprof goroutine 來檢查。這裡舉一個例子：

```
package main

import (
    "net/http"
    _ "net/http/pprof"
    "sync"
)

func main() {
    var count int64
    var mu sync.Mutex
    for i := 0; i < 100; i++ {
        go func() {
            mu.Lock()
            // defer mu.Unlock() // ① 還是計數器的例子，只不過這裡故意不釋放鎖

            count++
        }()
    }

    err := http.ListenAndServe("localhost:8080", nil)
    if err != nil {
        panic(err)
    }
}
```

我們把①行註釋起來，人為製造不釋放鎖的場景。

在瀏覽器中打開位址 localhost:8080/debug/pprof/goroutine?debug=1，可以看到有 99 個 goroutine 都被阻塞在 main.go 程式的①行，也就是 mu.Lock 請求鎖的這一行，而且每次刷新這個頁面，這 99 個 goroutine 都被阻塞在這一行，可以初步判斷請求鎖這一行可能有問題（見圖 2.22）。一共開啟了 100 個 goroutine，少了的那一個 goroutine 跑哪去了？原來幸運的那一個 goroutine 獲取到了鎖，計數值加 1，然後就退出了，但退出的時候並沒有釋放鎖。

```
goroutine profile: total 103
99 @ 0x102796260 0x1027a766c 0x1027a7649 0x1027c2868 0x1027ccb44 0x10297cdcc 0x10297cd75 0x1027c6b64
#	0x1027c2867	sync.runtime_SemacquireMutex+0x27	/usr/local/go/src/runtime/sema.go:77
#	0x1027ccb43	sync.(*Mutex).lockSlow+0x173		/usr/local/go/src/sync/mutex.go:171
#	0x10297cdcb	sync.(*Mutex).Lock+0x7b			/usr/local/go/src/sync/mutex.go:90
#	0x10297cd74	main.main.func1+0x24			/Users/smallnest/go/src/github.com/smallnest/concurrency-programming-via-go-code/ch02/goroutine_profile/main.go:28

1 @ 0x10278c4ec 0x1027c0a54 0x102971224 0x102971040 0x10296e5a8 0x10297b47c 0x10297bd78 0x1029315e8 0x102932bfc 0x102933ad0 0x102930698 0x1027c6b64
#	0x1027c0a53	runtime/pprof.runtime_goroutineProfileWithLabels+0x23	/usr/local/go/src/runtime/mprof.go:844
#	0x102971223	runtime/pprof.writeRuntimeProfile+0xb3			/usr/local/go/src/runtime/pprof/pprof.go:734
#	0x10297103f	runtime/pprof.writeGoroutine+0x4f			/usr/local/go/src/runtime/pprof/pprof.go:694
#	0x10296e5a7	runtime/pprof.(*Profile).WriteTo+0x147			/usr/local/go/src/runtime/pprof/pprof.go:329
#	0x10297b47b	net/http/pprof.handler.ServeHTTP+0x3bb			/usr/local/go/src/net/http/pprof/pprof.go:259
#	0x10297bd77	net/http/pprof.Index+0xc7				/usr/local/go/src/net/http/pprof/pprof.go:376
#	0x1029315e7	net/http.HandlerFunc.ServeHTTP+0x37			/usr/local/go/src/net/http/server.go:2122
#	0x102932bfb	net/http.(*ServeMux).ServeHTTP+0x13b			/usr/local/go/src/net/http/server.go:2500
#	0x102933acf	net/http.serverHandler.ServeHTTP+0x2bf			/usr/local/go/src/net/http/server.go:2936
#	0x102930697	net/http.(*conn).serve+0x517				/usr/local/go/src/net/http/server.go:1995

1 @ 0x102796260 0x10278fa78 0x1027c0f10 0x10282a758 0x10282b270 0x10282b261 0x102886788 0x102890674 0x10292ace4 0x1027c6b64
#	0x1027c0f0f	internal/poll.runtime_pollWait+0x9f		/usr/local/go/src/runtime/netpoll.go:306
#	0x10282a757	internal/poll.(*pollDesc).wait+0x27		/usr/local/go/src/internal/poll/fd_poll_runtime.go:84
```

▲ 圖 2.22 profile 顯示 99 個 goroutine 都處於請求鎖的等候狀態

如果把位址中 debug 參數的值改為 2，則可以詳細地看到每一個 goroutine 的堆疊資訊和狀態，99 個 goroutine 都處於 semacquire 狀態（見圖 2.23）。

```
goroutine 18 [sync.Mutex.Lock]:
sync.runtime_SemacquireMutex(0x0?, 0x0?, 0x0?)
	/usr/local/go/src/runtime/sema.go:77 +0x28
sync.(*Mutex).lockSlow(0x14000114798)
	/usr/local/go/src/sync/mutex.go:171 +0x174
sync.(*Mutex).Lock(...)
	/usr/local/go/src/sync/mutex.go:90
main.main.func1()
	/Users/smallnest/go/src/github.com/smallnest/concurrency-programming-via-go-code/ch02/goroutine_profile/main.go:28 +0x7c
created by main.main
	/Users/smallnest/go/src/github.com/smallnest/concurrency-programming-via-go-code/ch02/goroutine_profile/main.go:27 +0x44

goroutine 19 [sync.Mutex.Lock]:
sync.runtime_SemacquireMutex(0x0?, 0x0?, 0x0?)
	/usr/local/go/src/runtime/sema.go:77 +0x28
sync.(*Mutex).lockSlow(0x14000114798)
	/usr/local/go/src/sync/mutex.go:171 +0x174
sync.(*Mutex).Lock(...)
	/usr/local/go/src/sync/mutex.go:90
main.main.func1()
	/Users/smallnest/go/src/github.com/smallnest/concurrency-programming-via-go-code/ch02/goroutine_profile/main.go:28 +0x7c
created by main.main
	/Users/smallnest/go/src/github.com/smallnest/concurrency-programming-via-go-code/ch02/goroutine_profile/main.go:27 +0x44
```

▲ 圖 2.23 顯示 goroutine 的細節，goroutine 被阻塞在對 Lock 方法的呼叫上

基本上，透過查看 goroutineprofile，可以發現大量的 goroutine 都被阻塞在對特定互斥鎖的請求上。我們大概能看出一些端倪，初步判定 Mutex 有鎖死的現象。當然，這也不是絕對的，如果有大量的 goroutine 都在爭搶鎖，那麼也有可能觀察到類似的現象。

2.5.3 鎖重入

Go 標準函式庫的 Mutex 不支援可重入（reentrant）。

什麼是「可重入」呢？可重入又叫作遞迴（recursive）呼叫，也就是當前已獲取到鎖的 goroutine 繼續呼叫 Lock。Go 標準函式庫的 Mutex 和 Java 中的 ReentrantLock 不同，如果在程式中重入（遞迴）呼叫 Lock，則會導致程式被阻塞在重入呼叫的 Lock 上，鎖永遠沒法釋放，也會影響其他 goroutine 的呼叫。

最簡單的重入呼叫錯誤如下：

```
func reentrantFoobar() {
    var count int64
    var mu sync.Mutex mu.Lock() // 第一次加鎖
    defer mu.Unlock()

    mu.Lock() // 在還未釋放鎖的情況下再次請求鎖，阻塞在這裡
    count++
    mu.Unlock()
}
```

在一個互斥鎖還沒有被釋放的情況下，再次呼叫此互斥鎖的 Lock 方法，導致獲取不成功，阻塞在呼叫上。當然，這種錯誤比較難發生，畢竟它太明顯了。容易發生的錯誤是 A 方法呼叫 B 方法，B 方法呼叫 C 方法，C 方法呼叫 D 方法……在這個長長的呼叫鏈中，如果有兩個方法呼叫了同一個互斥鎖的 Lock, 並且對鎖的釋放是在對下層呼叫之後，那麼就容易出現鎖重入的錯誤。比以下面的例子，foo 呼叫了互斥鎖的 Lock，然後呼叫 bar 方法，在 bar 方法中又呼叫了此互斥鎖的 Lock，因為此互斥鎖還未被釋放，所以會導致程式被阻塞在這裡。

```
type mutexT struct {
    mu sync.Mutex
}

func (t *mutexT) foo() {
    t.mu.Lock() // 第一次加鎖
    defer t.mu.Unlock()

```

```
    fmt.Println("in bar")

    t.bar()
}

func (t *mutexT) bar() {
    t.mu.Lock() // 再次加鎖
    defer t.mu.Unlock()

    fmt.Println("in bar")
}
```

Go 標準函式庫的 Mutex 不支持可重入可能是有意為之，Russ Cox 認為可重入鎖（遞迴鎖）可能會帶來潛在的問題。當使用 Mutex 的時候，我們會假定鎖保護變數是排他性的，不會被其他函式修改，但是可重入可能導致在呼叫其他函式時，鎖保護變數會被修改，從而帶來潛在的風險。

在實踐中，我們應儘量避免使用可重入鎖，在萬不得已的情況下，可以使用 2.6.1 節介紹的可重入鎖。

2.5.4 複製鎖

Go 標準函式庫中實現的同步基本操作是不支持複製的，因為同步基本操作本身包含狀態資訊，如果直接複製，則可能會導致意想不到的問題。

比以下面的程式，在呼叫 Lock 方法後，互斥鎖 mu 內部的狀態已經發生改變，如果此時將 mu 複製給 mu2，那麼 mu2 就會處於加鎖狀態，和我們的期望不一樣。

```
func copyMutex() {
    var mu sync.Mutex // 第一個鎖
    var mu2 sync.Mutex // 第二個鎖

    mu.Lock() // 第一個鎖加鎖
    defer mu.Unlock()

    mu2 = mu // 把第一個鎖複製給第二個鎖，第二個鎖處於加鎖狀態
```

```
    mu2.Lock() // 阻塞在這裡
    // do something
    mu2.Unlock()
}
```

上面這個例子還比較容易發現問題，但是由於複製可能在不經意間發生，比如函式傳參、for-range 遍歷、傳回值賦值、直接賦值、嵌入 struct 進行複製等，有時候則難以發現問題。幸運的是，go vet 工具可以幫助我們發現這類問題。舉例來說，go vet 工具明確指出 err_mutex. go 的第 57 行有一個 Mutex 複製導致的問題（見圖 2.24）。

```
  smallnest@birdnest  > > > > > > ch02  master  go vet err_mutex.go
# command-line-arguments
./err_mutex.go:57:8: assignment copies lock value to mu2: sync.Mutex
  smallnest@birdnest  > > > > > > ch02  master  ERROR
```

▲ 圖 2.24 使用 go vet 工具檢查問題

那麼，go vet 工具是怎麼發現 Mutex 複製問題的呢？這裡簡單分析一下。檢查是透過 copylock 分析器靜態分析實現的。這個分析器會分析函式呼叫、for-range 遍歷、複製、宣告、函式傳回值等位置，有沒有鎖的值複製的情景，以此來判斷有沒有問題。可以說，只要實現了 Locker 介面，就會被分析。我們看到，下面的程式就是確定什麼類型會被分析，其實就是實現了 Lock/Unlock 方法的 Locker 介面。

```
var lockerType *types.Interface

// 其實就是建構 sync.Locker 介面類型
func init() {
    nullary := types.NewSignature(nil, nil, nil, false) // func()
    methods := []*types.Func{
        types.NewFunc(token.NoPos, nil, "Lock", nullary),
        types.NewFunc(token.NoPos, nil, "Unlock", nullary),
    }
    lockerType = types.NewInterface(methods, nil).Complete()
}
```

對於有些沒有實現 Locker 介面的同步基本操作（如 WaitGroup），只要 sync 套件下的 struct 嵌入了 noCopy，就能被分析（後面會介紹具體的實現）。

所以，在開發 Go 應用程式的時候，建議開啟 go vet 或 golangci/golangci-lint 等 lint 工具，它們都能發現這類潛在的問題。

Go 標準函式庫中的 tls.Config 因為引入了 Mutex，導致一大批 Go 開放原始碼專案出現了複製 Mutex 的錯誤，比如 grpc/grpc-go、cockroachdb/cockroach、Issue #254·nsqio/go-nsq、Issue #175·nats-io/nats.go。

2.6 Mutex 的擴充

基本上，Go 標準函式庫的 Mutex 已經支持絕大部分臨界區保護的場景，但是還有一小部分特殊的場景，Go Mutex 還不支援。這些場景非常小眾，在這裡給大家介紹一下，萬一哪天你遇到這類場景，也可以參考本書介紹的基礎知識。

2.6.1 可重入鎖

前面講了，Go 標準函式庫的 Mutex 不支持可重入，而且 Go 官方也不建議大家使用可重入的模式，但凡事都有萬一，萬一哪天你想使用可重入的場景呢！下面就來介紹一些想法。

大體上，如果想使用可重入鎖，則需要記住當前是哪一個 goroutine 在持有這個鎖。這裡提供兩種方案。

- 方案一：透過特殊的方法獲取到 goroutine id，記錄下獲取鎖的 goroutine id，它可以實現 Locker 介面。
- 方案二：在呼叫 Lock/Unlock 方法時，由 goroutine 提供一個 token（權杖），用來標識它自己。

接下來介紹這兩種方案。

方案一

這種方案重要的是獲取到 goroutine id。Go 官方不願意暴露出 goroutine id，所以我們需要一些特殊的方法來獲取它。多年以來，出現了多個獲取 goroutine id 的函式庫，基本想法有兩種：一是分析當前的堆疊資訊，將 goroutine id 解析出來；二是獲取執行時期的 g 結構，然後得到它的 id。

分析當前的堆疊資訊，獲取 goroutine id 的程式如下：

```
func GoID() int {
    var buf [64]byte
    n := runtime.Stack(buf[:], false) // 讀取堆疊資訊
    idField := strings.Fields(strings.TrimPrefix(string(buf[:n]), "goroutine "))
    [0] // 從堆疊資訊中找到 goroutine 那一行，把 id 解析出來
    id, err := strconv.Atoi(idField)
    if err != nil {
        panic(fmt.Sprintf("cannot get goroutine id: %v", err))
    }
    return id
}
```

更好的是第二種想法。以前有一個 petermattis/goid 函式庫，對各種 Go 版本支持都比較好，不過現在推薦你關注另一個函式庫，更簡潔的 kortschak/goroutine。當然，這不重要，你可以選擇自己喜歡的獲取 goroutine id 的函式庫，或你自己來實現，我們的重點是實現可重入鎖。

```
package ch2

import (
    "fmt"
    "sync"
    "sync/atomic"

    "github.com/kortschak/goroutine"
)

// 遞迴鎖，也叫作可重入鎖
type RecursiveMutex struct {
```

```
    sync.Mutex
    owner     int64
    recursion int64
}

func (m *RecursiveMutex) Lock() {
    gid := goroutine.ID() // 先獲取 goroutine id
    if atomic.LoadInt64(&m.owner) == gid { // 如果當前加鎖的 goroutine 就是此 goroutine
        atomic.AddInt64(&m.recursion, 1) // 遞迴 / 重入次數加 1，傳回
        return
    }
    m.Mutex.Lock() // 嘗試獲取鎖

    // 獲取到鎖，並且是第一次重入
    atomic.StoreInt64(&m.owner, gid)
    atomic.StoreInt64(&m.recursion, 1)
}

func (m *RecursiveMutex) Unlock() {
    gid := goroutine.ID() // 先獲取 goroutine id
    if atomic.LoadInt64(&m.owner) != gid { // 只允許加鎖的 goroutine 釋放鎖
        panic(fmt.Sprintf("wrong the owner(%d): %d!", m.owner, gid))
    }
    recursion := atomic.AddInt64(&m.recursion, -1) // 遞迴 / 重入次數減 1
    if recursion != 0 { // 還需要遞迴釋放鎖
        return
    }
    // 釋放鎖
    atomic.StoreInt64(&m.owner, -1)
    m.Mutex.Unlock()
}
```

Lock 方法首先檢查當前的 goroutine 是否已經獲取到了鎖，如果已經獲取到了鎖，則把計數值加 1 並直接傳回。這裡使用一個計數器，是為了在釋放鎖的時候做檢查。如果當前可重入鎖（遞迴鎖）還沒有設置 goroutine id，則使用 m.Mutex.Lock 先把鎖搶過來。

把鎖搶過來之後不必進行雙重檢查，因為當前的 goroutine 呼叫是串列的，此 goroutine 不可能並發地執行兩個邏輯。

Unlock 方法首先檢查當前的 goroutine 是否持有鎖，如果當前的 goroutine 不持有鎖，則會導致 panic。此 goroutine 不持有鎖有兩種情況：一是此 goroutine 本身沒有呼叫過 Lock；二是此 goroutine 已經完全釋放了鎖。在這兩種情況下，如果此 goroutine 還呼叫了 Unlock，則會導致 panic；不然 &m.recursion 減 1，此時如果 &m.recursion 等於 0，則表示相應的 Unlock 已經呼叫完成，可以釋放鎖了。

方案二

在這種方案中，由呼叫者負責持有一個 token，它獲取鎖的時候負責傳入此 token，然後這個鎖持有此 token。

等釋放鎖的時候，goroutine 負責把它的 token 傳入給 Unlock，只有 token 匹配才能釋放鎖。

這要求 goroutine 之間不能持有相同的 token——可以透過 atomic 來實現。但不好的一點是，呼叫者需要記錄一個 token，並且需要為鎖的方法添加額外的 token 參數，不再滿足 Locker 介面了。

一個具體的實現如下：

```
import (
    "fmt"
    "sync"
    "sync/atomic"
)

type TokenRecursiveMutex struct {
    sync.Mutex
    gentoken  int64
    token     int64 // 使用一個 token，持有此 token 的 goroutine 持有鎖、可重入鎖、釋放鎖
    recursion int32
}
```

```go
func (m *TokenRecursiveMutex) GenToken() int64 { // 請求一個新 token
    return atomic.AddInt64(&m.gentoken, 1)
}

func (m *TokenRecursiveMutex) Lock(token int64) { // 使用此 token 獲取鎖
    if atomic.LoadInt64(&m.token) == token { // 如果是重入
        m.recursion++ // 重入次數加 1
        return
    }

    m.Mutex.Lock() // 獲取鎖
    // 獲取成功，設置持有鎖的 token
    atomic.StoreInt64(&m.token, token)
    atomic.StoreInt32(&m.recursion, 1)
}

func (m *TokenRecursiveMutex) Unlock(token int64) {
    if atomic.LoadInt64(&m.token) != token { // 不持有鎖的goroutine 釋放鎖，不允許！
        panic(fmt.Sprintf("wrong the owner(%d): %d!", m.token, token))
    }

    recursion := atomic.AddInt32(&m.recursion, -1) // 重入次數減 1
    if recursion != 0 {
        return
    }

    atomic.StoreInt64(&m.token, 0) // 清除 token
    m.Mutex.Unlock()
}
```

這裡提供了一個 GenToken，方便生成唯一的 token 標識（假定 int64 能夠滿足需求），你也可以實現自己的 token 生成器。在呼叫 Lock 和 Unlock 時，傳入本 goroutine 持有的 token，這樣該 Mutex 就能判斷當前的 goroutine 是否持有此鎖了。

相對而言，還是「方案一」更簡單。「方案一」既實現了 Locker 介面，與 Go 標準函式庫的 Mutex 類似，能夠原地替換標準函式庫的 Mutex，又不需要額外的生成 token 的操作。

2.6.2 支援並發 map

我們知道，Go 標準函式庫的 map 不是執行緒（goroutine）安全的，當同時對 map 進行讀 / 寫時，就有可能導致 panic。比以下面的例子：

```
var m = make(map[int]int)
go func() {
    i := 0
    for {
        m[i]++ // 可能併發執行寫
        i++
    }
}()

i := 0
for {
    _ = m[i] // 可能併發執行讀
    i++
}
```

執行上面的程式，將出現錯誤，顯示 map 有並發讀 / 寫的問題（見圖 2.25）。

```
 smallnest@birdnest  > > > > > > ch02  master  go test -run TestBuiltinMap .
fatal error: concurrent map read and map write

goroutine 6 [running]:
github.com/smallnest/concurrency-programming-via-go-code/ch02.TestBuiltinMap(0x0?)
        /Users/smallnest/go/src/github.com/smallnest/concurrency-programming-via-go-code/ch02/map_test.go:19 +0x7c
testing.tRunner(0x14000003a00, 0x104ca9060)
        /usr/local/go/src/testing/testing.go:1576 +0x104
created by testing.(*T).Run
        /usr/local/go/src/testing/testing.go:1629 +0x370
```

▲ 圖 2.25 並發讀 / 寫 map

這是 Go 初學者經常犯的錯誤，錯誤地以為 map 是執行緒安全的，其實不是。

想要執行緒安全地使用 map，有多種方法，比如使用 sync.Map 或第三方函式庫，這裡使用 Mutex 實現一個內建 map 類型，適合多讀多寫的場景。

```
import "sync"

type Map[k comparable, v any] struct {
    mu sync.Mutex // 使用一個互斥鎖保護 map
```

```
    m map[k]v
}

func NewMap[k comparable, v any](size ...int) *Map[k, v] {
    if len(size) > 0 {
        return &Map[k, v]{
            m: make(map[k]v, size[0]),
        }
    }
    return &Map[k, v]{
        m: make(map[k]v),
    }
}

func (m *Map[k, v]) Get(key k) (v, bool) {
    m.mu.Lock() // 先請求互斥鎖，再讀
    defer m.mu.Unlock()

    value, ok := m.m[key]
    return value, ok
}

func (m *Map[k, v]) Set(key k, value v) {
    m.mu.Lock() // 先請求互斥鎖，再寫
    defer m.mu.Unlock()

    m.m[key] = value
}
```

這裡定義了一個泛型的新的 map 類型，並且包含一個內建的 map 類型做它的欄位 m。

因為 m 不是執行緒安全的，所以使用一個互斥鎖來保護它。一般來說，如果一個 struct 有多個欄位，則會把互斥鎖這個欄位放在要保護的欄位的上面，兩者緊緊挨著。

在獲取或設置一個 key 的值時，使用互斥鎖，以便只有一個 goroutine 可以存取欄位 m。

當然，我們自己定義的這個 map 可以擴充更多的方法，比如查看底層的 m 長度、遍歷 m、實現 UpdateOrSet 等方法。

同樣地，Go 內建的 slice 也不是執行緒安全的。比以下面的例子，我們期望 10 個 goroutine 並發地對 slice 添加元素，最後得到包含 1000 萬個元素的 slice，而實際得到的 slice 可能達不到 1000 萬個元素。

```
func TestBuiltinSlice(t *testing.T) {
    var s []int

    var wg sync.WaitGroup
    wg.Add(10)
    for i := 0; i < 10; i++ {
        go func() {
            defer wg.Done()

            for i := 0; i < 1_000_000; i++ {
                s = append(s, 1) // 併發更改 slice
            }
        }()
    }

    wg.Wait()

    if len(s) != 10*1_000_000 {
        t.Fatalf("len(s) = %d, want %d", len(s), 10*1_000_000)
    }
}
```

執行這個測試，發現最終的 slice 的長度並不是我們所期望的 1000 萬，實際上是 134816（每次執行各不相同）（見圖 2.26）。

```
 smallnest@birdnest  ⌂ > ▭ > ▭ > ▭ > ▭ > ▭ > ch02  master  go test -v -run TestBuiltinSlice .
=== RUN   TestBuiltinSlice
    slice_test.go:26: len(s) = 134816, want 10000000
--- FAIL: TestBuiltinSlice (0.00s)
FAIL
FAIL    github.com/smallnest/concurrency-programming-via-go-code/ch02   0.107s
FAIL
 smallnest@birdnest  ⌂ > ▭ > ▭ > ▭ > ▭ > ▭ > ch02  master  ERROR
```

▲ 圖 2.26 slice 也不是執行緒安全的

限於篇幅，這裡就不舉出 Mutex 保護的 slice 的程式了，感興趣的讀者可以自己嘗試寫一下。

2.6.3 封裝值

透過上面的例子可以看到，Mutex 經常會和某個特定的類型組合，實現一個執行緒安全的資料結構。基於此，你可以實現一個通用的 Mutex 保護的資料型態。當然，實現這個需求有很多方式，並且根據自己的特定需求可能還會實現特定的方法。下面是 carlmjohnson/syncx 實現的通用的泛型 Mutex：

```
import "sync"

type Mutex[T any] struct {
    mu    sync.Mutex // 使用互斥鎖保護欄位 value
    value T
}

func NewMutex[T any](initial T) *Mutex[T] {
    var m Mutex[T]
    m.value = initial
    return &m
}

// 使用互斥鎖保護通用的存取
func (m *Mutex[T]) Lock(f func(value *T)) {
    m.mu.Lock()
    defer m.mu.Unlock()
    value := m.value
    f(&value)
    m.value = value
}

// 使用互斥鎖保護讀
func (m *Mutex[T]) Load() T {
    m.mu.Lock()
    defer m.mu.Unlock()
    return m.value
}
```

```
// 使用互斥鎖保護寫
func (m *Mutex[T]) Store(value T) {
    m.mu.Lock()
    defer m.mu.Unlock()
    m.value = value
}
```

這裡定義了一個訂製的 Mutex 鎖，保護一個泛型的通用 value 類型。

Load 和 Store 提供了互斥保護的讀 / 寫方法。

Lock 提供了更通用的執行緒安全的讀 / 寫方式，因為有時候讀 / 寫並不是直接存取變數，而是有一些複雜的邏輯在裡面，所以可以傳入存取的函式，這基本上就是 Visitor 設計模式。

在下一章讀寫鎖 RWMutex 的介紹中，我們還可以使用讀寫鎖改造這個例子，讓它更高效。

我花了很大的篇幅來講 Mutex，因為它實在太重要了，它還是 RWMutex、Once、WaitGroup 等同步基本操作實現的基礎。如果你想熟練掌握 Go 並發的技能，Mutex 是必須完全掌握、熟練運用的同步基本操作之一。

3 讀寫鎖 RWMutex

本章內容包括：

- 讀寫鎖的使用場景
- 讀寫鎖的使用方法
- 讀寫鎖的實現
- 讀寫鎖的使用陷阱
- 讀寫鎖的擴充

讀寫鎖是電腦程式並發控制的一種針對互斥鎖最佳化的同步機制，也稱「分享 - 互斥鎖」、多讀取單寫入鎖等，用於處理大量讀取、少量寫入的場景。讀取操作之間可並發進行，寫入操作之間是互斥的，讀和寫又是互斥的。這表示多個 goroutine 可以同時讀取資料，但寫入資料時需要獲得一個獨佔的鎖。讀寫鎖的常見用法是控制 goroutine 對記憶體中某個分享變數的存取，這個分享變數不能被原子性地更新，並且對此資料結構的存取大部分時間是讀取，只有少量的寫入。

3.1 讀寫鎖的使用場景

互斥鎖是 Go 語言中最常用的同步基本操作之一，而且使用起來非常簡單，也經常用於控制對分享變數的存取，那為什麼還要實現一個功能類似的讀寫鎖呢？答案只有一個：為了性能。

我們使用一個互斥鎖 Mutex 的例子做對比。

```
func BenchmarkCounter_Mutex(b *testing.B) {
    // 1. 宣告一個 int64 類型的變數，做計數
    var counter int64
    // 2. 宣告一個互斥鎖
    var mu sync.Mutex

for i := 0; i < b.N; i++ {
    // 3. 併發執行
    b.RunParallel(func(pb *testing.PB) {
        i := 0
        // 4. 迭代測試
        for pb.Next() {
            i++

            // 5. 如果是 10000 的整數倍，則獲取鎖，計數值加 1
            if i%10000 == 0 {
                mu.Lock()
                counter++
                mu.Unlock()
```

```
                } else {
                    // 6. 否則，唯讀取這個計數值
                    mu.Lock()
                    _ = counter
                    mu.Unlock()
                }

            }
        })
    }
}
```

這個測試使用了一個互斥鎖，在讀寫比大概是 10000：1 的情況下對計數值進行讀 / 寫，所以是一個讀多寫少的場景。

如果有多個 goroutine 讀取 counter 的值，則必須互斥存取，同時只有一個 goroutine 可以讀取 counter 的值，即使此時沒有對 counter 的寫入。

對上面的基準測試進行改寫，使用讀寫鎖，程式如下：

```
func BenchmarkCounter_RWMutex(b *testing.B) {
    var counter int64
    var mu sync.RWMutex // 使用讀寫入鎖

    for i := 0; i < b.N; i++ {
        b.RunParallel(func(pb *testing.PB) {
            i := 0
            for pb.Next() {
                i++

                if i%10000 == 0 {
                    // 使用寫入鎖保護
                    mu.Lock()
                    counter++
                    mu.Unlock()
                } else {
                    // 使用讀取鎖保護，讀取計數器的值
                    mu.RLock()
                    _ = counter
```

```
                    mu.RUnlock()
                }


            }
        })
    }


}
```

我們將 sync.Mutex 替換成 sync.RWMutex 類型，並且對鎖請求的方法也做了修改：

- 需要對寫進行保護時，呼叫寫入鎖。
- 需要對讀進行保護時，呼叫讀取鎖。

執行這兩個基準測試，在不同的機器上可能會有不同的結果，但是基本能看到讀寫鎖對性能的提升（見圖 3.1）。

```
 smallnest@birdnest  ⌂ > ▭ > ▭ > ▭ > ▭ > ▭ > ch03  master  go test -run ^$  -bench BenchmarkCounter
goos: darwin
goarch: arm64
pkg: github.com/smallnest/concurrency-programming-via-go-code/ch03
BenchmarkCounter_Mutex-8            10000            863746 ns/op
BenchmarkCounter_RWMutex-8          10000            693746 ns/op
PASS
ok      github.com/smallnest/concurrency-programming-via-go-code/ch03   15.687s
 smallnest@birdnest  ⌂ > ▭ > ▭ > ▭ > ▭ > ▭ > ch03  master  ▌
```

▲ 圖 3.1 互斥鎖和讀寫鎖的性能對比

RWMutex 在 Go 生態圈中也應用廣泛，比如在 boltdb 中，使用 mmaplock 的寫入鎖保護 mmap 的初始化，它的讀取鎖控制對 mmap 檔案的存取；statlock 的寫入鎖保護對 stats 欄位的寫入，讀取鎖保護讀取 stats 欄位（見圖 3.2）。

```
    117
    118         rwlock    sync.Mutex    // Allows only one writer at a time.
    119         metalock  sync.Mutex    // Protects meta page access.
    120         mmaplock  sync.RWMutex  // Protects mmap access during remapping.
... 121  |      statlock  sync.RWMutex  // Protects stats access.
    122
    123         ops struct {
    124                 writeAt func(b []byte, off int64) (n int, err error)
    125         }
```

▲ 圖 3.2 使用讀寫鎖保護 stats

這樣的例子比比皆是，比如在一些知名的 Go 開放原始碼專案中，就能找到大量使用 RWMutex 的例子（檔案的數量會隨著專案程式的變化而有所變化，但是變化不顯著）。

- grpc-go：17 個檔案。
- Kubernetes：149 個檔案。
- Docker：21 個檔案。
- etcd：49 個檔案。

如果整理一下在這些開放原始碼專案中使用讀寫鎖的場景，就會發現，其共同點都是為了將對讀 / 寫的保護區分開，對資料的修改使用寫入鎖，對資料的讀取存取使用讀取鎖。

3.2 讀寫鎖的使用方法

讀寫鎖針對防寫和讀取保護提供不同的方法，我們習慣於將其稱為對寫入鎖的操作和對讀取鎖的操作。

與寫入鎖相關的方法如下。

- Lock()：獲取寫入鎖。如果暫時獲取不到，則會被阻塞，直到獲取到寫入鎖。
- TryLock()：嘗試獲取寫入鎖。如果獲取不到，則直接傳回 false，不會被阻塞。如果獲取到寫入鎖，則傳回 true。
- Unlock()：釋放寫入鎖。

與讀取鎖相關的方法如下。

- RLock()：獲取讀取鎖。如果暫時獲取不到，則會被阻塞，直到獲取到讀取鎖。
- TryRLock()：嘗試獲取讀取鎖。如果獲取不到，則直接傳回 false，不會被阻塞。如果獲取到讀取鎖，則傳回 true。
- RUnlock()：釋放讀取鎖。

下面以一個設定快取的例子來演示讀寫鎖的使用。假設系統中有一個設定變數，它儲存了系統中的設定：

```
type Config struct {
    Group           string // 群組名稱
    Retries         int // 重試次數
    ConnectTimeout  time.Duration // 連接逾時時間
    IdleTimeout     time.Duration // 空閒逾時時間
}
```

應用程式會定時地每分鐘從設定中心拉取設定一次，檢查設定是否被改動了——如果被改動了，則動態地更新應用程式的這個設定變數。因為還有並發的 goroutine 會讀取這個設定變數，所以這裡使用一個讀寫鎖進行保護，否則會有資料競爭的問題。

```
var configMutex sync.RWMutex
var config = &Config{} // 實際應該從設定中心先拉取一份最新設定

func updateConfig(newConfig *Config) { // 更新設定，使用讀寫入鎖的寫入鎖
    configMutex.Lock()
    defer configMutex.Unlock()

    config = newConfig
}
```

因為會對 config 進行更新，所以它使用了寫入鎖：首先呼叫 Lock 獲取到寫入鎖，然後更新 config 變數，最後釋放寫入鎖。

同時，程式中有很多 goroutine 會讀取這個設定變數，所以需要使用讀取鎖。假定有 100 個 goroutine 一直在執行下面的函式（這只是一個範例，實際沒有什麼意義）：

```
func accessExampleSite() {
    configMutex.RLock() // 使用讀寫入鎖的讀取鎖，存取設定項
    retries := config.Retries
    configMutex.RUnlock()

    for i := 0; i < retries; i++ {
        resp, err := http.Get("http://www.example.com")
```

```
        if err != nil {
            continue
        }

        resp.Body.Close()
    }
}
```

accessExampleSite 函式需要存取 config 這個設定變數，因為只是讀取，所以這裡使用了讀取鎖。

這是一個讀多寫少的例子。每分鐘更新一次設定變數，所以使用讀寫鎖也是合適的。

在 Go 1.18 中，新增嘗試獲取讀取鎖或寫入鎖的方法。

當呼叫 Lock、RLock 獲取寫入鎖和讀取鎖的時候，如果暫時獲取不到，則呼叫者會被阻塞，直到能夠獲取到寫入鎖或讀取鎖。但是如果不想被阻塞，比如每分鐘更新一次設定變數，若獲取不到鎖，就不更新了，等下一次再進行更新。

```
func tryUpdateConfig(newConfig *Config) {
    if ok := configMutex.TryLock(); !ok { // 嘗試獲取寫入鎖，更新設定。如果不成功，這次就不更新了
        return // 沒有獲取到寫入鎖
    }
    defer configMutex.Unlock()

    config = newConfig
}
```

TryLock 嘗試獲取寫入鎖，如果不能立即獲取到寫入鎖，則傳回 false，並不會發生阻塞。同樣，TryRLock 嘗試獲取讀取鎖，如果不能立即獲取到讀取鎖，則傳回 false，並不會發生阻塞。

對於這個例子，即使設定中心的設定被修改了，應用程式沒有及時拉取最新的設定也是可以接受的。但使用 Try 模式還是有一定風險的，比如這個例子，有可能這個設定變數一直被讀取的 goroutine 所佔有，導致設定一直不能更新，

而這個問題又不是那麼容易被發現，因為乍一看感覺這個設定沒有被更新，下一次總會被更新。其實這是一種錯覺，只要無法保證 TryLock 獲取到寫入鎖，設定變數可能就會很長時間得不到更新或永遠得不到更新。

可以看到，RWMutex 實現了 Locker 介面，這個 Locker 介面對應寫入鎖的 Lock 和 Unlock 方法。RLocker 傳回一個讀取鎖實現的 Locker，它的 Lock 和 Unlock 方法對應讀取鎖的 RLock 和 RUnlock 方法。

讀寫鎖 RWMutex 的零值就是無鎖的狀態，一般 Go 語言正規的用法是不顯式地對變數進行初始化：

```
var mu sync.RWMutex
```

初始化一個包含讀寫鎖的 struct，也不顯式地對讀寫鎖欄位進行初始化：

```
type S struct {
    mu     sync.RWMutex // 使用讀寫入鎖保護
    values values map[string]string
}
var s = &S{
    values: make(map[string]string),
}
```

讀寫鎖的釋放也是任意的，任何 goroutine 都可以呼叫 RUnlock 和 Unlock，即使它們沒有持有讀取鎖或寫入鎖，這與互斥鎖 Mutex 的設計是一樣的。

與互斥鎖一樣，讀寫鎖在首次使用後也不應該被複製，因為複製的讀寫鎖攜帶了狀態資訊，會產生不期望的行為。

3.3 讀寫鎖的實現

讀寫鎖 RWMutex 的使用也很簡單，只需要按照讀 / 寫場景分別呼叫 Lock 和 RLock 方法，就可以獲取寫入鎖和讀取鎖，使用完畢後，呼叫相應的 Unlock 和 RUnlock 方法釋放寫入鎖和讀取鎖。

實現一個讀寫鎖需要考慮讀取操作和寫入操作的優先順序。

- **讀取操作優先**：提供了最大並發性，但在鎖競爭比較激烈的情況下，可能會導致寫入操作饑餓。這是由於只要還有一個讀取執行緒持有鎖，寫入執行緒就獲取不到鎖。因為多個 reader 可以同時獲取到鎖，一個 writer 可能會一直在等待獲取鎖，直到所有獲取到鎖的 reader 釋放鎖。其間，若有新來的 reader，它則可以立即獲取到鎖，導致 writer 總是沒有機會獲取到鎖。
- **寫入操作優先**：如果佇列中有 writer 在等鎖，則阻止任何新的 reader 獲取鎖，這樣可以避免寫入操作饑餓的問題。一旦所有已經開始的讀取操作完成，等待的寫入操作就會立即獲取到鎖。
- **未指定優先順序**：不提供任何讀 / 寫的優先順序保證。

Go 的讀寫鎖實現的是寫入操作優先，這表示：

- 當沒有 reader 和 writer 的時候
  - * 新來的 reader 會立即獲取到讀取鎖。
  - * 新來的 writer 會立即獲取到寫入鎖。
- 當有 reader 持有讀取鎖的時候
  - * 新來的 reader 會立即獲取到讀取鎖。
  - * 新來的 writer 會等待這些既有的 reader 釋放讀取鎖後才會獲取到寫入鎖。
- 當有 writer 持有寫入鎖的時候
  - * 新來的 writer 會等待此 writer 釋放寫入鎖。
  - * 新來的 reader 會等待此 writer 釋放寫入鎖後才能獲取讀取鎖。

還有一些特殊的複雜場景：

- 當有 reader 持有讀取鎖的時候，writer 請求寫入鎖需要等待。此時
  - * 如果有新來的 reader 請求讀取鎖，則會被阻塞，並且其優先順序低於此 writer。也就是說，等此 writer 釋放寫入鎖後，這個新來的 reader 才能獲取到讀取鎖（寫入操作優先）。

* 如果有新來的 writer 請求寫入鎖，則類似於互斥鎖的邏輯，它需要等待前一個 writer 釋放了寫入鎖，才能獲取到寫入鎖。

- 當有 writer 持有寫入鎖的時候
  * 如果有新來的 reader 請求讀取鎖，則會被阻塞。也就是說，等此 writer 釋放寫入鎖後，這個新來的 reader 才能獲取到讀取鎖。
  * 如果有新來的 writer 請求寫入鎖，則類似於互斥鎖的邏輯，它需要等待此 writer 釋放了寫入鎖，才能獲取到寫入鎖。
  * 如果同時有新來的 reader 和 writer 請求讀取鎖和寫入鎖，那麼新來的 reader 會先獲取到鎖，感覺和寫入操作優先的原則背道而馳。實際上，Go 並沒有寫入操作優先這一保證，它就是這麼設計的，我們需要分析它的原始程式才能正確理解它。

讀寫鎖 RWMutex 也是在互斥鎖 Mutex 的基礎上實現的。我們先來看它的定義：

```
type RWMutex struct {
    w           Mutex         // 由 pending writer 持有這個鎖
    writerSem   uint32        // 為 writer 設置的訊號量，writer 等待先前的 reader 釋放鎖
    readerSem   uint32        // 為 reader 設置的訊號量，reader 等待先前的 writer 釋放鎖
    readerCount atomic.Int32  // pending reader 的數量
    readerWait  atomic.Int32  // departing reader 的數量
}
```

程式註釋中的幾個關鍵字解釋如下。

- pendingreader/writer：等待（或持有）鎖的 reader 或 writer。
- departingreader：持有讀取鎖但還沒有釋放鎖的 reader。

解釋完這幾個關鍵字之後，我們就容易理解讀寫鎖的幾個欄位了。

- w：當 writer 持有寫入鎖的時候，它會持有這個互斥鎖 w。
- writerSem：用來阻塞以及喚醒 writer 的訊號量。
- readerSem：用來阻塞以及喚醒 reader 的訊號量。

- readerCount：當前 reader 的數量，包括持有讀取鎖的 reader，以及等待讀取鎖的 reader（因為有 writer 在請求鎖，所以後面的 reader 沒有辦法獲取到讀取鎖）。
- readerWait：當前持有讀取鎖的 reader。我認為此欄位註釋中的 departing 是從等待寫入鎖的 writer 角度出發的，writer 期待這些 reader 趕快離開（departing），即儘快釋放鎖。

這是我們理解讀寫鎖 RWMutex 的第一步，至少知道了它有這幾個欄位，並且與數量相關的欄位使用的是有號的 32 位元整數類型 int32。這個很有意思，為什麼不使用無號的 uint32 類型？看程式就會發現，Go 團隊實現這段程式時使用了一些技巧，負號還能代表其他的含義。

在下面的程式分析中，我把與資料競爭檢查相關的程式都刪除了，避免其產生干擾和佔用篇幅（當然，刪除了這些程式後，還可以簡化程式，這裡為了與原始程式保持一致沒有進行重構簡化）。我們重點看主邏輯的實現。

3.3.1 RLock 的實現

讀取鎖請求的實現非常簡單，關鍵程式就兩行：

```
func (rw *RWMutex) RLock() {
    if rw.readerCount.Add(1) < 0 {
        // pending writer
        runtime_SemacquireRWMutexR(&rw.readerSem, false, 0)
    }
}
```

首先利用原子操作使 readerCount 計數器的值加 1。這容易理解，因為新來了一個 reader。

但難以理解的是，為什麼計數器的值還可能是負數？當有 writer 請求寫入鎖的時候，會把這個計數值反轉成負數（後面再講原因，等講完後就容易理解這一行了）。Go 在實現這些同步基本操作的時候會經常使用一些技巧，比如同一個欄位不同的位、正負號等代表不同的含義。雖然這減少了記憶體空間的佔用，資料結構佈局更精練，但是程式閱讀起來就比較費勁了。

如果當前有 writer 持有寫入鎖，或當前既有的 reader 還沒有釋放讀取鎖，導致新來的 writer 獲取不到寫入鎖，在這兩種情況下，我們都認為有 pending 狀態的 writer，那麼這個新來的 reader 就暫時獲取不到讀取鎖，需要利用訊號量將呼叫者 goroutine 阻塞，等待喚醒。這是 runtime_SemacquireMutex(&rw.readerSem,false,0) 的功能。

如果當前沒有 pending 狀態的 writer，或可能有既有的 reader，也可能沒有，那麼這個 reader 都能夠獲取到讀取鎖，順利傳回。

3.3.2 RUnlock 的實現

讀取鎖釋放的實現同樣簡單，關鍵程式也是兩行：

```
func (rw *RWMutex) RUnlock() {
    if r := rw.readerCount.Add(-1); r < 0 {
        rw.rUnlockSlow(r)
    }
}
```

首先將 reader 的 readerCount 計數器的值減 1。這容易理解，因為少了一個 reader。不容易理解的是，為什麼計數器的值還會是負數？在負數情況下，減 1 的邏輯還對嗎？還是稍後解釋它們。

如果當前有 pending 狀態的 writer，程式就會進入複雜的邏輯，這個複雜的邏輯被專門取出到了 rUnlockSlow 方法中。這是一個技巧，這樣 RUnlock 的複雜度就降低了，方便被內聯。

接下來，我們看看 rUnlockSlow 的實現：

```
func (rw *RWMutex) rUnlockSlow(r int32) {
    // 如果有 pending 狀態的 writer
    if rw.readerWait.Add(-1) == 0 {
        // 最後一個 reader 喚醒 writer
```

```
        runtime_Semrelease(&rw.writerSem, false, 1)
    }
}
```

rUnlockSlow 的實現也很簡單。首先把 departing 狀態的 reader 計數值減 1，注意此時 rw.readerWait 的值可能是負數。

如果這個 reader 是最後一個 departing 狀態的 reader，那麼它需要喚醒處於 pending 狀態的 writer。「writer，現在是你的表演時間了！」

3.3.3 Lock 的實現

借助互斥鎖 Mutex 的實現，讀寫鎖 RWMutex 的實現相對簡單，寫入鎖請求的實現如下：

```
func (rw *RWMutex) Lock() {
    rw.w.Lock()
    r := rw.readerCount.Add(-rwmutexMaxReaders) + rwmutexMaxReaders
    // 注意，這一行 " 一箭雙雕 "，既把 reader 的數量變為負值，又獲取了先前 reader 的數量
    if r != 0 && rw.readerWait.Add(r) != 0 {
        // 如果還有已經獲取到讀取鎖的 reader，那麼這個 writer 就需要等待
        runtime_SemacquireRWMutex(&rw.writerSem, false, 0)
    }
}
```

首先看 rw.w.Lock()，這裡使用了 w 這個互斥鎖，當有多個 writer 同時請求時，只讓一個 writer 獲取到寫入鎖，其他的 writer 被阻塞，等待這個幸運的 writer 釋放寫入鎖。

接下來，困難來了，Lock 把 readerCount 的值變為負數，並且又把結果值變回正整數，所以這裡它完成了兩個動作，或完成了兩個邏輯。

第一是把 readerCount 的值變為負數，它是透過減去一個常數 rwmutex MaxReaders(1<<30) 實現的，其中 1<<30 的值是 1073741824，所以 reader 的數量不應該超過這個常數值。在這種情況下，如果使用 v 代表這個值，r 代表當前 reader 的真實數量，則可以得到下面的公式：

$$v = r - 1073741824$$
$$r = v + 1073741824$$

假定當前 reader 的真實數量是 r = 24 個，因為有 pending writer，readerCount 的值變成了負數 r-1073741824 = -1073741800。如果此時有一個新來的 reader 請求讀取鎖，readerCount 的值加 1，結果 readerCount 的值變成了 -1073741799，實際的 r 值為 -1073741799+1073741824 = 25 個。具體的公式這裡就不證明了，其實理解起來也很簡單，變為負數的時候並不是取相應的負數，而是減去一個很大的負數。舉例來說，當 reader 請求讀取鎖時，無論 readerCount 的值是正是負都沒有關係，直接加 1 即可。

reader 釋放讀取鎖也是同樣的道理，直接減 1 即可。

綜上，對 3.3.2 節提出的讀取鎖的兩個疑問我們就解答了。

第二是把這個值加到 readerWait 的值上，得到當前 reader 的數量：

```
if r != 0 && rw.readerWait.Add(r) != 0 {
    runtime_SemacquireRWMutex(&rw.writerSem, false, 0)
}
```

如果 r 等於 0，則表示當前沒有 departing 狀態的 reader，此 writer 可以立即獲取到寫入鎖。但是，如果此時還有 departing 狀態的 reader，那麼 RWMutex 要再檢查這些 reader 是否都已經釋放了讀取鎖；如果這些 reader 中還有沒釋放讀取鎖的，那麼它就會被阻塞等待，最後一個 departing 狀態的 reader 釋放讀取鎖時會喚醒它。

這裡其實有一個很細微的場景，在 r!=0 和 atomic.AddInt32(&rw.readerWait,r)! = 0 這段時間（記為 t0），以及 atomic.AddInt32(&rw.readerWait,r)! = 0 和下一行這段時間（記為 t1），可能會發生一些其他的耐人尋味的故事：

```
runtime_SemacquireRWMutex(&rw.writerSem, false, 0)
```

- 如果在 t0 期間 departing 狀態的 reader 都已經釋放讀取鎖，那麼 atomic.AddInt32(&rw.readerWait,r) == 0，此時 writer 就不會被阻塞，直接獲取到了寫入鎖。
- 如果在 t1 期間 departing 狀態的 reader 都已經釋放讀取鎖，那麼 runtime_Semac-quireMutex(&rw.writerSem,false,0) 不會發生阻塞，writer 也會立即獲取到寫入鎖。

總之，這個邏輯可以保證要麼沒有 departing 狀態的 reader，writer 獲取到了鎖，要麼需要等待 departing 狀態的 reader 全都釋放讀取鎖，writer 才能獲取到寫入鎖。

前面已經提到，可能有多個 writer 請求寫入鎖，透過互斥鎖保證只有一個 writer 獲取到了寫入鎖，其他的 writer 都被阻塞在 rw.w.Lock() 上。

因為這個方法和讀取鎖的釋放有連結，所以不是那麼容易理解。不過，透過上面的分析，你也已經了解了它們之間的關係。如果你還有疑問，則可以列一個表格，把讀取鎖和寫入鎖的時間線畫出來，分析各種情況。

3.3.4 Unlock 的實現

寫入鎖釋放的時候，需要先將 readerCount 的值變為正數，以便 reader 知道這裡已經沒有活躍的 writer 了。

然後，Unlock 會依次喚醒那些被阻塞的 reader，這些被喚醒的 reader 可以獲取到讀取鎖，繼續執行。

最後，Unlock 解鎖 w。w 用來控制 writer 的並發存取，如果有其他的 writer 被阻塞，則會喚醒一個 writer 去搶鎖。這裡之所以說「搶」，是因為這個被喚醒的 writer 不一定能立即獲取到寫入鎖，如果此時有 departing 狀態的 reader，它還得等待這些 reader 釋放讀取鎖。

```
func (rw *RWMutex) Unlock() {
    r := rw.readerCount.Add(rwmutexMaxReaders) // 把 reader 的數量變為正值
    for i := 0; i < int(r); i++ {
```

```
        runtime_Semrelease(&rw.readerSem, false, 0) // 喚醒那些等待釋放寫入鎖的reader，解放它們
    }

    rw.w.Unlock()
}
```

當 Unlock 方法一開始將 readerCount 的值變為正數，還未執行接下來的敘述時，如果此時有新來的 reader 或 writer 請求讀取鎖或寫入鎖，會發生什麼現象？

- 當有新來的 reader 時：我們分析 RLock 時看到，它只檢查 readerCount 的值的正負。因為此時 readerCount 的值剛好已經變為正數了，所以新來的 reader 能立即獲取到讀取鎖。
- 當有新來的 writer 時：看 Lock 的實現，此時 w 還沒有被釋放，所以新來的 writer 被阻塞在 rw.w.Lock() 上。

這就發生了一個現象：當寫入鎖釋放的時候，反而是 reader 可能優先獲取到鎖，因為先被喚醒的是 reader。

3.3.5 TryLock 的實現

TryLock 是 Go 1.18 中新增加的方法，嘗試獲取寫入鎖，呼叫者不會被阻塞，要麼獲取到寫入鎖，傳回 true；要麼獲取不到寫入鎖，傳回 false。

TryLock 首先嘗試獲取 rw.w，如果獲取不到，則傳回 false；如果獲取到了，則嘗試把 readerCount 的值設置為 -1 << 30。若成功，則傳回 true；若不成功，則此時可能有 reader 獲取到了讀取鎖，所以它釋放 rw.w 並傳回 false。

3.3.6 TryRLock 的實現

TryRLock 方法也是 Go 1.18 中新增加的，實現了嘗試獲取讀取鎖的邏輯。

TryRLock 的實現更簡單，只需要對 readerCount 操作和判斷即可。

```
func (rw *RWMutex) TryRLock() bool {
    for {
        c := rw.readerCount.Load() // reader 的數量
        if c < 0 {
            return false // 當前有 writer 持有寫入鎖，reader 不能獲取到讀取鎖，直接傳回
        }
        if rw.readerCount.CompareAndSwap(c, c+1) { // reader 的數量加 1，獲取到讀取鎖
            return true
        }
    }
}
```

TryRLock 首先檢查 readerCount 的值是否為負數， 如果是， 則說明此時有活躍的 writer，所以呼叫者不能成功獲取到鎖，傳回 false。

然後，使用原子操作的 cas 對 readerCount 的值加 1，如果成功，則傳回 true；不然可能因為：

- 此時有 writer 獲取到了寫入鎖。
- 此時有新來的 reader 捷足先登，先對 readerCount 的值加 1。

所以這裡使用了一個 for 迴圈，如果是第一種情況，下一次迴圈的時候就傳回 false；如果是第二種情況，則再次嘗試獲取讀取鎖。有意思的現象又出現了：理論上，下一次迴圈又不成功，有可能呼叫者陷入了無窮迴圈，所以我認為此處加一個最大迴圈次數最好，更符合嘗試的本意。

3.4 讀寫鎖的使用陷阱

因為讀寫鎖 RWMutex 的 w 是使用互斥鎖 Mutex 實現的，從實現方式上看，Mutex 存在的問題讀寫鎖 RWMutex 也都有。比如誤寫的情況，containerd 這個例子沒有釋放鎖。

但需要注意的是，讀寫鎖更容易陷入鎖死，而且更隱蔽。

3.4.1 鎖重入

在第 2 章中，我們講到了鎖重入導致的鎖死現象。讀寫鎖也有同樣的問題，比如：

```
func TestReentrant_Lock(t *testing.T) {
    var mu sync.RWMutex

    mu.Lock()
    {
        mu.Lock()
        t.Log(" 程式不可能執行到這裡 ")
        mu.Unlock()
    }
    mu.Unlock()
}
```

這段簡單的鎖重入程式永遠無法執行完，原因在於：同一個 goroutine 在寫入鎖釋放之前又呼叫了對寫入鎖的請求。

這段程式比較容易理解。第一次請求 mu.Lock 獲取到了寫入鎖，接下來再呼叫 mu.Lock 總是獲取不到鎖，導致此 goroutine 被阻塞。遺憾的是，此 goroutine 被阻塞後，永遠無法釋放此鎖，導致第二次呼叫 mu.Lock 無法將其喚醒，屬於自己把自己鎖死了（見圖 3.3）。

▲ 圖 3.3 鎖死的形象展示

那麼讀取鎖呢？能不能重入？先透過一個例子驗證一下：

```
func TestReentrant_RLock(t *testing.T) {
    var mu sync.RWMutex

    mu.RLock() // ① 獲取讀取鎖
    {
        mu.RLock() // ② 再次獲取讀取鎖
        t.Log(" 程式能夠執行到這裡 ")
        mu.RUnlock()
    }
    mu.RUnlock()
}
```

執行這段程式，似乎沒有問題，單元測試可以正常通過。

但是，這屬於運氣好的情況，只能說這個例子沒問題，因為都是對讀取鎖的請求。如果此時有一個對寫入鎖的請求（在①和②之間，有其他的 goroutine 請求寫入鎖），就有可能導致鎖死，請看下一節的介紹。

所以，正如官方文件中介紹的那樣，請不要遞迴呼叫鎖！

3.4.2 鎖死

一般的鎖死，如第 2 章中介紹的那樣，有兩個鎖或更多的鎖相互依賴，形成了一個依賴環，會導致鎖死。這是比較明顯的易於理解的鎖死現象，這裡就不贅述了。上一節介紹了遞迴呼叫寫入鎖導致的鎖死現象，下面介紹一個隱蔽的讀寫鎖導致的鎖死現象：呼叫寫入鎖請求後，遞迴呼叫讀取鎖導致鎖死。

先透過一個簡單的例子來演示這個場景：

```
func TestReentrant_DeadLock(t *testing.T) {
    var mu sync.RWMutex

    // 遞迴呼叫讀取鎖
    go func() {
        mu.RLock() // 獲取讀取鎖
        {
```

```
            time.Sleep(10 * time.Second) // 為了更容易複現問題，這裡休眠了 10s，
以便在這個期間有寫入鎖請求發生
            mu.RLock() // 再次獲取讀取鎖
            t.Log(" 程式不可能執行到這裡 ")
            mu.RUnlock()
        }
        mu.RUnlock()
    }()

    time.Sleep(1 * time.Second)

    // 在遞迴呼叫讀取鎖前，呼叫寫入鎖請求
    mu.Lock()
    t.Log(" 程式不可能執行到這裡 ")
    mu.Unlock()
}
```

相比於前一個例子，這個例子增加了對寫入鎖的呼叫，就是這個簡單的呼叫，帶來了深不可測的鎖死。而且，它還不太容易讓人理解。下面就來分析一下。

一開始，讀寫鎖被 reader 請求並獲取到，接下來有 writer 請求寫入鎖，因為此 reader 還沒有釋放讀取鎖，處於 departing 狀態，所以 writer 被阻塞，靜靜等待此 reader 釋放讀取鎖。遺憾的是，此 reader 非但沒有釋放讀取鎖，反而又（遞迴、重入）呼叫了讀取鎖請求。根據我們對讀寫鎖原始程式碼的分析，這次請求並不能直接獲取到讀取鎖，因為已經有 writer 在請求寫入鎖了，所以導致 reader 也會被阻塞。這下 reader 等待 writer 釋放寫入鎖，writer 等待 reader 釋放讀取鎖，自己又把自己鎖死了。

還有一種情況，reader 先呼叫讀取鎖，再呼叫寫入鎖，也會導致鎖死：

```
func TestReentrant_DeadLock2(t *testing.T) {
    var mu sync.RWMutex

    mu.RLock() // 先請求讀取鎖
    {
        mu.Lock() // 再請求寫入鎖，不可能獲取到
        t.Log(" 程式不可能執行到這裡 ")
```

```
        mu.Unlock()
    }
    mu.RUnlock()
}
```

我們再來看一種情況，也會導致鎖死：

```
func TestReentrant_DeadLock3(t *testing.T) {
    var mu sync.RWMutex

    mu.Lock() // 先請求寫入鎖
    {
        mu.RLock() // 再請求讀取鎖，也不可能獲取到
        t.Log(" 程式不可能執行到這裡 ")
        mu.RUnlock()
    }
    mu.Unlock()
}
```

由此可見，writer 遞迴呼叫寫入鎖，reader 遞迴呼叫讀取鎖，reader 遞迴呼叫寫入鎖，writer 遞迴呼叫讀取鎖，都有可能導致鎖死。所以還是那句話，不要遞迴呼叫讀寫鎖。

即使 Go 官方文件清清楚楚地寫明了不要遞迴呼叫讀寫鎖，知名的 Go 開放原始碼專案也會犯上面的錯誤。例如：

- docker#34235：一個遞迴呼叫讀取鎖導致鎖死的例子。GetTasks 中請求了讀取鎖，此方法又呼叫了 GetService 和 GetNode 方法，這兩個方法又呼叫了此鎖的讀取鎖請求，在極端的情況下，如果有 goroutine 碰巧呼叫寫入鎖請求，就有可能導致鎖死。
- kubernetes#93973：一個讀寫鎖鎖死的例子。基於 K8s 一貫的程式風格，即使知道這裡有一個鎖死，分析起來也是很麻煩。這不是一個理解讀寫鎖鎖死的好例子。
- scylladb#246：一個遞迴呼叫讀取鎖的 bug。如果此時有寫入鎖請求，就會導致鎖死。

- cilium#13262：看起來也是一個讀寫鎖的讀取鎖重入的 bug。
- minio#16136：同樣是讀取鎖重入，同時有寫入鎖請求導致的鎖死。
- influxdb#8713：也是同樣的問題。
- protobuf#1052：同樣是對寫入鎖請求後，讀取鎖重入，呼叫讀取鎖請求導致的鎖死。

因為實際的業務程式過於複雜，再加上並發程式的不確定性，的確不容易發現鎖死問題。那麼，有沒有工具在鎖死出現的時候能提示我們並幫助分析呢？請看下一節的介紹。

3.4.3 發現鎖死

鎖死出現的時候，不容易發現，即使發現了，也不太容易進行分析。sasha-s/go-deadlock 函式庫可以方便地發現和定位互斥鎖 Mutex 和讀寫鎖 RWMutex 所引起的鎖死。

這個函式庫對官方的 Mutex、RWMutex 提供原地支援，也就是說，你不需要更改邏輯程式，只需要在匯入標準函式庫 sync 時替換成 github.com/sasha-s/go-deadlock 即可。

比以下面這段程式會導致鎖死：

```
package ch3

import (
    "sync"
    "testing"
    "time"
)

func TestReentrant_DeadLock2_Detector(t *testing.T) {
    var mu sync.RWMutex

    // 遞迴呼叫讀取鎖
    go func() {
        mu.RLock()
```

```
        {
            time.Sleep(10 * time.Second)
            mu.RLock()
            t.Log(" 程式不可能執行到這裡 ")
            mu.RUnlock()
        }
        mu.RUnlock()
    }()

    time.Sleep(1 * time.Second)

    // 在遞迴呼叫讀取鎖前，呼叫寫入鎖請求
    mu.Lock()
    t.Log(" 程式不可能執行到這裡 ")
    mu.Unlock()
}
```

使用這個第三方函式庫，只需要替換 import 部分即可，TestReentrant_DeadLock2_Detector 不用更改：

```
package ch3

import (
    "testing"
    "time"

    sync "github.com/sasha-s/go-deadlock"
)
```

執行這個測試，你會看到 panic，清晰地指出這段程式有遞迴呼叫導致的鎖死（見圖 3.4）。

```
smallnest@colobu  mnt > ▷ > ▷ > ▷ > ch3  master  go test -bench TestReentrant_DeadLock2_Detector .
POTENTIAL DEADLOCK: Recursive locking:
current goroutine 6 lock 0×c00001c150
deadlock_detect_test.go:15 ch3.TestReentrant_DeadLock1_Detector { mu.Lock() } <<<<<
/mnt/d/gopath/pkg/mod/github.com/sasha-s/go-deadlock@v0.3.1/deadlock.go:116 go-deadlock.(*RWMutex).Lock { func (m *RWMut
ex) Lock() { }

Previous place where the lock was grabbed (same goroutine)
deadlock_detect_test.go:14 ch3.TestReentrant_DeadLock1_Detector { { } <<<<<
/mnt/d/gopath/pkg/mod/github.com/sasha-s/go-deadlock@v0.3.1/deadlock.go:116 go-deadlock.(*RWMutex).Lock { func (m *RWMut
ex) Lock() { }

exit status 2
FAIL    github.com/smallnest/concurrency-programming-via-go-code/ch3    0.020s
FAIL
smallnest@colobu  mnt > ▷ > ▷ > ▷ > ch3  master
```

▲ 圖 3.4 鎖死檢查

如果發生鎖死，第三方函式庫會報 panic，並且把鎖死的 goroutine 和位置都列印出來，幫助你分析。

如果你發現程式中有鎖死，但是又沒有頭緒，則可以臨時使用這個函式庫做原地替換，說不定有意外的發現。

3.5 讀寫鎖的擴充

在分析讀寫鎖 RWMutex 的原始程式碼時，我們已經知道 readerCount 和 readerWait 分別代表 reader 的總數量和 departing reader 的數量，如果想獲得這兩個計數器的值該怎麼做呢？

這時可能有人會問，為什麼要獲取這兩個計數器的值？當發生鎖死或並發量大的時候，我們想輸出一些關於這個鎖的資訊，看看有沒有問題。

一種可能的實現方式如下：

```
import (
    "fmt"
    "sync"
    "sync/atomic"
    "time"
    "unsafe"
)

const (
```

```
    mutexLocked = 1 << iota // 加鎖標識位
    mutexWoken
    mutexStarving
    mutexWaiterShift = iota
)

type RWMutex struct {
    sync.RWMutex
}

type m struct {
    w           sync.Mutex
    writerSem   uint32
    readerSem   uint32
    readerCount atomic.Int32
    readerWait  atomic.Int32
}

const rwmutexMaxReaders = 1 << 30

func (rw *RWMutex) ReaderCount() int {
    v := (*m)(unsafe.Pointer(&rw.RWMutex))
    r := v.readerCount.Load()
    if r < 0 {
        r += rwmutexMaxReaders
    }

    return int(r)
}

func (rw *RWMutex) ReaderWait() int {
    v := (*m)(unsafe.Pointer(&rw.RWMutex))
    c := v.readerWait.Load()

    return int(c)
}

func (rw *RWMutex) WriterCount() int {
    v := atomic.LoadInt32((*int32)(unsafe.Pointer(&rw.RWMutex)))
    v = v >> mutexWaiterShift
```

```
    v = v + (v & mutexLocked)
    return int(v)
}

func main() {
    var mu RWMutex

    for i := 0; i < 100; i++ {
        go func() {
            mu.RLock()
            time.Sleep(time.Hour)
            mu.RUnlock()
        }()
    }

    time.Sleep(time.Second)

    for i := 0; i < 50; i++ {
        go func() {
            mu.Lock()
            time.Sleep(time.Hour)
            mu.Unlock()
        }()
    }

    time.Sleep(time.Second)

    for i := 0; i < 50; i++ {
        go func() {
            mu.RLock()
            time.Sleep(time.Hour)
            mu.RUnlock()
        }()
    }

    time.Sleep(time.Second)

    fmt.Println("readers: ", mu.ReaderCount())
    fmt.Println("departing readers: ", mu.ReaderWait())
```

```
    fmt.Println("writer: ", mu.WriterCount())
}
```

透過建構一個和標準 RWMutex 同樣類型佈局的資料結構，我們就定義了一個新的讀寫鎖類型。

這個新定義的讀寫鎖類型不僅暴露了 reader 的計數值，還暴露了 departing reader 的計數值，以及 writer 的計數值。

我們撰寫程式驗證一下。首先建立 100 個 reader，然後建立 50 個 writer，最後再建立 50 個 reader：

```
func main() {
    var mu RWMutex

    for i := 0; i < 100; i++ {
        go func() {
            mu.RLock()
            time.Sleep(time.Hour)
            mu.RUnlock()
        }()
    }

    time.Sleep(time.Second)

    for i := 0; i < 50; i++ {
        go func() {
            mu.Lock()
            time.Sleep(time.Hour)
            mu.Unlock()
        }()
    }

    time.Sleep(time.Second)

    for i := 0; i < 50; i++ {
        go func() {
            mu.RLock()
            time.Sleep(time.Hour)
```

```
            mu.RUnlock()
        }()
    }

    time.Sleep(time.Second)

    fmt.Println("readers: ", mu.ReaderCount())
    fmt.Println("departing readers: ", mu.ReaderWait())
    fmt.Println("writer: ", mu.WriterCount())
}
```

執行這個程式，可以看到這幾個計數值的輸出結果（見圖 3.5）。

```
 smallnest@colobu  mnt > 🗁 > 🗁 > 🗁 > 🗁 > hack  master  go run main.go
readers:  150
departing readers:  100
writer:  50
 smallnest@colobu  mnt > 🗁 > 🗁 > 🗁 > 🗁 > hack  master
```

▲ 圖 3.5 幾個計數值的輸出結果

這裡一共啟動了 150 個 reader，輸出結果沒問題。其中前 100 個 reader 還沒執行完就啟動了 writer，所以前 100 個 reader 是 departing 狀態的，沒問題，啟動了 50 個 writer 也沒問題。

在不同的機器上執行可能結果會有所不同，這裡使用了 time.Sleep 來控制 goroutine 的執行，在壓力比較大的機器上不一定按照預期的方式執行，不過沒關係，只要理解 time.Sleep 不是精準編排 goroutine 的工具即可。

4 任務編排好幫手 WaitGroup

本章內容包括：

- WaitGroup 的使用方法
- WaitGroup 的實現
- WaitGroup 的使用陷阱
- WaitGroup 的擴充
- noCopy 技巧

WaitGroup 也是最常用的 Go 同步基本操作之一，用來做任務編排。它要解決的就是並發 - 等待的問題：現在有一個 goroutine A 在檢查點（checkpoint）等待一組 goroutine 全部完成它們的任務，如果這些 goroutine 還沒全部完成任務，那麼 goroutine A 就會被阻塞在檢查點，直到所有的 goroutine 都完成任務後才能繼續執行。

我們來看一個使用 WaitGroup 的場景。

比如，我們要完成一個大的任務，需要使用平行的 goroutine 執行三個小任務，只有這三個小任務都完成了，才能執行後面的任務。如果透過輪詢的方式定時詢問三個小任務是否完成，則會存在兩個問題：一是性能比較低，因為三個小任務可能早就完成了，卻要等很長時間才被輪詢到；二是會有很多無謂的輪詢，空耗 CPU 資源。

這個時候使用 WaitGroup 同步基本操作就比較有效了，它可以阻塞等待的 goroutine，等到三個小任務都完成了，再即時喚醒它們。其實，很多作業系統和程式語言都提供了類似的同步基本操作，比如 Linux 中的 barrier、Pthread（POSIX 執行緒）中的 barrier、C++ 中的 std::barrier、Java 中的 CyclicBarrier 和 CountDownLatch 等。由此可見，WaitGroup 同步基本操作還是一個非常基礎的並發類型。所以，我們要認真掌握本章的內容，做到舉一反三，就可以輕鬆應對其他場景下的需求了。

我們還是從 WaitGroup 的基本用法講起吧！

4.1 WaitGroup 的使用方法

在 Go 官方提供的同步基本操作中，最常用的幾個類型使用起來很簡單，這是很不容易的設計。WaitGroup 就是簡單且常用的同步基本操作之一，它只有三個方法。

- Add(delta int)：給 WaitGroup 的計數值增加一個數值，delta 可以是負數。當 WaitGroup 的計數值減小到 0 時，任何阻塞在 Wait() 方法上的 goroutine

都會被解除封印，不再阻塞，可以繼續執行。如果計數器的值為負數，則會出現 panic。

- Done()：表示一個 goroutine 完成了任務，WaitGroup 的計數值減 1。
- Wait()：此方法的呼叫者會被阻塞，直到 WaitGroup 的計數值減小到 0。

WaitGroup 的功能就是等待一組 goroutine 都完成任務。一般主 goroutine 會設置要等待的 goroutine 的數量 *n*，也就是將計數器的值設置為 *n*，這些 goroutine 執行完畢後呼叫 Done 方法，告訴 WaitGroup 自己已經光榮完成任務了。主 goroutine 呼叫 Wait 方法偶爾會被阻塞，直到這 *n* 個 goroutine 全部完成任務。

下面是一個存取搜尋引擎的例子。

我們首先定義了一個 WaitGroup 的變數 wg，然後在存取搜尋引擎的 goroutine 啟動之前，透過 Add(3) 將 wg 的計數值設置為 3。

存取每個搜尋引擎都使用一個獨立的 goroutine，當該 goroutine 執行完畢的時候，呼叫 wg.Done()，計數器的值減 1。

主 goroutine 呼叫 Wait 方法被阻塞，直到這三個存取搜尋引擎的 goroutine 都執行完畢。

```
package main

import (
    "log"
    "net/http"
    "sync"
    "time"
)

func main() {
    var wg sync.WaitGroup

    var urls = []string{"http://baidu.com", "http://bing.com", "http://google.com"}
    // 存取三個搜尋引擎
    http.DefaultClient.Timeout = time.Second
    wg.Add(3) // 設置三個子任務
```

```
    for i := 0; i < 3; i++ {
        go func(url string) { // 啟動三個子 goroutine 來執行
            defer wg.Done() // 執行完畢，標記自己完成，WaitGroup 的計數值減 1

            log.Println("fetching", url) // 以下為正常存取網頁的程式
            resp, err := http.Get(url)
            if err != nil {
                return
            }

            resp.Body.Close()

        }(urls[i])
    }

    wg.Wait() // 等待三個子任務完成。等它們都呼叫 Done 之後，WaitGroup 的計數值變為 0，
才會執行下一步
    log.Println("done")
}
```

執行這個程式，將得到正確的輸出，顯示三個 goroutine 都獲取到了網頁資訊（見圖 4.1）。

```
 smallnest@colobu  mnt > > > > > quickstart  master  go run main.go
2023/01/25 14:31:34 fetching http://google.com
2023/01/25 14:31:34 fetching http://baidu.com
2023/01/25 14:31:34 fetching http://bing.com
2023/01/25 14:31:35 done
 smallnest@colobu  mnt > > > > > quickstart  master
```

▲ 圖 4.1 使用 WaitGroup 等待三個子任務完成

WaitGroup 在使用中有以下一些特點。

- 通常要預先設置計數器的值，也就是預先呼叫 Add 方法。
- 通常將計數器的值設置為要等待的 goroutine 的數量。如果你偏偏不想這樣做，程式也能執行，只不過顯得另類而已。比如在上面的例子中，將計數器的值初始化為 9:wg.Add(9)，然後每個存取搜尋引擎的 goroutine 不呼叫 Done 方法，而是呼叫 wg.Add(-3)，程式照樣執行，符合你的意圖，不過何苦為難自己，還是使用正規的 Go 方式來實現程式為好。

- 你可以多次呼叫 Wait 方法，只要 WaitGroup 的計數值為 0，所有的 Wait 就不再發生阻塞。比如上面的例子，你寫三行 wg.Wait() 也可以，但是沒有必要：

```
wg.Wait() // 多次呼叫 Wait
wg.Wait()
wg.Wait()
log.Println("done")
```

- 對於一個零值的 WaitGroup，或計數值已經為 0 的 WaitGroup，如果直接呼叫它的 Wait 方法，呼叫者不會被阻塞。

```
var wg sync.WaitGroup
wg.Wait()
```

如果你想獲取等待的那些 goroutine 執行的結果，則需要使用額外的變數，而 WaitGroup 本身是不儲存額外資訊的。我們把上面存取搜尋引擎的例子改造一下，收集存取搜尋引擎成功與否的結果：

```
func main() {
    var wg sync.WaitGroup
    wg.Wait()

    var urls = []string{"http://baidu.com", "http://bing.com", "http://google.com"}
    var result = make([]bool, len(urls)) // 這裡使用 result 記錄三個子任務的結果
    http.DefaultClient.Timeout = time.Second

    wg.Add(3) // 設置 WaitGroup 的計數值為 3
    for i := 0; i < 3; i++ {
        i := i
        go func(url string) { // 啟動三個子任務
            defer wg.Done()

            log.Println("fetching", url)
            resp, err := http.Get(url)
            if err != nil {
                result[i] = false
                return
```

```
            }
            result[i] = resp.StatusCode == http.StatusOK
            resp.Body.Close()

        }(urls[i])
    }

    wg.Wait()
    log.Println("done") // 了任務完成，result 中保證有值
    for i := 0; i < 3; i++ {
        log.Println(urls[i], ":", result[i]) // 輸出結果
    }
}
```

這裡定義了一個收集 goroutine 執行結果的變數 result，如果搜尋引擎正常傳回 200，就認為執行成功了，否則傳回 false。最後把結果列印出來，結果顯示除獲取 Google 的網頁不成功外，存取百度和 bing 的網頁都成功了（見圖 4.2）。

```
 smallnest@colobu  mnt > 🗁 > 🗁 > 🗁 > 🗁 > quickstart  master  go run main.go
2023/01/25 14:57:16 fetching http://google.com
2023/01/25 14:57:16 fetching http://baidu.com
2023/01/25 14:57:16 fetching http://bing.com
2023/01/25 14:57:17 done
2023/01/25 14:57:17 http://baidu.com : true
2023/01/25 14:57:17 http://bing.com : true
2023/01/25 14:57:17 http://google.com : false
 smallnest@colobu  mnt > 🗁 > 🗁 > 🗁 > 🗁 > quickstart  master
```

▲ 圖 4.2 收集子任務的結果

另外，WaitGroup 本身沒有控制這些執行任務的 goroutine 中止的能力，它只能傻傻地等待這些 goroutine 執行完畢，把計數器的值降為 0。

4.2 WaitGroup 的實現

WaitGroup 的實現也沒有使用太多的程式，它也是我們學習 Go 語言的好素材，充分表現了 Go 團隊的技術能力，值得我們好好鑽研。

首先看 WaitGroup 的 struct 定義（以當前的 Go 1.20 版本為例，歷史版本和這個版本略有不同，未來的版本也可能會有修改）：

```
type WaitGroup struct {
    noCopy noCopy

    state atomic.Uint64 // 高 32 位元為計數器的值，低 32 位元為 waiter 的數量
    sema  uint32 // 訊號量
}
```

第一個欄位 noCopy 是一個輔助欄位，主要用於輔助 vet 工具檢查是否透過 copy 複製這個 WaitGroup 實例。本章的最後會介紹這個欄位的含義，這裡可以先忽略它。

第二個欄位是類型為 atomic.Uint64 的 state。先前的 WaitGroup 為了 64 位對齊，避免原子操作時出問題，使用了特殊的方法，現在 atomic.Uint64 保證 64 位對齊，所以 state 欄位總是能記錄計數器的值和 waiter 的數量。

第三個欄位 sema 是訊號量，用來喚醒 waiter。

接下來，我們繼續深入原始程式，看一下 Add、Done 和 Wait 這三個方法的實現。

在查看這部分原始程式實現時，我們發現，除了這些方法本身的實現程式，還有一些額外的程式，主要是資料競爭檢查和異常檢查的程式。其中，有幾個檢查非常關鍵，如果檢查不通過，則會出現 panic。這部分內容會在下一節分析 WaitGroup 的錯誤使用場景時介紹。現在，我們專注於 Add、Wait 和 Done 方法本身的實現程式。

下面先整理 Add 方法的邏輯。Add 方法主要操作的是 state 的計數部分。你可以為計數器的值增加一個 delta 值，內部透過原子操作把這個值加到計數器的值上。需要注意的是，這個 delta 值也可以是負數，相當於計數器的值減去一個值。

```
func (wg *WaitGroup) Add(delta int) {
    state := wg.state.Add(uint64(delta) << 32) // 計數器的值加 delta 值
```

```
    v:= int32(state >> 32) // 右移 32 位，只保留計數器的值
    w:= uint32(state) // waiter 的數量

    if v < 0 {
        panic("sync: negative WaitGroup counter") // ① 計數器的值不應該為負數
    }
    if w != 0 && delta > 0 && v == int32(delta) { // 有 waiter 還在等待的時候，
不應該再併發呼叫 Add
        panic("sync: WaitGroup misuse: Add called concurrently with Wait") // ②
    }
    if v > 0 || w == 0 { // 成功，傳回
        return
    }

    if wg.state.Load() != state {// 有 waiter 還在等待的時候，不應該再併發呼叫 Add
        panic("sync: WaitGroup misuse: Add called concurrently with Wait") // ③
    }
    // 計數器的值為 0，將 waiter 的計數清零，並喚醒 waiter
    wg.state.Store(0)
    for ; w != 0; w-- {
        runtime_Semrelease(&wg.sema, false, 0)
    }
}
```

先忽略各種 panic 檢查。我們看到，如果計數器的值大於 0 或 waiter 的數量為 0，則不需要做額外的處理，直接傳回。

但是，如果計數器的值為 0，並且還有 waiter 被阻塞，則把 state 的計數清零，也就是把 waiter 的數量置 0，並且喚醒那些被阻塞的 waiter。

Done 方法的實現非常簡單，它就是一個輔助方法（helper method），方便使用。實際上，它是 Add(-1)。

```
func (wg *WaitGroup) Wait() {
    for {
        state := wg.state.Load()
        v := int32(state >> 32) // 得到計數器的值
        w := uint32(state) // 得到 waiter 的數量
```

```
        if v == 0 { // 計數器的值已經為 0，直接傳回
            return
        }
        // 增加 waiter 的數量
        if wg.state.CompareAndSwap(state, state+1) {
            runtime_Semacquire(&wg.sema)
            if wg.state.Load() != 0 {
                panic("sync: WaitGroup is reused before previous Wait has
                returned") // ④
            }
            return
        }
    }
}
```

Wait 方法則嘗試檢查計數器的值 v，如果計數器的值為 0，則傳回，不會發生阻塞；不然原子操作 state，把本 goroutine 加入 waiter 中。如果加入成功，它則被阻塞等待喚醒；不然進行迴圈檢查（因為可能同時有多個 waiter 呼叫 Wait 方法）。

如果阻塞的 Waiter 被喚醒，理論上，state 的計數值應該為 0（從 Add 方法的實現中可以看到，是先把 state 的計數清零，再喚醒 waiter 的），那麼直接傳回就因為 state 的計數值等於 0 就表示計數器的值也為 0 了。

這就是 WaitGroup 的實現，既簡單又兇險。簡單，我們已經領教過了；兇險，還沒有體會到。但是從它的程式來看，裡面有很多的檢查和 panic，每個 panic 檢查都是一個陷阱，如果使用不慎，就會調到陷阱裡，導致應用程式出現不期望的 panic。接下來，我們就來介紹 WaitGroup 的使用陷阱。

4.3 WaitGroup 的使用陷阱

前面已經講了，WaitGroup、Mutex、RWMutex 都不能在首次使用後複製，有網友在 go#28123 提出了一個問題：

```
type TestStruct struct {
    Wait sync.WaitGroup
}

func main() {
    w := sync.WaitGroup{}
    w.Add(1)
    t := &TestStruct{
        Wait: w,
    }

    t.Wait.Done()
    fmt.Println("Finished")
}
```

這段程式雖然能執行，但實際上是有問題的。如果使用 vet 工具檢查的話，就能檢查出 Wait:w，這一句其實是複製了 w 的值，這是不正確的用法。不過，從這個例子來看，對同步基本操作的複製是不容易發現的。使用 go vet 檢查這段程式，發現在第 16 行有對 WaitGroup 物件複製的情況（見圖 4.3）。

```
smallnest@colobu  mnt > > > > > issue2  master  go vet main.go
# command-line-arguments
./main.go:16:7: literal copies lock value from w: sync.WaitGroup contains sync.noCopy
smallnest@colobu  mnt > > > > > issue2  master
```

▲ 圖 4.3 使用 go vet 檢查同步基本操作複製的情況

4.3.1 Add 方法呼叫的時機不對

通常建議 WaitGroup 的使用方式是 wg.Add—go func(){wg.Done()}()—wg.Wait 三步。因為我們預先知道會啟動 *n* 個 goroutine，在啟動 goroutine 的 for 迴圈之前，就呼叫了 Add(*n*)。這種寫法非常直接，不容易出錯，安心，放心！

```
func main() {
    var wg sync.WaitGroup
    wg.Add(3) // 第一步
    for i := 0; i < 3; i++ {
        go func(url string) {
            defer wg.Done() // 第二步，在 goroutine 內，加上這個呼叫
```

```
            ......

        }()
    }
    wg.Wait() // 第三步，在主 goroutine 內，呼叫 Wait
}
```

當然，你也可以使用下面的寫法，在每個迴圈中呼叫 Add(1)。這種寫法也不會出錯，但是理解起來沒有上面一種容易，需要簡單分析一下，才能確定 wg.Wait() 不會漏掉某些 goroutine 的呼叫。

```
func main() {
    var wg sync.WaitGroup

    for i := 0; i < 3; i++ {
        wg.Add(1) // 第一步
        go func(url string) {
            defer wg.Done() // 第二步，在 goroutine 內，加上這個呼叫

            ......

        }()
    }
    wg.Wait() // 第三步，在主 goroutine 內，呼叫 Wait
}
```

堅持這種寫法的人認為，呼叫 Add 不會多加或少加計數器的值，這樣說起來也有道理。你可以看到，在第三步之前肯定呼叫 Add(1) 三次，呼叫 Done 三次，呼叫 Add 肯定在呼叫 Wait 之前，沒問題。

最怕的是下面這種情況，乍一看沒有問題，與第二種寫法類似，但是在實際執行時期就會發現，有些 goroutine 還沒有執行完，Wait 就解除封印繼續執行了。為什麼？

```
func main() {
    var wg sync.WaitGroup
```

```
    for i := 0; i < 3; i++ {
        go func(url string) {
            wg.Add(1) // 第一步
            defer wg.Done() // 第二步，在 goroutine 內，加上這個呼叫

            ......

        }()
    }
    wg.Wait() // 第三步，在主 goroutine 內，呼叫 Wait
}
```

原因在於：這裡把 wg.Add(1) 放在了一個 goroutine 中，假設第一個 goroutine 很幸運一下子就執行完了，第二個和第三個 goroutine 還沒有啟動，這個時候 WaitGroup 的計數值又恢復到了零值的狀態，如果此時執行 wg.Wait，它不會被阻塞，它會繼續執行下去，而第二個和第三個 goroutine 還沒有執行程式就退出了。

因為第二種寫法和第三種寫法很類似，容易分辨不清楚，所以還是推薦你使用第一種寫法。

4.3.2 計數器的值為負數

WaitGroup 的計數值必須大於或等於 0。我們在更改這個計數值的時候，WaitGroup 會先做檢查，如果計數值為負數，則會導致 panic。

一般情況下，有兩種情況會導致計數器的值為負數。第一種情況是呼叫 Add 的時候傳遞一個負數。如果你能保證當前計數器的值加上這個負數後仍然大於或等於 0，則沒有問題，否則就會導致 panic。

比以下面這段程式，計數器的初始值為 10，當第一次傳入 -10 的時候，計數器的值為 0，不會有問題。但是，緊接著傳入 -1 以後，計數器的值就變為負數了，程式就會出現 panic。

```
func main() {
    var wg sync.WaitGroup
```

```
    wg.Add(10)

    wg.Add(-10)// 將 -10 作為參數呼叫 Add，計數器的值變為 0

    wg.Add(-1)// 將 -1 作為參數呼叫 Add，如果加上 -1 後計數器的值變為負數，則會出現問題，
所以會觸發 panic
}
```

第二種情況是呼叫 Done 方法的次數過多，超過了 WaitGroup 的計數值。

使用 WaitGroup 的正確方式是，預先確定好 WaitGroup 的計數值，然後以與該計數值相同的次數呼叫 Done 方法完成相應的任務。比如，在 WaitGroup 變數宣告之後，就立即設置它的計數值，或在 goroutine 啟動之前增加 1，然後在 goroutine 中呼叫 Done 方法。

如果沒有遵守這些規則，則很有可能會導致 Done 方法呼叫的次數與 WaitGroup 的計數值不一致，進而造成鎖死（Done 方法的呼叫次數比該計數值小）或出現 panic（Done 方法的呼叫次數比該計數值大）。

比如在下面這個例子中，多呼叫了一次 Done 方法，會導致計數器的值為負數，所以程式執行到這一行會出現 panic。

```
func main() {
    var wg sync.WaitGroup
    wg.Add(1)

    wg.Done()
    wg.Done() // 多呼叫了一次 Done 方法，導致計數器的值為負數。這是不允許的
}
```

4.3.3 錯誤的呼叫 Add 的時機

使用 WaitGroup 時，一定要遵循的原則就是在 Wait 之前呼叫 Add；或，如果想重用 WaitGroup，一定要在所有的 Wait 解封之後再呼叫 Add，不要讓 Add 和 Wait 遇到，它們八字不合。如果並發地執行它們，則很容易導致 panic，也就是出現 4.2 節程式中註釋的②③④這幾種情況。

②③這兩種情況不容易建構出來，但是我們透過分析可以反推出相關場景。

情況②：w! = 0&&delta > 0&&v == int32(delta) 為真，表示此時有 waiter 被阻塞在 Wait 上，並且計數器的值開始為 0，這次 Add 設置了一個 delta 值。Wait 和 Add 並發執行，且都處於方法執行的中間狀態，就有機率遇到這種不合法的情況。

情況③：wg.state.Load()! = state 為真，說明此時有 waiter 在等待，又有並發的 Add 在執行，導致 WaitGroup 的狀態不對，出現了 panic。

情況④：這種情況很容易複現。比以下面的程式，一個 goroutine 不斷地呼叫 Add 和 Done，另一個 goroutine 不斷地呼叫 Wait，就很容易出現第④種情況。

```
package main

import (
    "sync"
)

func main() {

    var wg sync.WaitGroup
    go func() {
        for {
            wg.Add(1) // 在有 waiter 的情況下，併發地更改計數器的值
            wg.Done()
        }
    }()

    for {
        wg.Wait() // 被喚醒，結果檢查 WaitGroup 的狀態 state 不為 0，導致 panic
    }
}
```

執行這個程式，將出現 panic，並且有很大機率是情況④的 panic，即呼叫前一個 Wait 還沒有傳回就重用了 WaitGroup（呼叫 Add 又增加了計數器的值）（見圖 4.4）。

```
smallnest@colobu  mnt > ▷ > ▷ > ▷ > ▷ > panic1  master  go run main.go
panic: sync: WaitGroup is reused before previous Wait has returned

goroutine 1 [running]:
sync.(*WaitGroup).Wait(0x0?)
        /usr/local/go/src/sync/waitgroup.go:141 +0x85
main.main()
        /mnt/e/2022book/concurrency-programming-via-go-code/ch4/panic1/main.go:18 +0x74
exit status 2
smallnest@colobu  mnt > ▷ > ▷ > ▷ > ▷ > panic1  master
```

▲ 圖 4.4 在呼叫 Wait 的同時並發地呼叫 Add

4.3.4 知名專案中關於 WaitGroup 使用的 bug

即使是 Go 團隊，也會在使用 WaitGroup 的過程中犯錯，go#12813 就記錄了一個關於 WaitGroup 使用的 bug。當然，這個 bug 其實是一種誤寫，原來的程式使用 defer 增加計數器的值，導致 Done 先於 Add 被呼叫，進而導致計數器的值出現負數的情況。這屬於寫程式寫得太順暢，就不過腦子了，在 for 迴圈中不適合使用 defer，而且這裡不應該使用 defer（見圖 4.5）。

```
cmd/coordinator/coordinator.go
@@ -2033,7 +2033,7 @@ func (st *buildStatus) runTests(helpers <-chan *buildlet.Client) (remoteErr, err
2033 2033         go func() {
2034 2034             defer buildletActivity.Done() // for the per-goroutine Add(2) above
2035 2035             for helper := range helpers {
2036      -                 defer buildletActivity.Add(1)
     2036 +                 buildletActivity.Add(1)
2037 2037                 go func(bc *buildlet.Client) {
2038 2038                     defer buildletActivity.Done() // for the per-helper Add(1) above
2039 2039                     defer st.logEventTime("closed_helper", bc.Name())
```

▲ 圖 4.5 失誤導致的 Done 先於 Add 被呼叫

docker#28161 和 docker#27011 都是 WaitGroup 重用導致的 bug，也就是情況④，Wait 還沒有解封就呼叫了 Add 方法。

etcd#6534 也是 WaitGroup 重用的 bug，沒有等前一個 Wait 執行結束就呼叫了 Add 方法。

kubernetes#59574 屬於一種誤寫 bug，忘記呼叫 Add(1) 了（見圖 4.6）。

```
test/e2e/scalability/density.go
@@ -363,6 +363,7 @@ var _ = SIGDescribe("Density", func() {
363 363          // Stop apiserver CPU profile gatherer and gather memory allocations profile.
364 364          close(profileGathererStopCh)
365 365          wg := sync.WaitGroup{}
    366 +        wg.Add(1)
366 367          framework.GatherApiserverMemoryProfile(&wg, "density")
367 368          wg.Wait()
368 369

test/e2e/scalability/load.go
@@ -104,6 +104,7 @@ var _ = SIGDescribe("Load capacity", func() {
104 104          // Stop apiserver CPU profile gatherer and gather memory allocations profile.
105 105          close(profileGathererStopCh)
106 106          wg := sync.WaitGroup{}
    107 +        wg.Add(1)
107 108          framework.GatherApiserverMemoryProfile(&wg, "load")
108 109          wg.Wait()
109 110
```

▲ 圖 4.6 失誤導致沒有呼叫 Add 方法

4.4 WaitGroup 的擴充

目前 sourcegraph 開放原始碼了一個並發函式庫 sourcegraph/conc，聲稱能提供更好的架構化同步基本操作。將它的例子程式和使用標準函式庫的程式做對比，可以發現，在一些場景中確實會減少程式的行數，提供更好的封裝。尤其在這個函式庫的作者提供的例子中，conc 可以減少程式量，提供 panic 的保護機制。

如果你遇到這樣的場景，而且想減少程式量，簡化程式邏輯，則可以考慮使用這個函式庫。

這裡主要介紹這個函式庫的 conc.WaitGroup 類型。

下面是使用標準函式庫的例子：

```
func main() {
    var wg sync.WaitGroup
    for i := 0; i < 10; i++ {
        wg.Add(1)
        go func() {
            defer wg.Done()
            // 如果這裡出現 panic，還需要進行恢復處理
            doSomething()
        }()
    }
    wg.Wait()
}
```

改成使用 conc.WaitGroup 類型：

```
func main() {
    var wg conc.WaitGroup
    for i := 0; i < 10; i++ {
        wg.Go(doSomething) // 相比上面的例子，這裡簡化了程式
    }
    wg.Wait()
}
```

當然，這個函式庫還提供了其他一些類型，用來簡化對特定場景的處理，比如 goroutine 池、slice 和 map 並發處理、並發處理串流等。

4.5 noCopy：輔助 vet 檢查

前面在介紹 WaitGroup 的資料結構時，提到其中有一個 noCopy 欄位。它的作用就是指示 vet 工具在進行檢查時，對 WaitGroup 的資料結構不能做值複製使用。更嚴謹地說，就是不能在第一次使用 WaitGroup 之後，複製使用它。

你可能會問，為什麼要把 noCopy 欄位單獨拿出來講呢？一方面，把 noCopy 欄位放在 WaitGroup 程式中講解，容易干擾你對 WaitGroup 整體的理解。另一方面，也是非常重要的原因，noCopy 是一種通用的計數技術，在其他同步基本操作中也會用到，所以單獨介紹有助你以後在實踐中使用這種技術。

我們在介紹 Mutex 的時候用到了 vet 工具。vet 會對實現 Locker 介面的資料型態進行靜態檢查，一旦程式中有複製使用這種資料型態的情況，它就會發出警告。但是，WaitGroup 同步基本操作不就是 Add、Done 和 Wait 方法嗎？ vet 工具能檢查出來嗎？

其實 vet 工具是可以檢查出來的。透過給 WaitGroup 添加一個 noCopy 欄位，就可以為 WaitGroup 實現 Locker 介面，這樣 vet 工具就可以進行複製檢查了。而且，因為 noCopy 欄位是未輸出類型，所以 WaitGroup 不會暴露 Lock/Unlock 方法。

noCopy 欄位的類型是 noCopy，它只是一個輔助的、用來幫助 vet 工具進行檢查的類型：

```
type noCopy struct{}

func (*noCopy) Lock()   {}
func (*noCopy) Unlock() {}
```

如果你想使自己定義的資料結構不被複製使用，或說不能透過 vet 工具檢查出複製使用，就可以透過嵌入 noCopy 這個資料型態來實現。

5 條件變數 Cond

本章內容包括：

- Cond 的使用方法
- Cond 的實現
- Cond 的使用陷阱
- 在實際專案中使用 Cond 的例子

在寫 Go 程式之前，我曾經寫了十多年的 Java 程式，也面試過不少 Java 程式設計師。在 Java 面試中，經常問到的基礎知識就是等待 / 通知（wait/notify）機制。面試官經常會這樣考察候選人：請實現一個限定容量的佇列（queue），當佇列滿或空的時候，利用等待 / 通知機制實現阻塞或喚醒。

在 Go 中，也可以實現一個類似的限定容量的佇列，而且實現起來比較簡單，只要使用條件變數（Cond）同步基本操作就可以。Cond 同步基本操作相對來說不是那麼常用，但是在特定的場景中使用會事半功倍，比如需要喚醒一個或所有的 waiter 做一些檢查操作的時候。

Cond 是一個通用的同步原語，在很多語言中都有實現，比如 C++ 中的 std::condition_variable、Java 中的 java.util.concurrent.locks.Condition、Python 中的 threading.Condition、Rust 中的 std::sync::Condvar 就是各種類似的條件變數。它們和 Go 中的 sync.Cond 一樣，有一個共同的目標，就是一個或多個執行緒（goroutine）等待目標條件得到滿足，如果目標條件得不到滿足，這些執行緒（goroutine）就會被阻塞。如果其他執行緒（goroutine）改變了條件，則會通知一個或所有被阻塞的執行緒（goroutine），再次檢查判斷條件。也許，這就是「條件變數」名稱的來歷吧！

5.1 Cond 的使用方法

Go 標準函式庫提供 Cond 同步基本操作的目的是為等待 / 通知場景下的並發操作提供支援。Cond 通常用於等待某個條件的一組 goroutine，當條件變為 true 時，其中一個或所有的 goroutine 會被喚醒執行。

顧名思義，Cond 與某個條件相關，這個條件需要一組 goroutine 協作達到。當這個條件沒有得到滿足時，所有等待這個條件的 goroutine 都會被阻塞，只有當這組 goroutine 透過協作達到了這個條件時，等待的 goroutine 才可能繼續執行。

那麼，等待的條件是什麼呢？它可以是某個變數達到了某個設定值或某個時間點，也可以是一組變數都達到了某個設定值，還可以是某個物件的狀態滿足了特定的條件。整體來講，等待的條件是一種可以用來計算結果是 true 還是 false 的條件。

在開發實踐中，真正使用 Cond 的場景比較少，因為：一旦遇到需要使用 Cond 的場景，我們更多地會使用 channel 的方式來實現，這才是更正規的 Go 語言的用法。Go 的開發者甚至提議，「把 Cond 從標準函式庫中移除」（issue 21165）。也有開發者認為，Cond 是唯一難以掌握的 Go 同步基本操作。

Go 標準函式庫中的 Cond 同步基本操作初始化時，需要連結一個 Locker 介面的實例，一般使用 Mutex 或 RWMutex。我們看一下 Cond 的方法：

```
type Cond
    func NeWCond(l Locker) *Cond
    func (c *Cond) Broadcast()
    func (c *Cond) Signal()
    func (c *Cond) Wait()
```

Cond 連結的 Locker 實例可以透過 c.L 存取，它內部維護著一個先入先出的等待佇列。下面分別介紹它的三個方法：Broadcast、Signal 和 Wait。

- Broadcast 方法：允許呼叫者喚醒所有等待此 Cond 的 goroutine。如果此時沒有等待的 goroutine，則顯然無須通知 waiter；如果 Cond 的等待佇列中有一個或多個等待的 goroutine，則清空等待佇列，並將所有等待的 goroutine 全部喚醒。在其他程式語言，比如 Java 中，Broadcast 方法也被叫作 notifyAll 方法或 notify_all 方法。同樣地，在呼叫 Broadcast 方法時，**也不強求呼叫者一定持有 c.L 的鎖**。
- Signal 方法：允許呼叫者喚醒一個等待此 Cond 的 goroutine。如果此時沒有等待的 goroutine，則顯然無須通知 waiter；如果 Cond 的等待佇列中有一個或多個等待的 goroutine，則需要從等待佇列中移除第一個 goroutine 並把它喚醒。在其他程式語言，比如 Java 中，Signal 方法也被叫作 notify 方法或 notify_one 方法。在呼叫 Signal 方法時，**不強求呼叫者一定要持有 c.L 的鎖**。什麼叫不強求？就是呼叫者想加鎖就加，不加鎖也行，一切遵從你心。

- Wait 方法：會把呼叫者放入 Cond 的等待佇列中並阻塞，直到被 Signal 或 Broadcast 方法從等待佇列中移除並喚醒。在呼叫 Wait 方法時，呼叫者**必須要持有 c.L 的鎖**。

我們以一個短跑比賽為例。五個頂尖的運動員入圍了短跑決賽，他們在熱身之後陸續就位。

每個運動員（單獨的子 goroutine）就位後，都把變數 ready 加 1，並且呼叫 Broadcast 方法（這裡呼叫 Signal 方法也可以，因為只有一個裁判員呼叫 Wait 方法發生阻塞）。

裁判員（主 goroutine）檢查條件，如果條件不滿足（ready! = 10），則呼叫 Wait 方法發生阻塞，直到條件滿足（ready == 10），它才能繼續執行，擊響發令槍，宣佈比賽開始。

```
package main

import (
    "log"
    "math/rand"
    "sync"
    "time"
)

func main() {
    c := sync.NewCond(&sync.Mutex{})

    var ready int

    for i := 0; i < 10; i++ {
        go func(i int) {
            time.Sleep(time.Duration(rand.Int63n(10)) * time.Second)

            // 加鎖，更改等待的條件
            c.L.Lock()
            ready++
            c.L.Unlock()
```

```
            log.Printf(" 運動員 #%d 已準備就緒 \n", i)
            // 運動員 i 準備就緒，廣播通知所有裁判員
            c.Broadcast()
        }(i)
    }

    c.L.Lock()
    for ready != 10 { // 檢查條件是否滿足
        c.Wait()
        log.Println(" 裁判員被喚醒一次 ")
    }
    c.L.Unlock()

    // 所有的運動員是否就緒
    log.Println(" 所有運動員都準備就緒。砰！發令槍響，比賽開始……")
}
```

在上面的程式中，你會注意到幾個特殊的操作：

- 子 goroutine 對 ready 寫入的時候使用了鎖，因為 ready 變數會被並發讀 / 寫。
- 主 goroutine 在呼叫 c.Wait 的時候使用了 for 迴圈，因為主 goroutine 被喚醒後，條件不一定得到滿足，所以需要再次進行檢查。
- 呼叫 c.Wait 使用了鎖。

這些是必需的；不然程式可能出現 panic，或程式還沒等到條件滿足就繼續執行了。

5.2 Cond 的實現

Cond 的實現非常簡單，因為複雜的邏輯已經被 Locker 或執行時期（runtime）的等待佇列實現了。我們直接看 Cond 的原始程式。

```
type Cond struct {
    noCopy noCopy
```

```
    // 在檢查條件或者修改條件時需要持有鎖
    L Locker

    notify notifyList
    checker copyChecker
}

func (c *Cond) Wait() {
    c.checker.check()
    t := runtime_notifyListAdd(&c.notify) // 先加入通知列表中
    c.L.Unlock()
    runtime_notifyListWait(&c.notify, t) // 等待通知
    c.L.Lock() // 喚醒後要獲取鎖
}

func (c *Cond) Signal() {
    c.checker.check()
    runtime_notifyListNotifyOne(&c.notify) // 通知一個 waiter
}

func (c *Cond) Broadcast() {
    c.checker.check()
    runtime_notifyListNotifyAll(&c.notify) // 等待所有的 waiter
}

type copyChecker uintptr

func (c *copyChecker) check() { // 檢查有沒有被複製
    if uintptr(*c) != uintptr(unsafe.Pointer(c)) &&
        !atomic.CompareAndSwapUintptr((*uintptr)(c), 0, uintptr
        (unsafe.Pointer(c))) &&
        uintptr(*c) != uintptr(unsafe.Pointer(c)) { // 雙重檢查
        panic("sync.Cond is copied")
    }
}
```

可以看到，主要邏輯已經被執行時期的 runtime_notifyListXXX 實現了。

- runtime_notifyListAdd：將呼叫者加入通知列表中。加入通知列表中的呼叫者以後有機會得到通知，呼叫者還需要呼叫 runtime_notifyListWait 方法等待通知。
- runtime_notifyListWait：呼叫這個方法等待通知。如果在呼叫 runtime_notifyListAdd 方法之後，呼叫這個方法之前，呼叫者已經獲得了通知，check 方法會立即傳回，否則會被阻塞。
- runtime_notifyListNotifyOne：通知等待列表中的呼叫者，把它從列表中移除並喚醒。
- runtime_notifyListNotifyAll：通知等待列表中的所有呼叫者，把列表清空，把它們喚醒。

這些方法的具體實現細節這裡就不講了，其實現程式位於 runtime/sema.go 中，它主要使用平衡樹 sudog 維護呼叫者列表。

我們需要仔細看的是 Wait 方法，它首先呼叫 c.L.Unlock() 解鎖，然後進入阻塞狀態，所以被阻塞的呼叫者是不持有這個鎖的，此時其他的 goroutine 能使用這個鎖進行條件變數的改變。一旦這個呼叫者被喚醒，它就又持有了這個鎖。

noCopy 會在編譯時輔助 vet 工具檢查 Cond 是否被複製，而 copyChecker 會在執行時期檢查 Cond 是否被複製，如果檢查出被複製，則會顯示 panic。比以下面的例子：

```
package main

import (
    "sync"
    "time"
)

func main() {
    c := sync.NewCond(&sync.Mutex{}) // 創建一個 Cond
    go func() {
        c.L.Lock()
        defer c.L.Unlock()
        c.Wait()
```

```
    }()

    time.Sleep(time.Second)
    c2 := *c // 複製這個 Cond 會有問題
    c2.Signal()
}
```

如果在 IDE 中設定了相應的 lint 工具，或執行了 go vet，都能發現 c2 := *c 其實是複製了 Cond，如果不改的話，在執行時期會透過 copyChecker 發現問題並顯示 panic（見圖 5.1）。

```
 smallnest@colobu  mnt > > > > > issue3  master  go run main.go
panic: sync.Cond is copied

goroutine 1 [running]:
sync.(*copyChecker).check( ... )
        /usr/local/go/src/sync/cond.go:102
sync.(*Cond).Signal(0x3b9aca00?)
        /usr/local/go/src/sync/cond.go:82 +0x74
main.main()
        /mnt/e/2022book/concurrency-programming-via-go-code/ch5/issue3/main.go:18 +0x10f
exit status 2
 smallnest@colobu  mnt > > > > > issue3  master
```

▲ 圖 5.1 如果有複製，在執行時期會顯示 panic

5.3 Cond 的使用陷阱

Cond 這個同步基本操作很少會被使用，甚至有的 Gopher 從來就沒有使用過它，以至於 Go 團隊的 Bryan C.Mills 提議將其從標準函式庫中移除，在有些場景中使用 channel 來代替它。我認為，Cond 還是有其獨特使用場景的，尤其是它既可以呼叫 Signal 方法，也可以呼叫 Broadcast 方法。而且，channel 也有其局限性，舉例來說，你往一個關閉的 channel 中發送資料會導致 panic。而使用 Cond，你可以任意地呼叫 Signal 和 Broadcast 方法。

但使用 Cond 也不是沒有陷阱，下面列舉兩個。

5.3.1 呼叫 Wait 時沒有加鎖

雖然 Cond 只有三個方法，但是有的方法呼叫必須加鎖，有的則不需要加鎖。你只需要記住 Wait 這個方法呼叫必須加鎖即可。如果還記不住，請記住口訣「等待畢卡索」（Wait 必加鎖）。

以前面那個短跑比賽的程式為例，我們把 Wait 方法前後加解鎖的程式註釋起來：

```
// c.L.Lock()
for ready != 10 {
    c.Wait()
    log.Println(" 裁判員被喚醒一次 ")
}
// c.L.Unlock()

// 所有的運動員是否就緒
log.Println(" 所有運動員都準備就緒。砰！發令槍響，比賽開始……")
```

執行這段程式，將導致 panic（見圖 5.2）。

```
smallnest@colobu  mnt > > > > > issue1  master  go run main.go
fatal error: sync: unlock of unlocked mutex

goroutine 1 [running]:
sync.fatal({0x4a9f1c?, 0x7f046487a090?})
        /usr/local/go/src/runtime/panic.go:1031 +0x1e
sync.(*Mutex).unlockSlow(0xc000018090, 0xffffffff)
        /usr/local/go/src/sync/mutex.go:229 +0x3c
sync.(*Mutex).Unlock(0xc000072ef0?)
        /usr/local/go/src/sync/mutex.go:223 +0x29
sync.(*Cond).Wait(0x0?)
        /usr/local/go/src/sync/cond.go:69 +0x7e
main.main()
        /mnt/e/2022book/concurrency-programming-via-go-code/ch5/issue1/main.go:32 +0x156
```

▲ 圖 5.2 呼叫 Wait 方法不加鎖導致 panic

原因在於：Wait 方法會釋放內部的鎖，如果之前不加鎖的話，則會導致釋放一個沒有被加持的鎖。

5.3.2 喚醒之後不檢查判斷條件

Cond 最常見的另一類錯誤就是 Wait 方法的呼叫者被 Broadcast 或 Signal 方法喚醒後，並沒有檢查判斷條件是否得到滿足就繼續執行了。

誰給它的自信，被喚醒後條件就滿足了？ Cond 的 Signal 和 Broadcast 方法可以被任意的 goroutine 在任意條件下呼叫，而 Signal 和 Broadcast 方法的呼叫者可沒有義務幫助檢查條件是否得到滿足，它們只可能改變一下判斷條件，條件滿足與否是由 Wait 方法的呼叫者負責的。

還是以那個短跑比賽為例，如果把 for 迴圈註釋起來就大錯特錯了：

```
c.L.Lock()
// for ready != 10 {
    c.Wait()
    log.Println(" 裁判員被喚醒一次 ")
// }
c.L.Unlock()

// 所有的運動員是否就緒
log.Println(" 所有運動員都準備就緒。砰！發令槍響，比賽開始……")
```

執行這個例子，你會發現運動員還沒有準備好裁判員就擊響發令槍了（見圖 5.3）。這如果發生在真實的比賽中，可是一個重大事故。

```
smallnest@colobu  mnt > > > > > issue2  master  go run main.go
2023/01/25 22:28:02 運動員 #9 已準備就緒
2023/01/25 22:28:02 裁判員被喚醒一次
2023/01/25 22:28:02 所有運動員都準備就緒。！發令槍響，比賽開始……
smallnest@colobu  mnt > > > > > issue2  master
```

▲ 圖 5.3 waiter 在被喚醒之後，務必要檢查條件是否得到滿足

5.4 在實際專案中使用 Cond 的例子

在開放原始碼專案中使用 sync.Cond 的程式少之又少，包括在標準函式庫中原先一些使用 Cond 的程式也改成使用 channel 實現了，所以別說找與

Cond 使用相關的 bug，就是想找到一個使用 Cond 的例子都不容易。我找到了 Kubernetes 中的例子，我們一起來看看它是如何使用 Cond 的。

在 Kubernetes 專案中定義了優先順序佇列 PriorityQueue 這樣一個資料結構，用來實現 Pod 的呼叫。它內部有三個 Pod 的佇列，即 activeQ、podBackoffQ 和 unschedulableQ，其中 activeQ 就是用來排程的活躍佇列（heap）。

在呼叫 Pop 方法時，如果這個佇列為空，並且這個佇列沒有關閉的話，則會呼叫 Cond 的 Wait 方法等待。你可以看到，在呼叫 Wait 方法時，呼叫者是持有鎖的，並且被喚醒時檢查等待的條件（佇列是否為空）。

```
// 從佇列中取出一個元素
func (p *PriorityQueue) Pop() (*framework.QueuedPodInfo, error) {
    p.lock.Lock()
    defer p.lock.Unlock()
    for p.activeQ.Len() == 0 { // 如果佇列為空
        if p.closed {
            return nil, fmt.Errorf(queueClosed)
        }
        p.cond.Wait() // 等待，直到被喚醒
    }
    ......
    return pInfo, err
}
```

當 activeQ 增加新的元素時，會呼叫 Cond 的 Broadcast 方法，通知被 Pop 方法阻塞的呼叫者：

```
// 增加元素到佇列中
func (p *PriorityQueue) Add(pod *v1.Pod) error {
    p.lock.Lock()
    defer p.lock.Unlock()
    pInfo := p.newQueuedPodInfo(pod)
    if err := p.activeQ.Add(pInfo); err != nil {// 增加元素到佇列中
        klog.Errorf("Error adding pod %v to the scheduling queue: %v",
            nsNameForPod(pod), err)
        return err
    }
```

```
    ......
    p.cond.Broadcast() // 通知其他等待的 goroutine，佇列中有元素了

    return nil
}
```

這個優先順序佇列被關閉的時候，也會呼叫 Broadcast 方法，避免被 Pop 方法阻塞的呼叫者永遠被阻塞：

```
func (p *PriorityQueue) Close() {
    p.lock.Lock()
    defer p.lock.Unlock()
    close(p.stop)
    p.closed = true
    p.cond.Broadcast() // 關閉時通知等待的 goroutine，避免它們永遠在等待
}
```

這是一個使用 Cond 的典型例子，並發佇列也是使用 Cond 最多的場景之一。等你將來學習了 channel，可以回過頭來想想，這裡能不能使用 channel 來替換？為什麼這裡使用 Cond 更合適？

6 單實體化利器 Once

本章內容包括：

- Once 的使用方法
- Once 的實現
- Once 的使用陷阱

Once 可以用來執行且僅執行一次動作，常常被應用於單一物件的初始化場景。

單例模式是常見的設計模式之一，也是常見的面試題之一，我經常在網上看到問「Java 實現單例模式有幾種」這樣的問題，有的說 5 種，有的說 8 種，有的說 9 種，搞得就像「回」字有幾種寫法一樣。那麼，Go 要實現單例模式有哪些方法呢？

你可以定義套件（package）等級的單例變數，例如：

```
package abc

import time

var startTime = time.Now() // 套件等級的單例變數
```

或，在 init 函式中進行單例變數的初始化：

```
package abc

var startTime time.Time

func init() {
    startTime = time.Now() // 在初始化函式中初始化單例變數
}
```

或，在 main 函式開始執行的時候，執行一個初始化函式：

```
package abc

var startTime time.Tim

func initApp() {
    startTime = time.Now() // 使用者自訂的初始化函式
}
func main() {
  initApp()
}
```

這三種方法都是執行緒安全的，並且後兩種方法還可以根據傳入的參數實現訂製化的初始化操作。但很多時候是要延遲進行初始化的，所以對單例資源的初始化會使用下面的方法：

```
package main

import (
    "net"
    "sync"
    "time"
)

// 使用互斥鎖保證執行緒（goroutine）安全
var connMu sync.Mutex
var conn net.Conn

func getConn() net.Conn {
    connMu.Lock() // 使用鎖
    defer connMu.Unlock()

    // 傳回已創建好的連接
    if conn != nil {
        return conn
    }

    // 創建連接
    conn, _ = net.DialTimeout("tcp", "baidu.com:80", 10*time.Second)
    return conn
}

// 使用連接
func main() {
    conn := getConn()
    if conn == nil {
        panic("conn is nil")
    }
}
```

這種方法雖然實現起來簡單，但是存在性能問題。雖然已經建立好連接，但是每次請求時還是要競爭鎖才能讀取到這個連接。這是比較浪費資源的，因為建立好連接之後，其實就不需要鎖的保護了。怎麼辦呢？這個時候就可以使用這一章要介紹的 Once 同步基本操作了。接下來將詳細介紹 Once 的使用方法、實現和使用陷阱。

6.1 Once 的使用方法

sync.Once 只暴露了一個方法 Do，你可以多次呼叫 Do 方法，但是只有第一次呼叫 Do 方法時參數 f 才會執行，這裡的 f 是一個無參數、無傳回值的函式。

```
func (o *Once) Do(f func())
```

當且僅當第一次呼叫 Do 方法時參數 f 才會執行，即使第二次、第三次、…、第 *n* 次呼叫時參數 f 的值不一樣，它也不會執行。比以下面的例子，雖然 f1 和 f2 是不同的函式，但是第二個函式 f2 不會執行。

```
package main

import (
    "fmt"
    "sync"
)

func main() {
    var once sync.Once

    // 第一個初始化函式
    f1 := func() {
        fmt.Println("in f1")
    }
    once.Do(f1) // 列印出 "in f1"

    // 第二個初始化函式
    f2 := func() {
```

```
        fmt.Println("in f2")
    }
    once.Do(f2) // 無輸出
}
```

因為這裡的參數 f 是一個無參數、無傳回值的函式，所以你可能會透過閉包的方式引用外面的參數。例如：

```
var addr = "baidu.com"

var conn net.Conn
var err error

once.Do(func() {
    conn, err = net.Dial("tcp", addr)
})
```

而且，在實際使用中，在絕大多數情況下，你會使用閉包的方式初始化外部的資源。你看，Once 的使用場景很明確，所以在標準函式庫內部的實現中也常常能看到 Once 的身影。比如在標準函式庫內部 cache 的實現中，就使用了 Once 初始化 cache 資源，包括 defaultDir 值的獲取：

```
func Default() *Cache { // 獲取預設的 cache
    defaultOnce.Do(initDefaultCache) // 初始化 cache
    return defaultCache
}

// 定義一個全域的 cache 變數，使用 Once 初始化，所以也定義了一個 Once 變數
var (
    defaultOnce sync.Once
    defaultCache *Cache
)

func initDefaultCache() { // 初始化 cache，也就是 Once.Do 使用的函式 f
    ......
    defaultCache = c
}
```

```
// Once 初始化的其他變數，比如 defaultDir
var (
    defaultDirOnce sync.Once
    defaultDir     string
    defaultDirErr  error
)
```

標準函式庫中還有一些在測試的時候用於初始化測試的資源（export_windows_test）：

```
// 測試 Windows 系統呼叫時區相關函式
func ForceAusFromTZIForTesting() {
    ResetLocalOnceForTest()
    // 使用 Once 執行一次初始化
    localOnce.Do(func() { initLocalFromTZI(&aus) })
}
```

除此之外，還有保證只呼叫一次 copyenv 的 envOnce，strings 套件下的 Replacer，time 套件中單元測試的 localOnce，Go 拉取函式庫時的 proxy、net.pipe、crc64、Regexp……數不勝數。這裡重點介紹很值得我們學習的 math/big/sqrt.go 中實現的資料結構 threeOnce，它透過 Once 封裝了一個隻初始化一次的值：

```
// 值是 3.0 或者 0.0 的一個資料結構
var threeOnce struct {
    sync.Once
    v *Float
}

// 傳回此資料結構的值。如果還沒有初始化為 3.0，則初始化
func three() *Float {
    threeOnce.Do(func() { // 使用 Once 初始化
        threeOnce.v = NewFloat(3.0)
    })
    return threeOnce.v
}
```

這個資料結構將 sync.Once 和 *Float 封裝成一個物件，提供了只初始化一次的值 v。

你看它的 three 方法的實現，雖然每次都呼叫了 threeOnce.Do 方法，但是其參數只會被呼叫一次。

在 2023 年 8 月發佈的 Go 1.21.0 版本中，又新增 OnceFunc、OnceValue、OnceValues 三個輔助函式，可以幫助我們更方便地使用 sync.Once。

使用 Once 的時候，你也可以嘗試採用這種結構，將值和 Once 封裝成一個新的資料結構，提供只初始化一次的值。

總結：Once 常常用來初始化單例資源，或並發存取只需要初始化一次的分享資源，或在測試時初始化一次測試資源。

6.2 Once 的實現

很多人認為實現一個如 Once 一樣的同步基本操作很簡單，只需要使用一個 flag 標記是否初始化過即可，最多是使用 atomic 原子操作這個 flag。比以下面的實現：

```
type Once struct {
    done uint32
}

func (o *Once) Do(f func()) {
    // 雖然控制只有一個 goroutine 執行 f，但是可能會導致一些 goroutine 以為初始化完成了
    if !atomic.CompareAndSwapUint32(&o.done, 0, 1) {
        return
    }
    f()
}
```

這確實是一種實現方式，但是這種實現有一個很大的並發問題。

如果 f 執行得很慢，還沒來得及傳回，另一個 goroutine 就呼叫了 Do 方法，雖然這個 goroutine 看到 done 已經被設置為 1，但是在獲取某些初始化資源時可能會得到空的資源，因為 f 還沒有執行完。

我們使用下面這段程式來測試這個 Once 的實現：

```
func main() {
    var o Once

    initM := func() {
        time.Sleep(2 * time.Second)
        m = make(map[int]int)
    }
    go o.Do(initM) // 併發初始化

    time.Sleep(time.Second)
    o.Do(initM)
    m[1] = 1

}
```

結果發現，雖然我們信心滿滿地呼叫 Do 方法，但實際變數 m 還是沒有被初始化，從而導致 panic（為一個值為 nil 的 map 設置鍵值對）（見圖 6.1）。

```
 smallnest@colobu  mnt > > > > > issue1  master  go run main.go
panic: assignment to entry in nil map

goroutine 1 [running]:
main.main()
        /mnt/e/2022book/concurrency-programming-via-go-code/ch6/issue1/main.go:22 +0×e5
exit status 2
 smallnest@colobu  mnt > > > > > issue1  master
```

▲ 圖 6.1 在並發情況下，map 可能還沒有被初始化

Go 官方的 Once 實現以下（寥寥幾行程式）：

```
type Once struct {
    done uint32
    m    Mutex
}
func (o *Once) Do(f func()) {
    if atomic.LoadUint32(&o.done) == 0 { // ① 如果還沒有初始化，則進入 doSlow，否則
```

```
直接傳回
        o.doSlow(f)
    }
}
func (o *Once) doSlow(f func()) {
    o.m.Lock() // ② 加鎖
    defer o.m.Unlock() // ③ 最後釋放鎖
    if o.done == 0 { // ④ 雙重檢查，獲取到鎖後檢查是否同時已經有 goroutine 初始化了
        defer atomic.StoreUint32(&o.done, 1) // ⑤ 最後更改 done 的值，表明已經初始化
        f() // 呼叫初始化函式
    }
}
```

當然，與其他同步基本操作的策略一樣，在 Once 的實現中，Do 方法只保留了簡單的快速路徑（也就是初始化完成的邏輯），把慢速路徑（第一次初始化）的邏輯取出成 doSlow，這樣方便內聯，提高性能。

Once 使用一個互斥鎖，這樣在初始化時如果有並發的 goroutine，它就會利用互斥鎖的機制保證只有一個 goroutine 進行初始化，同時利用雙重檢查（double-checking）機制，再次判斷 o.done 的值是否為 0；如果為 0，則表示是第一次執行，執行完畢後，就將 o.done 的值設置為 1，然後釋放鎖。即使此時有多個 goroutine 同時進入了 Do 方法，因為存在雙重檢查機制，後續的 goroutine 會看到 o.done 的值為 1，也不會再次執行 f。這樣既保證了並發的 goroutine 會等待 f 完成，又不會多次執行 f。

6.3 Once 的使用陷阱

雖然 Once 的實現簡單，但是有時候也會出現意想不到的陷阱，下面就介紹兩個。

6.3.1 鎖死

你已經知道了 Do 方法會執行一次 f，但是如果在 f 中再次呼叫這個 Once 的 Do 方法，就會導致鎖死的出現。這還不是無限遞迴的情況，而是 Lock 的一次遞迴呼叫導致的鎖死。

```
func main() {
    var once sync.Once
    once.Do(func() {
        once.Do(func() { // 不要遞迴呼叫 ! 不要遞迴呼叫 ! 不要遞迴呼叫 !
            fmt.Println(" 初始化 ")
        })
    })
}
```

當然，想要避免這種情況的出現，就不要在參數 f 中呼叫當前的這個 Once，不管是直接呼叫還是間接呼叫。

6.3.2 未初始化

如果函式 f 執行的時候出現了 panic，或 f 執行初始化資源的時候失敗了，此時 Once 還是會認為初次執行已經成功，即使再次呼叫 Do 方法，也不會再次執行 f。

比以下面的例子，由於一些防火牆的原因，googleConn 並沒有被正確地初始化，後面如果想當然地認為既然執行了 Do 方法，那麼 googleConn 就已經初始化的話，則會拋出空指標的錯誤。

```
func main() {
    var once sync.Once
    var googleConn net.Conn // 到 Google 網站的一個連接

    once.Do(func() {
        // 建立到 google.com 的連接，有可能因為網路的原因，googleConn 並沒有建立成功，
此時它的值為 nil
        googleConn, _ = net.Dial("tcp", "google.com:80")
    })
    // 發送 HTTP 請求
    googleConn.Write([]byte("GET / HTTP/1.1\r\nHost: google.com\r\n Accept:
*/*\r\n\r\n"))
    io.Copy(os.Stdout, googleConn)
}
```

即使執行過 Once.Do 方法，也可能會因為函式執行失敗而未初始化資源，並且以後也沒有機會再次初始化資源了，這種初始化未完成的問題該怎麼解決呢？

這裡告訴你一招，你可以自己實現一個類似於 Once 的同步基本操作，它既可以傳回當前呼叫 Do 方法是否正確完成的資訊，也可以在初始化失敗後呼叫 Do 方法再次嘗試初始化，直到初始化成功。

```
// 一個功能更加強大的 Once
type Once struct {
    done uint32
    m    sync.Mutex
}
// 傳入的函式 f 有傳回值 error，如果初始化失敗，則需要傳回失敗的 error
// Do 方法會把這個 error 傳回給呼叫者
func (o *Once) Do(f func() error) error {
    if atomic.LoadUint32(&o.done) == 1 { // 快速路徑
        return nil
    }
    return o.doSlow(f)
}
// 如果還沒有初始化
func (o *Once) doSlow(f func() error) error {
    o.m.Lock()
    defer o.m.Unlock()
    var err error
    if o.done == 0 { // 雙重檢查，還沒有初始化
        err = f()
        if err == nil { // 只有初始化成功了，才會將標記置為已初始化
            atomic.StoreUint32(&o.done, 1)
        }
    }
    return err
}
```

這裡所做的改變就是 Do 方法和函式 f 都會傳回 error，如果 f 執行失敗，則會傳回這個錯誤資訊。

對 doSlow 方法也做了調整，如果 f 呼叫失敗，則不會更改 done 的值，這樣後面的 goroutine 還會繼續呼叫 f。只有 f 執行成功了，才會修改 done 的值為 1。

經過一番操作，我們使用 Once 得心應手多了。等等，還有一個問題，該如何查詢是否初始化過呢？

目前的 Once 實現可以保證我們呼叫任意次數的 once.Do 方法，它只會執行這個方法一次。但是，有時候需要打上標記。如果在初始化後就去執行其他操作，標準函式庫中的 Once 並不會告訴我們是否初始化完成了，只是讓我們放心大膽地去執行 Do 方法。所以，我們還需要一個輔助變數，自己來檢查是否初始化過了。比如透過下面程式中的 inited 欄位：

```
type AnimalStore struct {
    once   sync.Once
    inited uint32
}
func (a *AnimalStore) Init() // 可以被併發呼叫
    a.once.Do(func() {
        longtimeOperation()
        atomic.StoreUint32(&a.inited, 1)
    })
}
func (a *AnimalStore) CountOfCats() (int, error) { // 另一個 goroutine
    if atomic.LoadUint32(&a.inited) == 0 { // 只有在初始化後才會執行真正的業務邏輯
        return 0, NotYetInitedError
    }
    // 一些業務
    ......
}
```

當然，透過這段程式，我們可以解決相關問題。但是，如果 Go 官方的 Once 類型有 Done 這樣一個方法的話，我們就可以直接使用了。這是有人在 Go 程式庫中提出的 issue（go#41690）。對於這類問題，一般都會建議採用其他類型，或自己擴充來解決。我們可以嘗試擴充這個同步基本操作：

```go
// Once 是一個擴展的 sync.Once 類型，提供了一個 Done 方法
type Once struct {
    sync.Once
}

// Done 傳回此 Once 是否執行過
// 如果執行過，則傳回 true
// 如果沒有執行過或者正在執行，則傳回 false
func (o *Once) Done() bool {
    return atomic.LoadUint32((*uint32)(unsafe.Pointer(&o.Once))) == 1
}

func main() {
    var flag Once
    fmt.Println(flag.Done()) // false

    flag.Do(func() {
        time.Sleep(time.Second)
    })

    fmt.Println(flag.Done()) // true
}
```

我們還可以擴充 Once，把對初始化資源的讀取和標準函式庫中的 Once 類型結合起來：

```go
func Once[T any](initializer func() T) func() T {
    var once sync.Once
    var t T // 初始化器傳回的結果
    f := func() {
        t = initializer()
    }
    return func() T {
        once.Do(f)
        return t
    }
}
```

這裡定義了一個 Once 函式，它提供了首次初始化資源的能力，並傳回一個函式，這個函式會傳回初始化的資源，也就是初始化資源的函式保證只執行一次，而且初始化後的資源還能傳回供使用。

這是 carlmjohnson/syncx 提供的一種方式，有點燒腦，我們透過一個例子就容易理解了。

```
package main

import (
    "fmt"
    "sync"

    "github.com/carlmjohnson/syncx"
)

func main() {
    count := 42
    var getMoL = syncx.Once(func() int {
        count++
        return count
    })
    var wg sync.WaitGroup
    for i := 0; i < 5; i++ {
        wg.Add(1)
        go func() {
            fmt.Println(getMoL())
            wg.Done()
        }()
    }
    wg.Wait()
}
```

執行這個程式，可以看到 syncx.Once 傳入的函式只被執行了一次，這一次執行導致的結果就是 count 被永久設置為 43。儘管我們多次呼叫 getMoL 方法，但是這個函式的傳回結果都是第一次傳回的值（見圖 6.2）。

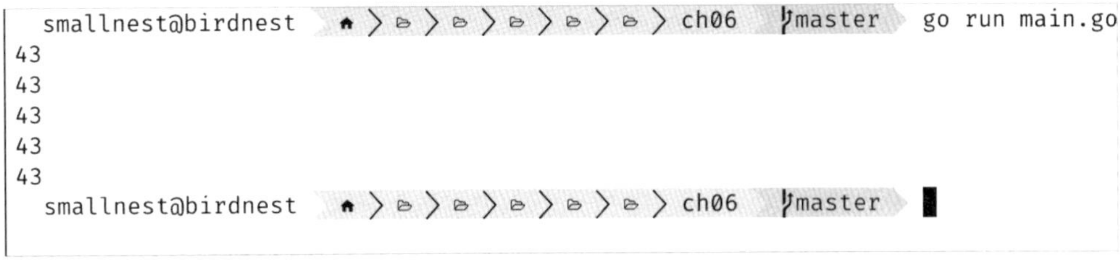

```
 smallnest@birdnest  ⌂ > 🗁 > 🗁 > 🗁 > 🗁 > 🗁 > ch06  master  go run main.go
43
43
43
43
43
 smallnest@birdnest  ⌂ > 🗁 > 🗁 > 🗁 > 🗁 > 🗁 > ch06  master  █
```

▲ 圖 6.2 syncx 的例子，傳回初始化的結果

這裡提出一個思考題：你能為 Once 提供一個執行緒安全的 Reset 方法嗎？

7 並發 map

本章內容包括：

- 內建的 map
- 內建 map 的使用陷阱
- 使用讀寫鎖實現執行緒安全的 map
- sync.Map 的使用方法
- sync.Map 的實現
- 以分片方式實現高性能的 map
- 兩個 lock-free map 函式庫

對於雜湊表（hash table）這種資料結構，我們已經非常熟悉了。它實現的就是 key-value 之間的映射關係，主要提供的方法包括 Add、Lookup、Delete 等。因為雜湊表是一種基礎的資料結構，每個 key 都會有一個唯一的索引值，透過索引可以很快地找到對應的值，所以使用它進行資料的插入和讀取是很快的。Go 語言本身就內建了這樣一個資料結構，也就是 map 資料型態。

這一章我們先來學習 Go 語言內建的 map 類型，了解它的基本使用方法和使用陷阱，然後學習如何實現內建 map 類型類型，最後介紹 Go 標準函式庫中執行緒安全的 sync.Map 類型以及第三方函式庫。

7.1 內建 map 類型

Go 語言內建的 map 類型如下：

```
map[K]V
```

其中，key 類型的 K 必須是可比較的（comparable），也就是可以透過 == 和 != 操作符號進行比較；V 的值和類型無所謂，它可以是任意類型，或為 nil。在 Go 語言中，bool、整數、浮點數、複數、字串、指標、Channel、介面都是可比較的，包含可比較元素的 struct 和陣列也是可比較的，而 slice、map、函式值都是不可比較的。

那麼，上面這些可比較的資料型態都適合作為 map 的 key 的類型嗎？答案是否定的。在通常情況下，我們會選擇內建的基本類型，比如整數、字串作為 key 的類型，因為這樣最方便，值不可變，也不容易出錯。而使用 struct 作為 key 的類型，如果 struct 的某個欄位值被修改了，那麼在查詢 map 時將無法獲取它添加的值。比以下面的例子：

```
type mapKey struct {
    key int
}

func main() {
```

```
    var m = make(map[mapKey]string)
    var key = mapKey{10}

    m[key] = "hello"
    fmt.Printf("m[key]=%s\n", m[key])

    // 修改 key 的欄位值後再次查詢 map，將無法獲取剛才添加的值
    key.key = 100
    fmt.Printf(" 再次查詢 m[key]=%s\n", m[key])
}
```

那該怎麼辦呢？如果使用 struct 作為 key 的類型，則要保證 struct 物件在邏輯上是不可變的，這樣才能保證 map 的邏輯沒有問題。以上就是在選擇 key 的類型時需要注意的地方。

接下來，我們看一下使用 map[key] 函式時需要注意的基礎知識。在 Go 語言中，map[key] 函式的傳回結果可以是一個值，也可以是兩個值，這是容易讓人迷惑的地方。原因在於：如果獲取一個不存在的 key 對應的值，則會傳回零值。為了區分真正的零值和 key 不存在這兩種情況，可以根據第二個傳回值來判斷，比以下面程式中的①行和②行：

```
func main() {
    var m = make(map[string]int)
    m["a"] = 0
    fmt.Printf("a=%d; b=%d\n", m["a"], m["b"])

    av, aexisted := m["a"] // ①
    bv, bexisted := m["b"] // ②
    fmt.Printf("a=%d, existed: %t; b=%d, existed: %t\n", av, aexisted, bv, bexisted)
}
```

將對 map 的遍歷故意設置成無序的，即使同一個 map 沒有發生改變，每次遍歷時順序也可能不一樣。所以在遍歷一個 map 物件時，迭代的元素的順序是不確定的，這就無法保證兩次遍歷的順序是一樣的，也不能保證遍歷的順序和插入的順序一致。那怎麼辦呢？如果想要按照 key 的順序獲取 map 的值，則需要先取出所有的 key 進行排序，然後按照排序後的 key 依次獲取對應的值。而

如果想要保證元素有序，比如按照元素插入的順序進行遍歷，則可以使用輔助的資料結構，比如 orderedmap，來記錄插入順序。golang/x/exp/maps 則提供了一些支援泛型的操作 map 的輔助方法。

7.1.1 使用 map 的兩種常見錯誤

使用 map 的兩種常見錯誤分別是未初始化和並發讀 / 寫。

常見錯誤一：未初始化

與 slice 或 Mutex、RWMutex 等 struct 類型不同，map 物件必須在使用之前初始化。如果不初始化就直接賦值的話，則會出現 panic 異常。比以下面的例子，m 實例還沒有被初始化就直接操作會導致 panic：

```
func main() {
    var m map[int]int // m 沒有被初始化
    m[100] = 100
}
```

解決辦法就是在第 2 行初始化這個實例（m : = make(map[int]int)）。從一個值為 nil 的 map 物件中獲設定值不會導致 panic，而是會得到零值，所以下面的程式不會顯示出錯：

```
func main() {
    var m map[int]int
    fmt.Println(m[100]) // 從未被初始化的 map 或者值為 nil 的 map 物件中查詢 key 的值，
不會導致 panic
}
```

這個例子很簡單，我們可以意識到 map 的初始化問題。但有時候 map 作為一個 struct 欄位時，就很容易忘記將其初始化了：

```
type Counter struct {
    Website      string
    Start        time.Time
    PageCounters map[string]int
}
```

```
func main() {
    var c Counter // 沒有初始化它的欄位 PageCounters
    c.Website = "baidu.com"

    c.PageCounters["/"]++
}
```

常見錯誤二：並發讀 / 寫

使用 map 類型，很容易出現的另一種錯誤就是並發問題。這個易錯點，相當令人煩惱，如果沒有注意到並發問題，程式在執行的時候就有可能出現並發讀 / 寫導致的 panic。

Go 內建的 map 物件不是執行緒（goroutine）安全的，並發讀 / 寫的時候執行時期會有檢測，遇到並發問題就會導致 panic。

我們來看一個並發存取 map 實例導致 panic 的例子。

```
func main() {
    var m = make(map[int]int,10) // 初始化一個 map
    go func() {
        for {
            m[1] = 1 // 設置 key，併發寫
        }
    }()

    go func() {
        for {
            _ = m[2] // 存取這個 map，併發讀
        }
    }()
    select {}
}
```

雖然這段程式看起來是讀 / 寫 goroutine 各自操作不同的元素，似乎 map 也沒有擴充的問題，但是執行時期檢測到對 map 物件有並發存取，於是就會直接顯示 panic。panic 資訊會告訴我們程式中哪一行有讀 / 寫問題，根據這個錯誤資

訊就能快速定位到哪一個 map 物件在哪裡出了問題。圖 7.1 顯示了對 map 並發讀 / 寫導致的 panic。

```
  smallnest@birdnest  > > > > > > map_err1  master  go run main.go
fatal error: concurrent map read and map write

goroutine 34 [running]:
main.main.func2()
        /Users/smallnest/go/src/github.com/smallnest/concurrency-programming-via-go-code/ch07/map_err1/main.go:13 +0x30
created by main.main
        /Users/smallnest/go/src/github.com/smallnest/concurrency-programming-via-go-code/ch07/map_err1/main.go:11 +0x90

goroutine 1 [select (no cases)]:
main.main()
        /Users/smallnest/go/src/github.com/smallnest/concurrency-programming-via-go-code/ch07/map_err1/main.go:16 +0x94

goroutine 33 [runnable]:
main.main.func1()
        /Users/smallnest/go/src/github.com/smallnest/concurrency-programming-via-go-code/ch07/map_err1/main.go:7 +0x30
created by main.main
        /Users/smallnest/go/src/github.com/smallnest/concurrency-programming-via-go-code/ch07/map_err1/main.go:5 +0x60
exit status 2
  smallnest@birdnest  > > > > > > map_err1  master  ERROR
```

▲ 圖 7.1 並發讀 / 寫 map 導致的 panic

對 map 的並發迭代存取和寫也會導致 panic：

```
package main

func main() {
    var m = make(map[int]int, 10) // 初始化一個 map
    go func() {
        for {
            m[1] = 1 // 設置 key，併發寫
        }
    }()

    go func() {
        for {
            for k, v := range m { // 遍歷，併發讀
                _, _ = k, v
            }
        }
    }()

    select {}
}
```

執行這段程式，顯示的錯誤和上面的那個例子是不同的，這裡提示有並發的 map 遍歷和寫入，但它也屬於對 map 並發讀 / 寫導致的問題（見圖 7.2）。

```
 smallnest@birdnest  > > > > > map_err2  master  go run main.go
fatal error: concurrent map iteration and map write

goroutine 18 [running]:
main.main.func2()
        /Users/smallnest/go/src/github.com/smallnest/concurrency-programming-via-go-code/ch07/map_err2/main.go:13 +0x68
created by main.main
        /Users/smallnest/go/src/github.com/smallnest/concurrency-programming-via-go-code/ch07/map_err2/main.go:11 +0x90

goroutine 1 [select (no cases)]:
main.main()
        /Users/smallnest/go/src/github.com/smallnest/concurrency-programming-via-go-code/ch07/map_err2/main.go:19 +0x94
```

▲ 圖 7.2 並發迭代存取和寫入 map 導致的 panic

這種錯誤非常常見，是幾乎每個人都會踩到的坑。其實，不只是我們在寫程式時容易犯這種錯誤，在一些知名專案中也屢次出現這個問題，比如 docker#40772，在刪除 map 物件的元素時忘記了加鎖（見圖 7.3）。

```
builder/builder-next/builder.go
@@ -240,7 +240,9 @@ func (b *Builder) Build(ctx context.Context, opt backend.BuildConfig) (*builder.
240  240                  }
241  241
242  242                  defer func() {
     243  +                       b.mu.Lock()
243  244                          delete(b.jobs, buildID)
     245  +                       b.mu.Unlock()
244  246                  }()
245  247          }
246  248
```

▲ 圖 7.3 沒有加鎖導致的並發讀 / 寫 bug

Docker issue 40772，以及 Docker issue 35588、34540、39643 等，也都有並發讀 / 寫 map 的問題。除了在 Docker 中，Kubernetes issue 84431、72464、68647、64484、48045、45593、37560 等，以及 TiDB issue 14960、17494 等，也出現了這種錯誤。這麼多人都會踩到的坑，有解決方案嗎？肯定有。接下來，我們就繼續介紹如何解決內建 map 的並發讀 / 寫問題。

7.1.2 加讀寫鎖：擴充 map，支持並發讀 / 寫

避免 map 並發讀 / 寫 panic 的方法之一就是加鎖。考慮到讀 / 寫性能，可以使用讀寫鎖以提高性能。

下面實現了一個支持泛型的內建 map 類型，讀 / 寫透過讀寫鎖進行保護。

```
type RWMap[K comparable, V any] struct { // 一個讀寫入鎖保護的內建 map 類型
    sync.RWMutex // 讀寫入鎖保護下面的 map 欄位
    m  map[K]V
}

// 新建一個 RWMap
func NewRWMap[K comparable, V any](n int) *RWMap[K, V] {
    return &RWMap[K, V]{
        m: make(map[K]V, n),
    }
}

func (m *RWMap[K, V]) Get(k K) (V, bool) { // 從 map 中讀取一個值
    m.RLock()
    defer m.RUnlock()
    v, existed := m.m[k] // 在鎖的保護下從 map 中讀取
    return v, existed
}

func (m *RWMap[K, V]) Set(k K, v V) { // 設置一個鍵值對
    m.Lock() // 鎖保護
    defer m.Unlock()
    m.m[k] = v
}

func (m *RWMap[K, V]) Delete(k K) { // 刪除一個鍵
    m.Lock() // 鎖保護
    defer m.Unlock()
    delete(m.m, k)
}

func (m *RWMap[K, V]) Len() int { // map 的長度
    m.RLock() // 鎖保護
```

```
    defer m.RUnlock()
    return len(m.m)
}

func (m *RWMap[K, V]) Each(f func(k K, v V) bool) { // 遍歷 map
    m.RLock() // 在遍歷期間一直持有讀取鎖
    defer m.RUnlock()

    for k, v := range m.m {
        if !f(k, v) {
            return
        }
    }
}
```

正如這段程式所示，對 map 物件的操作，無非就是增刪改查和遍歷等幾種常見操作。我們可以把這些操作分為讀取和寫入兩類，其中查詢和遍歷可以被看作讀取操作，增加、修改和刪除可以被看作寫入操作。正如例子所示，我們可以透過讀寫鎖對相應的操作進行保護。

唯一讓人不太爽的地方就是不能使用 for-range 進行遍歷，但是它提供了 Each 方法進行安全的遍歷。

在不考慮性能的情況下，這個 map 提供了很好的執行緒保護能力，而且透過讀寫鎖，對於多讀少寫的場景也能進行性能最佳化，只不過每次操作都要請求鎖，著實讓人對性能擔心。

Go 官方在 Go 1.9 中增加了一個內建 map 類型，也就是 sync.Map，在一些場景中使用它可以提高性能。

7.2 sync.Map 的使用方法

sync.Map 並不是用來替換內建的 map 類型的，它只能被應用在一些特殊的場景中。這些特殊的場景是什麼呢？官方文件中指出，在以下兩個場景中使用 sync.Map，會比使用 map+RWMutex 的方式性能好得多：

- 在只會增長的快取系統中，一個 key 只被寫入一次而被讀取很多次。
- 多個 goroutine 為不相交（disjoint）的鍵集讀、寫和重寫鍵值對。

這兩個場景說得都比較籠統，而且其中還包含了一些特殊情況。所以，官方建議你針對自己的場景做性能評測，如果確實能夠顯著提高性能，則再使用 sync.Map。

這麼來看，我們能用到 sync.Map 的場景確實不多。即使是 sync.Map 的作者 Bryan C. Mills，也很少使用 sync.Map。即使在使用 sync.Map 的時候，也是需要臨時查詢它的 API，才能清楚地記住它的功能的。所以，我們可以把 sync.Map 看成一個在生產環境中很少使用的同步基本操作。

sync.Map 提供了 9 個方法，我們可以把它們歸為三類。

- 讀取操作
  * Load(key any) (value any, ok bool)：讀取一個鍵對應的值。
  * Range(f func(key, value any) bool)：遍歷 map。
- 寫入操作
  * Store(key, value any)：儲存或更新一個鍵。
  * Delete(key any)：刪除一個鍵。
  * Swap(key, value any) (previous any, loaded bool)：替換一個鍵，並把以前的結果傳回。如果這個鍵不存在，則 loaded 傳回 false，但新值還是設置成功了。
- 讀 / 寫入操作
  * CompareAndDelete(key, old any) (deleted bool)：如果所提供的值和舊值相等，則刪除這個鍵。
  * CompareAndSwap(key, old, new any) bool：CAS 操作，如果所提供的值和舊值相等，則設置新值。
  * LoadAndDelete(key any)(value any, loaded bool)：傳回並刪除一個鍵，如果這個鍵不存在，則 loaded 傳回 false。

* LoadOrStore(key, value any) (actual any, loaded bool)：傳回一個鍵，如果這個鍵不存在，則 loaded 傳回 false，並傳回所提供的值，否則傳回以前的值。

下面是一個測試 sync.Map 的例子。

```
package main

import (
    "fmt"
    "sync"
)

func main() {
    var wg sync.WaitGroup
    var m sync.Map

    // 併發寫入
    wg.Add(5)
    for i := 0; i < 5; i++ {
        i := i
        go func() {
            m.Store(i, fmt.Sprintf("test #%d", i))
            wg.Done()
        }()
    }
    wg.Wait()
    fmt.Println("store done.")

    // 併發讀取
    wg.Add(5)
    for i := 0; i < 5; i++ {
        i := i
        go func() {
            t, _ := m.Load(i)
            fmt.Println("for loop: ", t)
            wg.Done()
        }()
    }
```

```
    wg.Wait()

    // 遍歷，也是執行緒安全的
    m.Range(func(k, v interface{}) bool {
        fmt.Println("range (): ", v)
        return true
    })
}
```

7.3 sync.Map 的實現

sync.Map 是怎麼實現的呢？它是如何解決並發問題，提升性能的呢？其實 sync.Map 的實現有幾個最佳化點，這裡先列出來，我們後面慢慢分析。

- 以空間換時間。透過容錯的兩個資料結構（唯讀的 read 欄位、寫入的 dirty 欄位），來減少加鎖對性能的影響。
- 對唯讀欄位（read）的操作不需要加鎖。優先從 read 欄位讀取、更新、刪除，因為對 read 欄位的讀取不需要加鎖。
- 動態調整。未命中次數多了之後，將 dirty 資料提升為 read 資料，避免總是從 dirty 中加鎖讀取。
- 雙重檢查。加鎖之後，還要再檢查 read 欄位，確定所查詢的鍵值真的不存在，才操作 dirty 欄位。
- 延遲刪除。刪除一個鍵值只是打上標記，只有在建立 dirty 欄位的時候才釋放這個鍵，然後，只有在 dirty 資料被提升為 read 資料的時候，read 欄位才釋放這個鍵。

要理解 sync.Map 的這些最佳化點，我們還是得深入探討它的設計和實現，學習它的處理方式。我們先看一下 map 的資料結構。

```
type Map struct {
    mu Mutex // 萬不得已才使用的鎖

    // 實際上是一個「唯讀」的 map，存取它的元素不需要加鎖，所以很快
```

```
    read atomic.Pointer[readOnly]

    // 包含 map 中所有的元素，包括新增的元素
    // 存取 dirty 欄位必須加鎖，當未命中達到一定的次數後會把它轉為 read 欄位
    dirty map[any]*entry

    // 未命中次數表示有多少次是未命中的，即使是不存在的元素
    misses int
}

type readOnly struct {
    m       map[any]*entry
    amended bool // 如果有 dirty 資料，則傳回 true（有些資料只在 dirty 欄位中，不在這個 m 中）
}

    // expunged 標記一個鍵值對已經從 dirty 欄位中刪除了，將它的值暫時設置為 expunged 這個值
    // 標識出來
    var expunged = new(any)

    // entry 代表一個鍵值
    type entry struct { p unsafe.Pointer}
```

注意，在上面的程式註釋中，對「唯讀」是加了引號的，以充分顯示我們的嚴謹和智慧，避免抬杠。其實更新或刪除 readonly 元素也是可以的，都不涉及鎖。

如果 dirty 欄位非 nil 的話，map 的 read 欄位和 dirty 欄位將包含相同的非 expunged 的項。所以，如果透過 read 欄位更改了這個項的值，從 dirty 欄位中也會讀取到這個項的新值，因為本來它們指向的就是同一個位址。

dirty 欄位包含重複項的好處就是，一旦未命中次數達到設定值，需要將 dirty 資料提升為 read 資料的話，只需簡單地把 dirty 物件設置為 read 物件即可。不好的一點就是，當建立新的 dirty 物件時，需要逐筆遍歷 read 資料，把非 expunged 的項複製到 dirty 物件中。

接下來，我們就深入原始程式來看看 sync.Map 的實現。在看這部分原始程式的過程中，只要特別注意 Swap、Load 和 Delete 這三個核心方法就可以了。

Swap、Load 和 Delete 這三個核心方法都是從 read 欄位開始處理的，因為讀取 read 欄位不用加鎖。本來我們更應該關注 Store 方法，但它只是對 Swap 方法的封裝：

```
func (m *Map) Store(key, value any) {
    _, _ = m.Swap(key, value)
}
```

7.3.1 Swap 方法

我們先來看 Swap 方法，它用來設置一個鍵值對，或更新一個鍵值對。

```
func (m *Map) Swap(key, value any) (previous any, loaded bool) {
    read := m.loadReadOnly() // ①
    if e, ok := read.m[key]; ok { // ②
        if v, ok := e.trySwap(&value); ok { // ③
            if v == nil {
                return nil, false
            }
            return *v, true
        }
    }

    m.mu.Lock() // ④
    read = m.loadReadOnly() // ⑤
    if e, ok := read.m[key]; ok { // ⑥
        if e.unexpungeLocked() {
            m.dirty[key] = e
        }
        if v := e.swapLocked(&value); v != nil {
            loaded = true
            previous = *v
        }
    } else if e, ok := m.dirty[key]; ok { // ⑦
        if v := e.swapLocked(&value); v != nil {
            loaded = true
            previous = *v
        }
```

```
    } else { // ⑧
        if !read.amended { // ⑨
            m.dirtyLocked() // ⑩
            m.read.Store(&readOnly{m: read.m, amended: true})
        }
        m.dirty[key] = newEntry(value)
    }
    m.mu.Unlock()
    return previous, loaded
}
```

①行讀取 read 欄位，原子操作，沒有使用到鎖 mu。

②行檢查 read 欄位是否包含這個 key，如果包含，則直接嘗試交換（③行；如果鍵不存在，那就是新增了）。注意，這裡還是對 read 欄位的操作，雖然是寫入操作，但是不需要加鎖。

如果 read 欄位不存在，那麼還要檢查 dirty 欄位。這個時候就需要在④行加鎖了，一旦進入這裡，性能可能就會受到影響。

⑤行再次讀取 read 欄位，要進行雙重檢查。

⑥行進行雙重檢查，如果此時 read 欄位已經包含這個 key，則進行更新或交換。

⑦行處理只存在於 dirty 欄位中的鍵，這個時候交換就好。

⑧行是 read 欄位和 dirty 欄位都不存在的場景，這是新的鍵，直接加到 dirty 欄位中就好。但這個時候 dirty 欄位可能是空的，需要把 dirty 欄位建立起來，也就是從 read 欄位中讀取現有的資料，包括刪除的 key 要被標記成 expunged。dirty 欄位建立好後，把 read.amended 設置為 true。之後，在 dirty 欄位中加入這個鍵值對。

從實現來看，sync.Map 適合那些新增的鍵很少，但是查詢和更新很頻繁的快取系統。

7.3.2 Load 方法

Load 方法用來讀取一個 key 對應的值。它也是從 read 欄位開始處理的，一開始並不需要加鎖。

```
func (m *Map) Load(key any) (value any, ok bool) {
    read := m.loadReadOnly()
    e, ok := read.m[key]
    if !ok && read.amended { // ①
        m.mu.Lock()
        read = m.loadReadOnly()
        e, ok = read.m[key]
        if !ok && read.amended { // ②
            e, ok = m.dirty[key]
            m.missLocked() // ③
        }
        m.mu.Unlock()
    }
    if !ok {
        return nil, false
    }
    return e.load()
}

func (m *Map) missLocked() {
    m.misses++
    if m.misses < len(m.dirty) { // ④
        return
    }
    m.read.Store(&readOnly{m: m.dirty}) // ⑤
    m.dirty = nil
    m.misses = 0
}
```

①行是鍵不在 read 欄位中的場景，否則直接讀取出來傳回。

如果鍵不在 read 欄位中，則需要檢查 dirty 欄位，這個時候就要加鎖。這時還要進行雙重檢查。再次檢查 read 欄位，如果其中存在鍵的話，則直接讀取出來傳回；不然在②行進行檢查。

如果 dirty 欄位中存在鍵，那麼也是讀取出來傳回，否則就的確不存在了。只要進入 dirty 欄位中，misses 就會加 1。

misses 增加後，需要看它是否達到了設定值，如果達到了 dirty 欄位的數量，則認為未命中次數太多了，會影響性能，就在⑤行處把 dirty 資料提升為 read 資料，然後將 dirty 欄位置為 nil，將 misses 置為 0，重新開始。

7.3.3 Delete 方法

sync.Map 的第三個核心方法是 Delete。在 Go 1.15 中，歐長坤博士提供了一個 Load-AndDelete 的實現（go#issue 33762），所以 Delete 方法的核心改在 LoadAndDelete 中實現了。

同樣地，LoadAndDelete 方法也是從 read 欄位開始處理的，原因我們已經知道了，就是不需要加鎖。

```
func (m *Map) LoadAndDelete(key any) (value any, loaded bool) {
    read := m.loadReadOnly()
    e, ok := read.m[key]
    if !ok && read.amended {
        m.mu.Lock()
        read = m.loadReadOnly()
        e, ok = read.m[key]
        if !ok && read.amended {
            e, ok = m.dirty[key]
            delete(m.dirty, key)
            m.missLocked()
        }
        m.mu.Unlock()
    }
    if ok {
        return e.delete()
    }
    return nil, false
}
```

這個方法的實現幾乎和 Load 方法一樣，處理流程完全一致，只不過它把先前的讀取資料改成了刪除資料。

最後，補充一點，sync.Map 還有 LoadAndDelete、LoadOrStore、Range 等輔助方法，但是沒有像 Len 這樣的查詢 sync.Map 包含的項目數量的方法，並且官方也不準備提供。如果你想得到 sync.Map 的項目數量的話，則可能不得不通過 Range 一個一個計數。

7.4 分片加鎖：更高效的並發 map

雖然使用讀寫鎖可以提供內建 map 類型，但是在有大量並發讀 / 寫的情況下，對鎖的競爭會非常激烈。鎖是性能下降的「萬惡之源」之一。

在並發程式設計中，我們遵循的一筆原則就是儘量減少鎖的使用。一些單執行緒的應用（比如 Redis 等），基本上不需要使用鎖來解決並發執行緒存取的問題，所以可以獲得很好的性能。但是對使用 Go 語言開發的應用程式來說，並發是常用的特性，我們能做的就是儘量減小鎖的粒度和減少對鎖的持有時間。

你可以最佳化業務處理程式，以此來減少對鎖的持有時間，比如將串列的操作變成平行的子任務執行。不過，這就是另外的故事了，這裡還是主要講解對同步基本操作的最佳化，所以重點講解如何減小鎖的粒度。

減小鎖的粒度常用的方法就是分片（shard），將一個鎖分成多個鎖，每個鎖都控制一個分片。Go 比較知名的分片並發 map 的實現是 orcaman/concurrent-map。

這個函式庫最新的版本已經支持泛型了。

它預設採用 32 個分片，GetShard 是一個關鍵的方法，能夠根據 key 計算出分片索引。

```
var SHARD_COUNT = 32

type Stringer interface {
    fmt.Stringer
```

```
    comparable
}

// 分成 SHARD_COUNT 個分片的 map
type ConcurrentMap[K comparable, V any] struct {
    shards   []*ConcurrentMapShared[K, V]
    sharding func(key K) uint32
}

// 每個分片
type ConcurrentMapShared[K comparable, V any] struct {
    items       map[K]V
    sync.RWMutex
}

// 創建一個新的 ConcurrentMap
func create[K comparable, V any](sharding func(key K) uint32) ConcurrentMap[K, V] {
    m := ConcurrentMap[K, V]{
        sharding: sharding,
        shards:   make([]*ConcurrentMapShared[K, V], SHARD_COUNT),
    }
    // 初始化每個分片
    for i := 0; i < SHARD_COUNT; i++ {
        m.shards[i] = &ConcurrentMapShared[K, V]{items: make(map[K]V)}
    }
    return m
}

// 鍵類型是字串
func New[V any]() ConcurrentMap[string, V] {
    return create[string, V](fnv32)
}

func NewStringer[K Stringer, V any]() ConcurrentMap[K, V] {
    return create[K, V](strfnv32[K])
}

// 鍵可以是任意 comparable，但是需要提供一個分片方法，決定將 key 落到哪個分片上
func NewWithCustomShardingFunction[K comparable, V any](sharding func(key K)
uint32) ConcurrentMap[K, V] {
```

```
    return create[K, V](sharding)
}
```

不過，目前的實現有一個小小的缺陷：要麼 key 只能是字串，要麼需要提供一個分片方法。其實可以加強一下，學習標準函式庫中的 map 處理方式，只提供一種簡單的建立方式就且更易於使用。

在增加或查詢的時候，首先根據分片索引得到分片物件，然後對分片物件加鎖操作。

```
func (m ConcurrentMap[K, V]) Set(key K, value V) {
    // 先得到分片
    shard := m.GetShard(key)
    shard.Lock() // 獲取這個分片的鎖
    shard.items[key] = value
    shard.Unlock()
}

func (m ConcurrentMap[K, V]) Get(key K) (V, bool) {
    // 先得到分片
    shard := m.GetShard(key)
    shard.RLock()
    // 從這個分片中查詢
    val, ok := shard.items[key]
    shard.RUnlock()
    return val, ok
}

// 把每個分片的數量累加起來，就是當前元素的數量
// 當然，元素的數量是動態變化的，當你得到傳回結果的時候數量可能已經改變了
func (m ConcurrentMap[K, V]) Count() int {
    count := 0
    for i := 0; i < SHARD_COUNT; i++ {
        shard := m.shards[i]
        shard.RLock()
        count += len(shard.items)
        shard.RUnlock()
    }
    return count
}
```

當然，除了 GetShard 方法，ConcurrentMap 還提供了很多其他方法，這些方法都是通過計算相應的分片實現的，目的是保證把鎖的粒度控制在分片上。

7.5 lock-free map

cornelk/hashmap 提供了一個 lock-free 內建 map 類型，其聲稱要提供最快的讀取存取。

這個 lock-free map 現在也支持泛型，而且官方也說了，它被使用在特定的場景中，在寫入很繁忙的情況下，寫入的性能是比較差的。

它的使用也很簡單：

```
m := New[uint8, int]()
m.Set(1, 123)
```

```
value, ok := m.Get(1)
```

比如，使用它在 HTTP 服務端統計 URL 的請求數：

```
m := New[string, *int64]()
var i int64
counter, _ := m.GetOrInsert("api/123", &i) // 讀取此 api 的統計數
atomic.AddInt64(counter, 1) // 統計數加 1
...
count := atomic.LoadInt64(counter) // 讀取這個統計數
```

alphadose/haxmap 提供了另一個 lock-free 內建 map 類型，也支援泛型，號稱最快、最節省記憶體的 map 實現（這兩個函式庫都說自己是最快的，驗證就交給你了。如果你準備使用這兩個 map 或其他的 map 實現，那麼必做的一件事情就是根據自己的場景撰寫基準測試）。

下面的例子演示了這個函式庫的使用。

```
package main

import (
    "fmt"
```

```
    "github.com/alphadose/haxmap"
)

func main() {
    // 初始化一個 haxmap
    mep := haxmap.New[int, string]()

    // 設置一個鍵值對
    mep.Set(1, "one")

    // 讀取一個鍵
    val, ok := mep.Get(1)
    if ok {
        println(val)
    }

    mep.Set(2, "two")
    mep.Set(3, "three")
    mep.Set(4, "four")

    // 遍歷
    mep.ForEach(func(key int, value string) bool {
        fmt.Printf("Key -> %d | Value -> %s\n", key, value)
        return true
    })

    mep.Del(1) // 刪除一個鍵
    mep.Del(0) // 再刪除一個鍵

    // 批次刪除
    mep.Del(2, 3, 4)

    // 元素數量
    if mep.Len() == 0 {
        println("cleanup complete")
    }
}
```

它也提供了一些其他的輔助方法，你可以透過 go doc 查看文件來了解。

8 池 Pool

本章內容包括：

- sync.Pool 的使用方法
- sync.Pool 的實現
- sync.Pool 的使用陷阱
- 連接池
- goroutine/worker 池

Go 是一種有自動垃圾回收機制的程式語言，採用三色並發標記演算法標記物件並回收。和其他沒有自動垃圾回收機制的程式語言不同，使用 Go 語言建立物件時，我們沒有回收 / 釋放的心理負擔，想建立物件就建立，想用物件就用。

但是，如果想使用 Go 語言開發一個高性能的應用程式，就必須考慮垃圾回收給性能帶來的影響，畢竟 Go 的自動垃圾回收機制有一個 STW（stop-the-world，程式暫停）的時間，而且在堆積上大量地建立物件，也會影響垃圾回收標記的時間。所以，我們在做性能最佳化時，通常會採用物件集區的方式，把不用的物件回收起來，避免被垃圾回收，這樣使用時就不必在堆積上重新建立物件了。

不僅如此，像資料庫連接、TCP 的長連接等，這些連接的建立也是一個非常耗時的操作。如果每次使用時都建立一個新的連接，則很可能整個業務的很多時間都花在了建立連接上。所以，如果能把這些連接儲存下來，避免每次使用時都重新建立，則不僅可以大大減少業務的耗時，還能提高應用程式的整體性能。

這種模式被稱為物件集區設計模式（object pool pattern）。一個物件集區包含一組已經初始化過且可以重複使用的物件，池的使用者可以從池子中獲得物件，對其操作處理，並在不需要的時候歸還給池子，而非直接銷毀它。

若初始化物件的代價很高，且經常需要實例化物件，但實例化的物件數量較少，那麼使用物件集區可以顯著提升性能。從池子中獲得物件的時間是可預測的且時間花費較少，而新建一個實例所需的時間是不確定的，可能時間花費較多。

Go 標準函式庫中提供了一個通用的 Pool 資料結構，也就是 sync.Pool，我們使用它可以建立池化的物件。本章將詳細介紹 sync.Pool 的使用方法、實現以及使用陷阱，幫助你全方位掌握 Pool 類型。

不過，Pool 類型也有一些使用起來不太方便的地方，比如它**池化的物件可能會被垃圾回收**，這對於資料庫長連接等場景是不合適的。所以在這一章中，將專門介紹一些其他的池，包括 TCP 連接池、資料庫連接池等。

此外，本章還會專門介紹一個池的應用場景：worker 池，或叫作 goroutine 池。這也是常用的一種並發模式，可以使用有限的 goroutine 資源來處理大量的業務資料。

8.1 sync.Pool 的使用方法

首先，我們來介紹 Go 標準函式庫中提供的 sync.Pool 資料型態。

sync.Pool 資料型態用來儲存一組可獨立存取的「臨時」物件。請注意這里加引號的「臨時」兩個字，它說明了 sync.Pool 這個資料型態的特點——其池化的物件會在未來某個時候被毫無預兆地移除。而且，如果沒有別的物件引用這個要被移除的物件，該物件就會被垃圾回收。

因為 Pool 可以有效地減少對新物件的申請，從而提高程式性能，所以 Go 內部函式庫中也用到了 sync.Pool。比如 fmt 套件，它會使用一個動態大小的 buffer 池做輸出快取，當大量的 goroutine 並發輸出的時候，就會建立比較多的 buffer，並且在不需要的時候被回收。

有兩個基礎知識你需要記住：

- sync.Pool 本身就是執行緒安全的，多個 goroutine 可以並發地呼叫它的方法存取物件。
- sync.Pool 不可在使用之後再複製使用。這和對大部分同步基本操作的要求是一樣的，因為它們都是有狀態的物件。

其實，這個資料型態學習起來也不難，它只提供了三個對外的方法：New、Get 和 Put。

1. New：建立物件

這裡的 New 不是建立 Pool 類型的物件的方法，而是 Pool 物件建立其池化物件的方法。因為只有定義了建立池化物件的方法，它才能在需要的時候建立物件。

Pool struct 包含一個 New 欄位，這個欄位的類型是函式 func() interface{}。當呼叫 Pool 的 Get 方法從池中獲取物件時，如果沒有更多空閒的物件可用，就會呼叫 New 方法建立新的物件。如果沒有設置 New 欄位，當沒有更多空閒的物件可傳回時，Get 方法將傳回 nil，表明當前沒有可用的物件。

Pool 不需要初始化，你可以使用它的零值。

2. Get：獲取物件

如果呼叫 Get 方法，就會從池子中取走一個物件。這就表示這個物件會被從池子中移除，傳回給呼叫者。不過，除了傳回值是正常實例化的物件，Get 方法的傳回值還可能是 nil（Pool.New 欄位沒有設置，又沒有空閒的物件可傳回），所以在使用的時候可能需要判斷。

3. Put：返還物件

Put 方法用於將一個物件返還給 Pool，Pool 會把這個物件儲存到池子中，並且可以重複使用。但如果返還的是 nil，Pool 就會忽略這個值。

如果你想棄用一個物件，不再重用它，很簡單，不要再呼叫 Put 方法返還即可。

下面的程式是一個池化 http.Client 的例子。

```
package main

import (
    "fmt"
    "net/http"
    "sync"
    "time"
)

func main() {
    var p sync.Pool // 創建一個物件集區
    p.New = func() interface{} { // 物件創建的方法
        return &http.Client{
```

```
            Timeout: 5 * time.Second,
        }
    }

    var wg sync.WaitGroup
    wg.Add(10) // 使用 10 個 goroutine 測試從物件集區中獲取物件和放回物件
    go func() {
        for i := 0; i < 10; i++ {
            go func() {
                defer wg.Done()
                c := p.Get().(*http.Client) // 獲取一個物件，如果不存在，就新創建一個
                defer p.Put(c) // 使用完畢後放回池子，以便重用

                resp, err := c.Get("https://bing.com")
                if err != nil {
                    fmt.Println("failed to get bing.com:", err)
                    return
                }

                resp.Body.Close()
                fmt.Println("got bing.com")
            }()
        }
    }()

    wg.Wait()
}
```

在這個例子中，我們為 New 定義了建立 http.Client 的方法，然後啟動 10 個 goroutine 使用 http.Client 來存取一個網址。在存取網址時，首先從池子中獲取一個 http.Client 物件，使用完畢後再放回池子。實際上，這個 Pool 可能建立了 10 個 http.Client，也可能建立了 8 個，還可能建立了 3 個，就看使用者從它那裡請求時是否有空閒的 http.Client，以及其他 goroutine 能不能及時把 http.Client 放回去。

這裡沒有檢查從池子中獲取的 http.Client 是否為空，原因是我們為 New 欄位複製了建立 http.Client 的方法，並且確保它能傳回一個 http.Client。如果沒有為 New 欄位定義方法，那麼就需要檢查 Get 方法傳回的結果是否為 nil。

你也許會問，為什麼不設置 New 欄位呢？因為可能會有這樣的場景：要求最多使用 5 個 http.Client，超過 5 個是不允許的，那麼就需要預先初始化 5 個 http.Client，不設置 New 欄位，就能保證不會超過 5 個 http.Client。比以下面的例子：

```
func main() {
    var p sync.Pool
    for i := 0; i < 5; i++ {
        p.Put(&http.Client{ // 沒有設置 New 欄位，初始化時就放入了 5 個可重用物件
            Timeout: 5 * time.Second,
        })
    }

    var wg sync.WaitGroup
    wg.Add(10)
    go func() {
        for i := 0; i < 10; i++ { // 使用 10 個 goroutine 測試
            go func() {
                defer wg.Done()
                c, ok := p.Get().(*http.Client)
                if !ok { // 可能從池子中獲取不到物件
                    fmt.Println("got client is nil")
                    return
                }
                defer p.Put(c)

                resp, err := c.Get("https://bing.com")
                if err != nil {
                    fmt.Println("failed to get bing.com:", err)
                    return
                }

                resp.Body.Close()
                fmt.Println("got bing.com")
            }()
        }
    }()
```

```
    wg.Wait()
}
```

在這個例子中沒有設置 p.New 欄位，只是一開始初始化了 5 個 http.Client。執行這個程式，大機率沒有什麼問題，可能 10 次 HTTP 請求都能成功。但是不設置 New 欄位風險很大，因為池化的物件如果長時間沒有被呼叫，可能就會被回收。這和垃圾回收的時機相關，所以無法預測什麼時候池化的物件會被回收。比如上面的例子，在初始化池化的物件後，連續呼叫兩次 runtime.GC，強制進行兩次垃圾回收，你就會發現後面的 10 個 goroutine 獲得的都是值為 nil 的物件。

```
var p sync.Pool
for i := 0; i < 10; i++ {
    p.Put(&http.Client{
        Timeout: 5 * time.Second,
    })
}

runtime.GC()
runtime.GC() // 垃圾回收後物件全被釋放了
```

不設置 New 欄位，可能總是會獲取到值為 nil 的物件，所以這種方式很少使用。

有趣的是，New 是可變欄位。這就表示，你可以在程式執行時期改變建立物件的方法。當然，很少有人會這麼做。因為一般建立物件的邏輯都是一致的，要建立的也是同一類物件，所以在使用 Pool 時沒必要玩一些「技巧」——在程式執行時期更改 New 的值。

使用 sync.Pool 可以池化任意的物件，我們經常使用它來池化 byte slice（位元組切片），建立一個位元組池，避免頻繁地建立 byte slice。

比如在 Vitess（誕生於 YouTube 的橫向擴充 MySQL 的叢集系統）中使用 sync.Pool 建構了一個多級的 byte slice 池，之所以採用多級，就是為了節省記憶體空間。如果所有場景都使用很大的 byte slice，則著實是一種浪費。

```
type Pool struct { // 一個分級的 Pool
    minSize int
    maxSize int
    pools   []*sizedPool
}
```

這個 Pool 可以傳回如 32KB、64KB 和 128KB 大小的 byte slice，按照呼叫者的需求選擇相應的 sizedPool：

```
func (p *Pool) findPool(size int) *sizedPool { // 選擇特定大小的池子
    if size > p.maxSize {
        return nil
    }
    div, rem := bits.Div64(0, uint64(size), uint64(p.minSize))
    idx := bits.Len64(div)
    if rem == 0 && div != 0 && (div&(div-1)) == 0 {
        idx = idx - 1
    }
    return p.pools[idx]
}

func (p *Pool) Get(size int) *[]byte { // 獲取物件
    sp := p.findPool(size) // 先找到對應的池子
    if sp == nil {
        return makeSlicePointer(size)
    }
    buf := sp.pool.Get().(*[]byte)
    *buf = (*buf)[:size]
    return buf
}
```

呼叫者在獲取 byte slice 時，需要傳入一個期望的大小，Pool 會根據這個大小找到一個合適的 sizedPool，然後呼叫 sizedPool.Get 方法。

放回 byte slice 的時候也是先找到對應的 sizedPool：

```
func (p *Pool) Put(b *[]byte) { // 將物件放回池子
    sp := p.findPool(cap(*b)) // 先找到對應的池子
    if sp == nil {
        return
```

```
    }
    *b = (*b)[:cap(*b)]
    sp.pool.Put(b)
}
```

這有點類似於第 7 章中介紹的 ConcurrentMap，只不過 ConcurrentMap 是對 key 雜湊找到分片的，而這個 Pool 是根據大小找到對應的 sizedPool 的。

sizedPool 的實現其實就是利用了 sync.Pool：

```
type sizedPool struct { // sizedPool 包含對應的大小和 sync.Pool
    size int
    pool sync.Pool
}

func newSizedPool(size int) *sizedPool {
    return &sizedPool{
        size: size,
        pool: sync.Pool{
            New: func() any { return makeSlicePointer(size) },
        },
    }
}
```

sizedPool 的定義就這麼簡單，包含一個 size 和一個 sync.Pool。

除為了節省記憶體空間而採用分級的 buffer 設計外，其他的一些第三方函式庫也會提供 buffer 池的功能。下面就介紹幾個常用的第三方函式庫。

（1）bytebufferpool

bytebufferpool 是 fasthttp 的作者 valyala 提供的 buffer 池，其基本功能和 sync.Pool 相同。它的底層也是使用 sync.Pool 實現的，它會檢測放入的 buffer 的大小，如果 buffer 過大，那麼此 buffer 就會被丟棄。

valyala 一向擅長挖掘系統的性能，這個函式庫也不例外。它提供了校準（calibrate，用來動態調整建立物件的權重）的機制，可以「智慧」地調整 Pool

的 defaultSize 和 maxSize。一般來說，我們使用 buffer 的場景比較固定，所用 buffer 的大小會位於某個範圍內。有了校準的特性，bytebufferpool 就能夠偏重於建立這個範圍大小的 buffer，從而節省記憶體空間。

（2）oxtoacart/bpool

oxtoacart/bpool 也是比較常用的 buffer 池，它提供了以下幾種類型的 buffer。

- bpool.BufferPool：提供一個物件數量固定的 buffer 池，物件類型是 bytes.Buffer。如果超過這個數量，返還的時候就丟棄。如果池子中的物件都被取走了，則會新建一個 buffer 返還。返還的時候不會檢測 buffer 的大小。
- bpool.BytesPool：提供一個物件數量固定的 byte slice 池，物件類型是 byte slice。返還的時候不會檢測 byte slice 的大小。
- bpool.SizedBufferPool：提供一個物件數量固定的 buffer 池，如果超過這個數量，返還的時候就丟棄。如果池子中的物件都被取走了，則會新建一個 buffer 返還。返還的時候會檢測 buffer 的大小。如果超過指定的大小，則會建立一個新的滿足條件的 buffer 放回去。

bpool 最大的特色就是能夠保持池子中物件的數量，一旦返還時數量大於它的設定值，就會自動丟棄；而 sync.Pool 是一個沒有限制的池子，只要返還就會收進去。

bpool 是基於 channel 實現的，不像 sync.Pool 為提高性能而做了很多最佳化，所以，它在性能上比不過 sync.Pool。不過，它提供了限制 Pool 容量的功能，如果你想控制 Pool 的容量，則可以考慮使用這個函式庫。

8.2 sync.Pool 的實現

在 Go 1.13 之前，sync.Pool 的實現有以下兩大問題。

（1）每次垃圾回收時都會回收建立的物件。

如果快取的物件數量太多，就會導致 STW 的時間變長；快取的物件都被回收後，則會導致 Get 命中率下降，Get 方法不得不新建立很多物件。

（2）底層實現使用了 Mutex，對這個鎖並發請求競爭激烈的時候，會導致性能的下降。

在 Go 1.13 中，sync.Pool 做了大量的最佳化。前面幾章中也提到過，提高並發程式性能的最佳化點是儘量不要使用鎖，如果不得已使用了鎖，則要把鎖的粒度降到最低。Go 團隊對 Pool 的最佳化就是避免使用鎖，同時將加鎖的佇列改成 lock-free 佇列的實現，以及給即將移除的物件再多一次「復活」的機會，來提高 sync.Pool 的性能。

目前，sync.Pool 的資料結構如圖 8.1 所示。

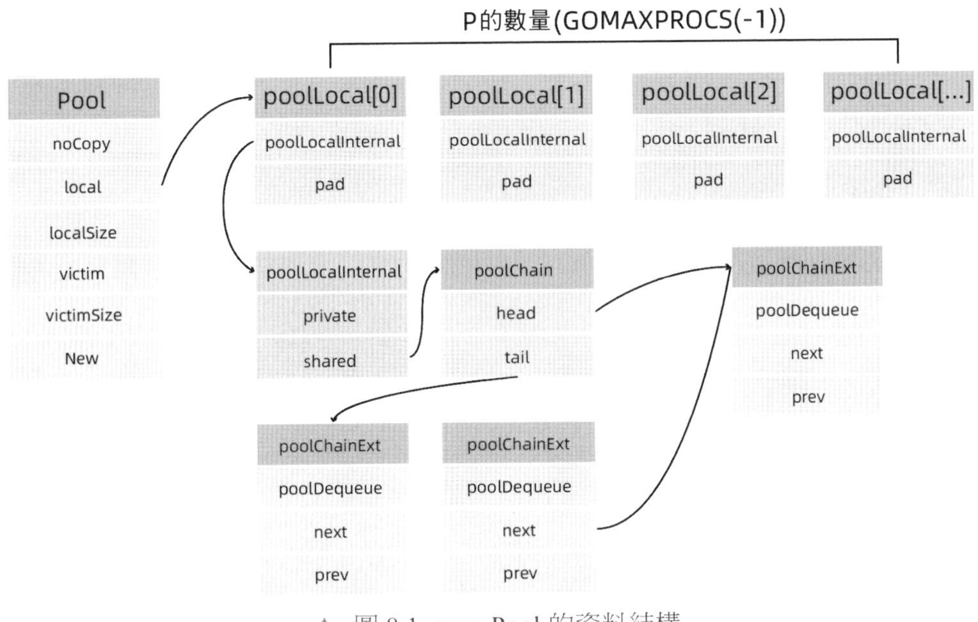

▲ 圖 8.1 sync.Pool 的資料結構

Pool 最重要的兩個欄位是 local 和 victim，它們主要用來儲存空閒的物件。只要清楚了這兩個欄位的處理邏輯，你就能完全掌握 sync.Pool 的實現。下面我們來看看這兩個欄位的關係。

每次垃圾回收的時候，Pool 都會把 victim 中的物件移除，然後把 local 的資料給 victim。這樣一來，local 就會被清空，而 victim 就像一個垃圾分揀站，以後它裡面的東西可能會被當作垃圾丟棄，但是裡面有用的東西也可能會被撿回來重新使用。

victim 中物件的命運有兩種：一種是如果物件被 Get 取走，那麼這個物件就很幸運，因為它又「活」過來了；另一種是如果 Get 的並發量不是很大，物件沒有被 Get 取走，那麼它就會被移除，因為沒有其他物件引用它，它就會被垃圾回收。

下面的程式是垃圾回收時 sync.Pool 的處理邏輯。

```
var (
    allPoolsMu Mutex

    // allPools 是一組 Pool 物件，它們擁有非空的主快取（non-empty primary
    // caches），可以由 allPoolsMu / pinning 或者 STW 保證併發安全
    allPools []*Pool

    // oldPools 是一組 Pool 物件，它們擁有非空的 victim 快取 (non-empty victim
    // caches)，可以由 STW 保證併發安全
    oldPools []*Pool
)

func init() {
    runtime_registerPoolCleanup(poolCleanup)
}

func poolCleanup() {
    // 丟棄當前的 victim，所以 STW 不用加鎖
    for _, p := range oldPools {
        p.victim = nil
        p.victimSize = 0
    }

    // 將 local 複製給 victim，並將原 local 設置為 nil
    for _, p := range allPools {
        p.victim = p.local
```

```
        p.victimSize = p.localSize
        p.local = nil
        p.localSize = 0
    }

    oldPools, allPools = allPools, nil
}
```

在這段程式中，我們需要關注 local 欄位，因為當前所有主要空閒的可用物件都被存放在 local 欄位中，在請求物件時，也是優先從 local 欄位中查詢可用物件的。local 包含一個 poolLocalInternal 欄位，並提供了 CPU 快取對齊，從而避免偽分享（false sharing）。

poolLocalInternal 則包含兩個欄位：private 和 shared。private 代表一個快取的物件，而且只能由相應的那個 P（GPM 模型中的 P）存取。因為一個 P 同時只能執行一個 goroutine，所以不會有並發問題。shared 可以由任意的 P 存取，但是只有本地的 P 才能呼叫 pushHead/popHead，其他的 P 可以呼叫 popTail，相當於只有一個本地的 P 作為生產者（producer），多個 P 作為消費者（consumer）。shared 是使用一個 local-free 佇列清單實現的。

8.2.1 Get 方法的實現

我們來看看 Get 方法的具體實現原理。

```
func (p *Pool) Get() any {
    l, pid := p.pin() // ①
    x := l.private // ②
    l.private = nil
    if x == nil { // ③
        // 嘗試彈出 local 分片的頭
        x, _ = l.shared.popHead()
        if x == nil { // ④
            x = p.getSlow(pid)
        }
    }
    runtime_procUnpin()
```

```
    if x == nil && p.New != nil { // ⑤
        x = p.New()
    }
    return x
}

func indexLocal(l unsafe.Pointer, i int) *poolLocal {
    lp := unsafe.Pointer(uintptr(l) + uintptr(i)*unsafe.Sizeof(poolLocal{}))
    return (*poolLocal)(lp)
}

func (p *Pool) getSlow(pid int) any {
    size := runtime_LoadAcquintptr(&p.localSize) // load-acquire
    locals := p.local                            // load-consume
    // 嘗試從 proc 獲取一個物件
    for i := 0; i < int(size); i++ { // ⑥
        l := indexLocal(locals, (pid+i+1)%int(size))
        if x, _ := l.shared.popTail(); x != nil {
            return x
        }
    }

    // 嘗試從 victim 中獲取物件
    size = atomic.LoadUintptr(&p.victimSize) // ⑦
    if uintptr(pid) >= size {
        return nil
    }
    locals = p.victim
    l := indexLocal(locals, pid)
    if x := l.private; x != nil {
        l.private = nil
        return x
    }
    for i := 0; i < int(size); i++ {
        l := indexLocal(locals, (pid+i)%int(size))
        if x, _ := l.shared.popTail(); x != nil {
            return x
        }
    }
```

```
    // 標記當前的 victim 為空，方便以後的呼叫可以快速檢查
    atomic.StoreUintptr(&p.victimSize, 0)

    return nil
}
```

①把當前的 goroutine 固定在當前的 P 上，這樣一來，在操作與這個 P 相關的物件時就不用加鎖了，因為每個 P 都只有一個活動的 goroutine 在執行。之所以要介紹這個複雜的 sync.Pool 的實現，關鍵就在於這個 pin P 模式的實現。每個 P 都有自己的快取，優先從這個快取中讀 / 寫物件，不需要加鎖，如果沒有再去其他的 P 中獲取物件。你可以看到這基本是一個高效的任務獲取模式的實現。timer、goroutine 任務排程都是採用相同的原理。

②檢查此 P 的 local 的 private 欄位，如果存在，就使用這個物件，否則進入③。這是一個快速檢查，碰巧或並發量不大時能夠快速獲取和傳回物件。

③在 local.private 為空的情況下，檢查本地的其他快取佇列。如果本地佇列中有快取的物件，則傳回該物件，否則進入④ getSlow 的邏輯。

④進入複雜的獲取物件的邏輯，Get 方法首先嘗試從其他的 P 中獲取物件，如果獲取失敗，則從 victim 中「復活」一個物件；如果還不成功，就建立一個新的物件 (⑤)。

⑥從其他的 P 中獲取物件，從下一個 P 開始依次檢查，看看有沒有快取的物件，如果有，則傳回該物件，否則進入⑦，檢查 victim。

⑦檢查 victim 和檢查 local 的方式一樣，畢竟它們是相同的類型，而且 victim 中的物件是上次呼叫 poolCleanup 時從 local 轉過來的。看起來唯一不同的是，getSlow 方法先從本地 victim 開始依次檢查，看看有沒有快取的物件可用。

如果都沒有快取的物件可用，那麼就會呼叫 p.New 建立一個新的物件；如果連 p.New 都沒有定義，那麼就只能傳回 nil 了。

8.2.2 Put 方法的實現

我們來看看 Put 方法的具體實現原理。

```
func (p *Pool) Put(x any) {
    if x == nil { // ①
        return
    }
    l, _ := p.pin() // ②
    if l.private == nil { // ③
        l.private = x
    } else { // ④
        l.shared.pushHead(x)
    }
    runtime_procUnpin()
}
```

Put 方法的邏輯相對簡單。

①首先檢查待放入的物件是否為 nil，如果是 nil 就直接傳回，因為放入 nil 沒什麼意義。

②把 goroutine 和 P 綁定，避免其他的 goroutine 把該 P 搶去。

③一個快速模式，如果 private 為 nil，則直接賦值給它。private 無須像本地 local 一樣需要加鎖或 local-free，可以更高效。

④如果 private 不為 nil，則將物件存入本地的分享佇列中。分享佇列是一個 lock-free 雙向佇列。

8.3 sync.Pool 的使用陷阱

常見的 sync.Pool 使用陷阱就是記憶體浪費（當物件是 byte slice 或類似的類型時）。

上面提到，可以使用 sync.Pool 做 buffer 池，比如在知名的靜態網站生成工具 Hugo 中，就包含這樣的實現 bufpool。我們來看下面這段程式：

```
var buffers = sync.Pool{
    New: func() interface{} {
        return new(bytes.Buffer)
    },
}

func GetBuffer() *bytes.Buffer {
    return buffers.Get().(*bytes.Buffer)
}

func PutBuffer(buf *bytes.Buffer) {
    buf.Reset()
    buffers.Put(buf)
}
```

這段 buffer 池的程式非常常用，除了 Hugo，你在閱讀其他專案的程式時可能也碰到過，或你自己也會這麼去實現 buffer 池。但是請注意，這段程式是有問題的，可能存在記憶體洩漏。

我們來分析一下。在使用取出來的 bytes.Buffer 時，我們可以往這個元素中添加大量的 byte 資料，這會導致底層的 byte slice 容量可能會變得很大。這個時候，即使呼叫 bytes.Buffer 的 Reset 方法將其再放回池子中，底層的 byte slice 容量也不會改變，所佔的空間依然很大。而且，因為 Pool 的回收機制，這些大的 buffer 可能不被回收，而是會一直佔用很大的空間，從而造成記憶體洩漏。

即使是 Go 標準函式庫，在記憶體洩漏這個問題上也翻了幾次車，比如 go#23199 提供了一個簡單的可重現的例子，演示了記憶體洩漏的問題。再比如 encoding/json 套件中也存在類似的問題：將容量變得很大的 buffer 再放回池子中，導致記憶體洩漏。

解決辦法就是在將元素放回時，增加檢查邏輯，如果要放回的元素超過一定大小的 buffer，就直接丟棄，不再放回池子中。如圖 8.2 所示，如果要放回的元素大小超過 64KiB，就丟棄。

```
288 func putEncodeState(e *encodeState) {
289 »       // Proper usage of a sync.Pool requires each entry to have approximately
290 »       // the same memory cost. To obtain this property when the stored type
291 »       // contains a variably-sized buffer, we add a hard limit on the maximum buffer
292 »       // to place back in the pool.
293 »       //
294 »       // See https://golang.org/issue/23199
295 »       const maxSize = 1 << 16 // 64KiB
296 »       if e.Cap() > maxSize {
297 »       »       return
298 »       }
299 »       encodeStatePool.Put(e)
300 }
301
```

▲ 圖 8.2 encoding/json 套件中的 bug 修復

fmt 套件中也有這個問題，修復方法是一樣的，超過一定大小的 buffer 就直接丟棄了（見圖 8.3）。

```
141 func (p *pp) free() {
142 »       // Proper usage of a sync.Pool requires each entry to have approximately
143 »       // the same memory cost. To obtain this property when the stored type
144 »       // contains a variably-sized buffer, we add a hard limit on the maximum buffer
145 »       // to place back in the pool.
146 »       //
147 »       // See https://golang.org/issue/23199
148 »       if cap(p.buf) > 64<<10 {
149 »       »       return
150 »       }
151
152 »       p.buf = p.buf[:0]
153 »       p.arg = nil
154 »       p.value = reflect.Value{}
155 »       ppFree.Put(p)
156 }
```

▲ 圖 8.3 fmt 套件中的 bug 修復

在使用 sync.Pool 回收 buffer 的時候，一定要檢查 buffer 的大小。如果 buffer 太大，就不要回收了，否則會造成記憶體洩漏，或更嚴謹地說，會造成記憶體浪費。

8.4 連接池

Pool 的另一個很常用的場景就是保持 TCP 的連接。建立一個 TCP 連接，需要三次握手等過程；如果使用的是 TLS（傳輸層安全協定），則需要更多的步驟；如果再加上身份認證等邏輯，耗時會更長。所以，為了避免每次通訊時都新建連接，我們一般會建立一個連接池，預先建立好連接，或逐步把連接放在連接池中，以減少連接建立過程的耗時，從而提高系統的性能。

事實上，我們很少會使用 sync.Pool 來池化連線物件。原因在於：sync.Pool 會無通知地在某個時候就把連接移除，被垃圾回收了。而我們的場景是需要長久保持這個連接的，所以一般會使用其他方法來池化連接，比以下面介紹的幾種需要保持長連接的 Pool。

8.4.1 標準函式庫中的 HTTP Client 池

Go 標準函式庫中的 http.Client 是一個 HTTP Client 函式庫，可以用來存取 Web 伺服器。為了提高存取性能，這個 Client 的實現也是透過池的方法來快取一定數量的連接的，以便後面重用這些連接。http.Client 實現連接池的程式在 Transport 類型中，它使用 idleConn 儲存持久化的可重用的連接，如圖 8.4 所示。

```
95 ∨  type Transport struct {
96            idleMu       sync.Mutex
97            closeIdle    bool
98            idleConn     map[connectMethodKey][]*persistConn
99            idleConnWait map[connectMethodKey]wantConnQueue
100           idleLRU      connLRU
```

▲ 圖 8.4 http 套件中的 Transport 使用 idleConn 儲存持久化的可重用的連接

idleConn 為同一個 key（proxy、scheme、addr、onlyH1 等組成的類型）生成一個連接的 slice，這個連接的 slice 相當於一個池子，在獲取物件時，優先從這個 slice 中獲取可重用的連接。

8.4.2 資料庫連接池

Go 標準函式庫中的 sql.DB 還提供了一個通用的資料庫連接池，透過 MaxOpenConns 和 MaxIdleConns 控制最大的連接數和最大空閒的連接數。MaxIdleConns 的預設值是 2，這個值對與資料庫相關的應用來說太小了，我們一般都會調整它。

```
func (db *DB) SetConnMaxIdleTime(d time.Duration)
func (db *DB) SetConnMaxLifetime(d time.Duration)
func (db *DB) SetMaxIdleConns(n int)
func (db *DB) SetMaxOpenConns(n int)
```

DB 的 freeConn 中儲存的是空閒的連接，當我們獲取資料庫連接的時候，它就會優先嘗試從 freeConn 中獲取已有的連接（conn）。

```
func (db *DB) conn(ctx context.Context, strategy connReuseStrategy) (*driverConn, error) {
    db.mu.Lock()
    ......
    numFree := len(db.freeConn)
    if strategy == cachedOrNewConn && numFree > 0 { // 使用可重用的策略，並且有可重用的連接
        conn := db.freeConn[0] // 使用第一個連接
        copy(db.freeConn, db.freeConn[1:]) // 把所選擇的這個連接從 freeConn 中剔除
        db.freeConn = db.freeConn[:numFree-1]
        conn.inUse = true // 標記此連接在使用中
        if conn.expired(lifetime) { // 如果此連接已經過期
            db.maxLifetimeClosed++
            db.mu.Unlock()
            conn.Close()
            return nil, driver.ErrBadConn
        }
        db.mu.Unlock()

        ......

        return conn, nil // 傳回這個可重用的連接
    }

    ......

    return dc, nil
}
```

不像其他程式語言，如 Java，我們在開發 Go 應用程式的時候，很少會再使用到資料庫連接池之類的東西，因為標準函式庫本身就內建了。我們做得最多的就是呼叫 DB 的四個方法調整資料庫連接池的參數。

8.4.3 TCP 連接池

我們最常用的 TCP 連接池是 fatih 開發的 fatih/pool，雖然這個專案已經被 fatih 歸檔（archived），不再維護，但是因為它相當穩定，可以開箱即用。即使我們有一些特殊的需求，也可以 fork 它，然後自己再做修改。它的使用方式如下：

```
// 工廠模式，提供創建連接的工廠方法
factory := func() (net.Conn, error) { return net.Dial("tcp", "127.0.0.1:4000") }

// 創建一個 TCP 連接池，提供初始容量、最大容量以及工廠方法
p, err := pool.NewChannelPool(5, 30, factory)

// 獲取一個連接
conn, err := p.Get()

// Close 並不會真正關閉這個連接，而是把它放回池子中，所以不必顯式地呼叫 Put 方法返還這個物件
conn.Close()

// 透過呼叫 MarkUnusable，Close 就會真正關閉底層的 TCP 連接了
if pc, ok := conn.(*pool.PoolConn); ok {
    pc.MarkUnusable()
    pc.Close()
}

// 關閉池子就會關閉池子中所有的 TCP 連接
p.Close()

// 當前池子中連接的數量
current := p.Len()
```

雖然這裡一直在講 TCP 連接，但是 fatih/pool 管理的是更通用的 net.Conn，並不侷限於 TCP 連接。

fatih/pool 透過把 net.Conn 包裝成 PoolConn，實現了攔截 net.Conn 的 Close 方法，避免了真正地關閉底層連接，而是把這個連接放回池子中。

```
type PoolConn struct {
    net.Conn
    mu sync.RWMutex
    c  *channelPool
    unusable bool
}

// 攔截 Close，如果連接可重用，則不應該關閉它，而是將它放回池子中
  func (p *PoolConn) Close() error {
    p.mu.RLock()
    defer p.mu.RUnlock()

    if p.unusable {
        if p.Conn != nil {
            return p.Conn.Close()
        }
        return nil
    }
    return p.c.put(p.Conn)
}
```

fatih/pool 的 Pool 是透過 channel 實現的，將空閒的連接放入 channel 中，這也是 channel 的應用場景。

```
type channelPool struct {
    // 儲存連接池的 channel
    mu    sync.RWMutex
    conns chan net.Conn

    // net.Conn 的產生器
    factory Factory
}
```

8.4.4 Memcached Client 連接池

Brad Fitzpatrick 是知名快取函式庫 Memcached 的原作者，前 Go 團隊成員。gomemcache 是他使用 Go 語言開發的 Memcached 的使用者端，其中採用了連接池的方式來池化 Memcached 的連接。接下來，讓我們看看它的連接池的實現。

gomemcache Client 有一個 freeconn 欄位，用來儲存空閒的連接。當一個請求使用完連接之後，gomemcache Client 會呼叫 putFreeConn 將這個連接放回池子中。請求連接的時候，呼叫 getFreeConn 優先查詢 freeConn 中是否有可用的連接。gomemcacheClient 採用 Mutex + slice 實現 Pool：

```
// 放回一個待重用的連接
func (c *Client) putFreeConn(addr net.Addr, cn *conn) {
    c.lk.Lock()
    defer c.lk.Unlock()
    if c.freeconn == nil { // 如果物件為空，則創建一個 map 物件
        c.freeconn = make(map[string][]*conn)
    }
    freelist := c.freeconn[addr.String()] // 得到此位址的連接列表
    if len(freelist) >= c.maxIdleConns() {// 如果連接池已滿，則關閉，不再放入連接
        cn.nc.Close()
        return
    }
    c.freeconn[addr.String()] = append(freelist, cn) // 加入空閒列表中
}

// 得到一個空閒的連接
func (c *Client) getFreeConn(addr net.Addr) (cn *conn, ok bool) {
    c.lk.Lock()
    defer c.lk.Unlock()
    if c.freeconn == nil {
        return nil, false
    }
    freelist, ok := c.freeconn[addr.String()]
    if !ok || len(freelist) == 0 { // 沒有此位址的空閒列表，或者列表為空
        return nil, false
    }
    cn = freelist[len(freelist)-1] // 取出尾部的空閒的連接
```

```
    c.freeconn[addr.String()] = freelist[:len(freelist)-1]
    return cn, true
}
```

這和標準函式庫中的 HTTP Client 物件集區類似。

8.4.5 net/rpc 中的 Request/Response 物件集區

在 Go 標準函式庫的 rpc 套件中，服務端為了減少 Request/Response 的建立，採用了池化 Request/Response 的方式，以減少物件的分配。它使用了另外一種方式，即它的池子是透過鏈結串列的資料結構實現的：

```
type Request struct { // rpc 請求物件
    ServiceMethod  string
    Seq            uint64
    next           *Request // Request 鏈結串列結構，指向下一個請求
}

type Response struct { // rpc 回應物件
    ServiceMethod   string
    Seq             uint64
    Error           string
    next            *Response // Response 鏈結串列結構，指向下一個響應
}

type Server struct { // rpc server
    serviceMap sync.Map

    reqLock     sync.Mutex
    freeReq     *Request // Request 鏈結串列

    respLock    sync.Mutex
    freeResp    *Response // Response 鏈結串列
}
```

我們以 Request 為例，看看服務端是如何獲取和返還物件的：

```
func (server *Server) getRequest() *Request { // 獲取請求物件
    server.reqLock.Lock() // 加鎖
    req := server.freeReq
    if req == nil { // 沒有可重用的物件，創建一個新的物件
        req = new(Request)
    } else {
        server.freeReq = req.next // 從鏈結串列中摘下鏈結串列頭
        *req = Request{} // 清空這個物件的值
    }
    server.reqLock.Unlock()
    return req
}

func (server *Server) freeRequest(req *Request) { // 放回這個請求物件
    server.reqLock.Lock()
    req.next = server.freeReq // 放到鏈結串列的頭部
    server.freeReq = req
    server.reqLock.Unlock()
}
```

在獲取物件和返還物件時都需要使用鎖。

在獲取 Request 物件時，如果 Request 鏈結串列為空，則新建立一個物件；不然從鏈結串列中彈出鏈結串列頭部的物件。

在返還 Request 物件時，把物件放到 Request 鏈結串列的頭部。

8.5 goroutine/worker 池

還有一個很常見的池化應用場景就是 goroutine 池，或叫 worker 池，一個 worker 就是一個 goroutine。

我們已經知道，goroutine 是一個輕量級的「纖程」，在一台伺服器上可以建立十幾萬個甚至幾十萬個 goroutine。但是「可以」和「合適」之間還是有區別的，我們會在應用中讓幾十萬個 goroutine 一直跑嗎？基本上是不會的。

一個 goroutine 初始的堆疊大小是 2048 位元組（最新的 goroutine 改成根據歷史資料評估了），並且在需要的時候可以擴充到 1GB（**不同的架構最大的大小會不同**），所以，大量的 goroutine 是很耗費資源的。同時，大量的 goroutine 對於排程和垃圾回收的耗時還是會有影響的，因此，goroutine 並不是越多越好。有的時候，我們會建立一個 worker 池來減少 goroutine 的使用。比如實現一個 TCP 伺服器，如果每一個連接都要由一個獨立的 goroutine 來處理的話，在存在大量連接的情況下，就會建立大量的 goroutine，這個時候，我們就可以建立一組數量固定的 goroutine（worker），由這一組 worker 來處理連接，比如 fasthttp 中的 worker 池。

最簡單的 goroutine 例子就是使用 channel 作為一個分享的任務佇列，然後建立一組 goroutine 來消費它，執行相應的任務。我們可以簡單實現它：

```
import "sync"

type Pool[T any] struct {
    taskQueue    chan T // 任務佇列
    taskFn       func(T) // 任務的執行函式
    workers      int // worker 的數量
    wg           sync.WaitGroup
}

// 創建一個新的 worker 池
func NewPool[T any](workers, capacity int, taskFn func(T)) *Pool[T] {
    pool := &Pool[T]{
        taskQueue:  make(chan T, capacity),
        taskFn:     taskFn,
        workers:    workers,
    }
    pool.wg.Add(workers)

    return pool
}

// 使用 Start 方法啟動 worker 池
func (p *Pool[T]) Start() {
    for i := 0; i < p.workers; i++ {
```

```
        go func() {
            defer p.wg.Done()

            for {
                task, ok := <-p.taskQueue // 從任務佇列中讀取一個任務
                if !ok { // channel 已關閉，並且任務都已經處理完了
                    return
                }
                p.taskFn(task)

            }
        }()
    }
}

// 使用 Submit 方法提交一個任務
func (p *Pool[T]) Submit(task T) {
    p.taskQueue <- task
}

// 使用 Close 方法關閉 worker 池
func (p *Pool[T]) Close() {
    close(p.taskQueue)
    p.wg.Wait()
}
```

這裡實現了一個簡單的 worker 池，使用者可以指定 goroutine 的數量和任務處理方法。使用者可以使用 Submit 方法隨時提交待執行的任務，它是執行緒安全的。如果不再使用這個 worker 池，則可以隨時關閉，它會等待所有的任務都執行完成後才傳回。

這個 worker 池是沒有保護的，如果任務處理方法發生了 panic，則由呼叫者負責處理這類情況，或提供一個處理 panic 的包裝方法，把 taskFn 包裝起來。

worker 池的實現也五花八門：

- 有些是在背景默默執行的，不需要等待傳回結果。
- 有些需要等待一批任務執行完成。

- 有些 worker 池的生命週期和程式一樣長。
- 有些只是臨時使用，執行完畢後，worker 池就被銷毀了。

大部分的 worker 池都是透過 channel 來快取任務的，因為 channel 能夠比較方便地實現並發保護。而有些 worker 池是多個 worker 分享同一個任務 channel，有些是每個 worker 都有一個獨立的 channel。

這裡介紹幾種常見的 worker 池，大家可以評估它們是否適合自己的場景。

- **gammazero/workerpool**：gammazero/workerpool 可以無限制地提交任務，它提供了更便利的 Submit 和 SubmitWait 方法來提交任務，還提供了當前的 worker 數量和任務數量，以及關閉 Pool 的功能。
- **ivpusic/grpool**：ivpusic/grpool 在建立 Pool 的時候需要提供 worker 數量和等待執行的任務的最大數量，任務的提交是直接往 channel 中放入任務。
- **dpaks/goworkers**：dpaks/goworkers 提供了更便利的 Submit 方法來提交任務，還提供了查詢 worker 數量和任務數量的方法、關閉 Pool 的方法。它的任務的執行結果需要從 ResultChan 和 ErrChan 中獲取，它沒有提供阻塞的方法，但是可以在初始化的時候設置 worker 數量和任務數量。

類似的 worker 池的實現非常多，比如還有 panjf2000/ants、Jeffail/tunny、benmanns/goworker、go-playground/pool、Sherifabdlnaby/gpool 等第三方函式庫。pond 也是一個非常不錯的 worker 池。

就像 Go 的 Web 框架一樣，很多人都會實現自己的框架和函式庫，這麼多 worker 池的函式庫該怎麼選擇呢？我建議從以下幾個方面來評估：

- 功能是否適合自己。我們肯定要挑選一個能滿足自己需求的函式庫，不需要額外再做封裝。
- 程式 star 數是否高。程式 star 數高，在一定程度上說明了使用者數或研究它的 Gopher 人數多，大家踩的坑可能都被填了。

- 程式活躍度是否高。程式活躍度高，說明開發者還在維護這個函式庫。
- 程式可讀性是否高。程式可讀性高，說明你可以駕馭這個函式庫，即使將來這個函式庫有問題，你也能處理。
- 程式是否簡潔。複雜的程式既影響可讀性，還難以維護。有時候我們只需要一些簡單的功能，不想程式過於複雜，有些特性根本不會用到。

9 不止是上下文：Context

本章內容包括：

- Context 的發展歷史
- Context 的使用方法
- Context 實戰
- Context 的使用陷阱
- Context 的實現

假設有一天你走進辦公室，突然同事們都圍住你，然後大喊「小王小王你最帥」，此時你可能一頭霧水，只能尷尬地笑笑，甚至以為是同事的惡作劇。為什麼呢？因為你缺少上下文資訊，不知道之前發生了什麼。

但是，如果同事告訴你，由於你業績突出，一周之內就把雲端服務化的主要架構寫好因此被評為 9 月份的「工作之星」，總經理還要特意給你發 1 萬元的獎金，那麼你心裡就很清楚了，原來同事恭喜你，是因為你的工作被表揚了，還獲得了獎金。同事告訴你的這些前因後果，就是上下文資訊。同事把上下文傳遞給你，你接收後，就可以獲取之前不了解的資訊。你看，上下文（Context）就是這麼重要。

在開發場景中，有時候上下文也是不可或缺的，因為缺少了它，我們就不能獲取完整的程式資訊。

那到底什麼是上下文呢？其實，上下文就是指在 API 之間或方法呼叫之間，所傳遞的除業務參數之外的額外資訊。比如，服務端接收到使用者端的 HTTP 請求之後，可以把使用者端的 IP 位址和通訊埠編號、使用者端的身份資訊、請求接收的時間、Trace ID 等資訊放入上下文中，這個上下文可以在後端的方法呼叫中傳遞，後端的業務方法除了利用正常的參數做一些業務處理（如訂單處理），還可以從上下文中讀取到訊息請求的時間、Trace ID 等資訊，把服務處理的時間推送到 Trace 服務中。Trace 服務可以把同一 Trace ID 的不同方法的呼叫順序和呼叫時間展示成流程圖，方便追蹤。

不過，Go 標準函式庫中的 Context 功能不止於此，它還提供了逾時（Timeout）和撤銷的功能，非常適合並發程式設計任務的編排、goroutine 的控制等。

9.1 Context 的發展歷史

在學習 Context 的功能之前，我們先來介紹 Go 標準函式庫中 Context 類型誕生的前因後果。畢竟，只有知道了它的來龍去脈，我們才能應用得更加得心應手。

在 Go 1.7 版本中，正式把 Context 加入標準函式庫中。在這之前，很多 Web 框架在定義自己的 handler（處理常式）時，都會傳遞一個自訂的 Context，把使用者端的資訊和使用者端的請求資訊放入 Context 中。Go 最初提供了 golang.org/x/net/context 函式庫來提供上下文資訊，但最終還是在 Go 1.7 中把此函式庫提升到標準函式庫的 context 套件中。

在 Go 1.7 之前，有很多函式庫都依賴 golang.org/x/net/context 中的 Context 實現，這就導致 Go 1.7 發佈之後，出現了標準函式庫中的 Context 和 golang.org/x/net/context 並存的狀況。新的程式使用標準函式庫中的 Context 時，沒有辦法呼叫舊有的使用 golang.org/x/net/context 實現的方法。所以，在 Go 1.9 中，還專門實現了一個叫作 type alias 的新特性，然後把 golang.org/x/net/context 中的 Context 定義成標準函式庫中的 Context 的別名，以解決新舊 Context 類型衝突的問題。請看下面這段程式：

```
// +build go1.9
package context

import "context"

type Context = context.Context // 定義別名
type CancelFunc = context.CancelFunc // 定義別名
```

這段程式在 golang.org/x/net/context 套件中定義了 Context 和 CancelFunc 兩個類型，它們和標準函式庫中的 Context 和 CancelFunc 類型是等價的，golang.org/x/net/context 和標準函式庫中的 context 這兩個套件下的類型是同一個類型。

```
package main

import (
    "context"
    "fmt"

    xcontext "golang.org/x/net/context"
)

// 使用標準函式庫中的 Context
```

```
func foobar(ctx context.Context) {
    fmt.Println("define as context.Context but use xcontext.Context")
}

func main() {
    var ctx xcontext.Context = xcontext.Background()
    foobar(ctx) // 傳入擴充函式庫中的 Context，是被允許的
}
```

這樣原來使用 golang.org/x/net/context 的一些框架和函式庫也能相容新版本標準函式庫中的 Context。

你可以看到，Context 起源於 golang.org/x/net 這個專案，為什麼在 net 下呢？這和 Context 使用的最大場景有關。Context 經常被應用在 Web 框架中傳遞上下文資訊，以及被應用在 rpc 和微服務框架的上下文傳遞中。比如現在流行的 Go Web 框架，在處理 HTTP 請求時或在外掛程式中基本都會使用 Context 傳遞額外資訊一無論是使用標準函式庫中的 Context 還是自訂的 Context。比如 gin、echo、iris、fasthttp 框架，它們使用自訂的 Context：

```
package main

import (
    "net/http"

    "github.com/gin-gonic/gin"
)

func main() {
    r := gin.Default()
    r.GET("/ping", func(c *gin.Context) { // gin 框架自訂
        c.JSON(http.StatusOK, gin.H{
            "message": "pong",
        })
    })
    r.Run() // 監聽本地的 8080 通訊埠
}
```

也許你會聯想到，標準函式庫中的 http 框架是不是也使用 Context ？請看下面的程式，根本沒有 Context 的影子，為什麼？

```
http.HandleFunc("/bar", func(w http.ResponseWriter, r *http.Request) {
// 這裡怎麼沒有 Context
    fmt.Fprintf(w, "Hello, %q", html.EscapeString(r.URL.Path))
})

log.Fatal(http.ListenAndServe(":8080", nil))
```

這是因為 context 是後來才添加的套件。標準函式庫中 http 框架的 handler 最開始設計時並沒有 Context 參數，當 context 套件被添加進來時，為了保持向下的相容性，就不適合對 http 框架再做修改了。

但是，這並不表示標準函式庫中的 http 框架並沒有使用到 Context，Go 團隊採用了一種非標準的方式，就是在 http 框架中，以類似於其他 Web 框架使用的方式來使用 Context：

```
func (r *Request) Context() context.Context  // 透過這個方法從 Request 得到 Context
func (r *Request) WithContext(ctx context.Context) *Request
                                              // 透過這個方法讓 Request 連結到 Context
```

也就是為 Request 提供了 Context() 方法來獲取 Context 物件，而非像有的 Web 框架那樣將其作為 handler 的第一個參數，歷史使然。

比如，我們可以在呼叫 HTTP Client 函式庫時為 Request 增加 Context 的功能：

```
package main

import (
    "context"
    "fmt"
    "log"
    "net/http" "
    "time"
)

func main() {
```

```
    req, err := http.NewRequest("GET", "http://www.bing.com", nil) // 一個 HTTP 請求
    if err != nil {
        log.Fatalf("%v", err)
    }

    ctx, cancel := context.WithTimeout(req.Context(), 1*time.Millisecond)
    // 生成一個 Context
    defer cancel()

    req = req.WithContext(ctx) // 連結 req 和 Context，其實是生成了一個新的 Request

    client := http.DefaultClient
    res, err := client.Do(req) // 執行請求
    if err != nil {
        log.Fatalf("%v", err)
    }

    fmt.Printf("%v\n", res.StatusCode)
}
```

上面這個例子就提供了主動撤銷請求的能力。關於具體的 Context，我們將在下面的章節中介紹。

我們也可以在 HTTP 服務端透過 Context 存取一些上下文資訊，比如啟動 handler 的伺服器資訊、本地位址資訊等：

```
package main

import (
    "fmt"
    "net"
    "net/http"
)

func main() {
    http.HandleFunc("/", func(w http.ResponseWriter, r *http.Request) {
        ctx := r.Context() // 服務端讀取到 Context

        srv := ctx.Value(http.ServerContextKey).(*http.Server)
```

```
        // 標準函式庫中的 Context 已經設置了這個值
        fmt.Printf("server: %v\n", srv.Addr)

        local := ctx.Value(http.LocalAddrContextKey).(net.Addr)
        // 標準函式庫中的 Context 也已經設置了這個值
        fmt.Printf("local: %s\n", local)
    })

    go http.ListenAndServe(":8080", nil)

    resp, _ := http.Get("http://localhost:8080/")
    resp.Body.Close()
}
```

9.2 Context 的使用方法

雖然 Context 的本意是上下文，但是 Go 標準函式庫中的 Context 不僅提供了上下文傳遞的資訊，還提供了 cancel、timeout 等其他資訊。這些資訊似乎和 context 套件沒有關係，但是卻獲得了廣泛應用，甚至其應用範圍還超過了傳遞上下文的功能。

同時，也有一些批評者針對 Context 提出了批評，其中 faiface blog 上的「Context should go away for Go 2」這篇文章把 Context 比作病毒，病毒會傳染，結果把所有的方法都傳染上了病毒（加上 Context 參數），絕對是視覺污染。

Go 的開發者也注意到了「關於 Context，存在一些爭議」這件事，所以，Go 的核心開發者 Ian Lance Taylor 專門開了一個 issue（Issue#28342），用來記錄當前 Context 的問題：

- context 套件名稱導致使用的時候重複，ctx context.Context。
- Context.WithValue 可以接收任何類型的值，非類型安全。
- context 套件名稱容易誤導人，實際上，Context 最主要的功能是撤銷 goroutine 的執行。
- Context 漫天飛，函式污染。

儘管有很多爭議，但是在很多場景中使用 Context 其實會很方便。所以，現在它已經在 Go 生態圈中傳播開來，很多函式庫都主動或被動地使用標準函式庫中的 Context。標準函式庫中的 database/sql、os/exec、net、net/http 等套件中都使用到了 Context。而且，如果遇到以下一些場景，則也可以考慮使用 Context：

- 上下文資訊傳遞（request-scoped），比如處理 HTTP 請求、在請求處理鏈路上傳遞資訊。
- 控制子 goroutine 的執行。
- 逾時控制的方法呼叫。
- 可以撤銷的方法呼叫。

所以，我們需要掌握 Context 的具體用法，這樣才能在不影響主要業務流程的情況下，實現一些通用的資訊傳遞，或能夠和其他 goroutine 協作工作，提供 timeout、cancel 等機制。

9.2.1 基本用法

我們先來看一下 Context 介面包含了哪些方法，以及這些方法都是做什麼用的。

context 套件定義了 Context 介面，Context 的具體實現包括 4 個方法，分別是 Deadline、Done、Err 和 Value，如下所示：

```
type Context interface {
    Deadline() (deadline time.Time, ok bool)
    Done() <-chan struct{}
    Err() error
    Value(key any) any
}
```

Deadline 方法會傳回這個 Context 被完成（done) 的截止時間。如果沒有設置截止時間，則 ok 的值是 false。後面每次呼叫這個物件的 Deadline 方法時，都會傳回和第一次呼叫相同的結果。

Done 方法傳回一個 channel 物件。在 Context 被撤銷時，此 channel 會被關閉（close）；如果 Context 沒有被撤銷，Done 方法可能會傳回 nil。後面的 Done 呼叫總是傳回相同的結果。當 Done 被關閉時（嚴格來說，是 Done 傳回的 channel 被關閉時），你可以透過 ctx.Err 獲取錯誤資訊。Done 這個方法名稱其實起得並不好，因為名稱太過籠統，不能明確地反映出 Done 被關閉的原因——cancel、timeout、deadline 都可能導致 Done 被關閉。不過，目前還沒有一個更合適的方法名稱。

關於 Done 方法，你必須要記住的基礎知識就是：如果 Done 沒有被關閉，Err 方法將傳回 nil；如果 Done 被關閉，Err 方法將傳回原因。

Value 方法傳回此 Context 中與指定的 key 相連結的 value。

Context 中實現了兩個常用的生成頂層 Context 的方法。

- **context.Background()**：傳回一個非 nil、空的 Context，沒有任何值，不會被撤銷，不會逾時，沒有截止時間。一般該方法在主函式中，以及初始化、測試和建立根 Context 的時候使用。
- **context.TODO()**：傳回一個非 nil、空的 Context，沒有任何值，不會被撤銷，不會逾時，沒有截止時間。當你不清楚是否該用 Context，或目前還不知道要傳遞一些什麼上下文資訊的時候，就可以使用這個方法。

官方文件是這麼講的，你可能會覺得像沒講一樣，因為它們的界限並不是很明顯。其實，你根本不用費腦子去考慮，可以直接使用 context.Background。事實上，這兩個方法底層的實現是一樣的：

```
var (
    background = new(emptyCtx) // 兩個預先定義的物件，相當於一個空殼，一般用來做最初始的 Context 物件
    todo       = new(emptyCtx)
)
```

Err 方法傳回使用 Context 時是否正常傳回的資訊。如果 Done 沒有被關閉，那麼 Err 將傳回 nil；不然傳回一個非 nil 的 error，說明被關閉的原因。

- 如果 Context 是被撤銷的，那麼 error 為 context.Canceled。
- 如果 Context 達到了截止時間，那麼 error 為 context.DeadlineExceeded。

如果 Err 傳回一個非 nil 的 error，那麼後面對 Err 的呼叫都將傳回相同的 error。

如果你是首次接觸 Context，則可能會有很多困惑，但沒關係，接下來我們看幾個例子，再剖析它們的具體實現，你就完全明白了。

在使用 Context 的時候，有一些約定俗成的規則。

- 一般函式使用 Context 的時候，會把這個參數放在第一個參數的位置。
- 從來不把 nil 當作 Context 類型的參數值，可以使用 context.Background() 建立一個空的上下文物件，但不要使用 nil。
- Context 只用來臨時做函式之間的上下文透傳，不能持久化 Context 或長久儲存 Context。把 Context 持久化到資料庫、本地檔案、全域變數、快取中都是錯誤的用法。
- key 的類型不應該是字串類型或其他內建類型，否則在套件之間使用 Context 的時候容易產生衝突。使用 WithValue 時，key 的類型應該是自訂的。
- 通常使用 struct{} 作為底層類型來定義 key 的類型。exported key 的靜態類型通常是介面或指標，這樣可以儘量減少記憶體分配。

context.Context 是一個介面，建立一個具體的 Context 類型需要使用 context 套件提供的特定的方法。根據這些方法的功能的不同，我們可以把它們分成傳遞上下文、可撤銷的上下文和附帶逾時功能的上下文三類。下面分別介紹。

9.2.2 傳遞上下文

Context 最初的功能就是傳遞上下文, 在傳遞上下文的時候，我們一般使用 WithValue 方法。

WithValue 基於父 Context 生成一個新的 Context，儲存了一個 key-value 對（鍵值對）。WithValue 方法其實是建立了一個類型為 valueCtx 的 Context，它的類型定義如下：

```
type valueCtx struct {
    Context
    key, val interface{}
}
```

該 Context 持有一個 key-value 對，還持有父 Context。它覆蓋了 Value 方法，優先從自己的儲存中查詢 key。Go 標準函式庫中的 Context 還實現了鏈式查詢的功能。如果 Context 自己沒有持有這個 key，它就在其父 Context 中查詢；如果還是沒有找到，則繼續往上找，直到找到 key 或父 Context 不存在。

比以下面的例子，呼叫 ctx4.Value("key1") 查詢 key1 的值，它會依次查詢 ctx4 → ctx3 → ctx2 → ctx1，最終在 ctx1 中找到了 key1 的值，如圖 9.1 所示。

```
package main

import (
    "context"
    "fmt"
)

func main() {
    ctx1 := context.WithValue(context.Background(), "key1", "0001")
    ctx2 := context.WithValue(ctx1, "key2", "0002")
    ctx3 := context.WithValue(ctx2, "key3", "0003")
    ctx4 := context.WithValue(ctx3, "key4", "0004")

fmt.Println(ctx4.Value("key1"))
}
```

查找key → key4:0004 → key3:0003 → key2:0002 → key1:0001

▲ 圖 9.1 Context 查詢值的順序

9.1 節我們介紹了在標準函式庫的 http handler 中獲取伺服器資訊和本地位址資訊的方式，ServerContextKey 和 LocalAddrContextKey 這兩個值分別在伺服器啟動時和建立連接時設置：

```
func (srv *Server) Serve(l net.Listener) error {
    ......
    ctx := context.WithValue(baseCtx, ServerContextKey, srv)
}
func (c *conn) serve(ctx context.Context) {
    c.remoteAddr = c.rwc.RemoteAddr().String()
    ctx = context.WithValue(ctx, LocalAddrContextKey, c.rwc.LocalAddr())
    ......
}
```

這樣在撰寫 http handler 的時候，就可以透過 Context 獲取這兩個資訊了（和上面的 HTTP 服務端的例子相同）。

在很多的 rpc 框架中也使用了 Context，並且尤其要求在服務方法的簽名中第一個參數是 context.Context。這裡以字節跳動的 kitex 框架為例，看看其微服務的方法簽名：

```
type EchoImpl struct{}

func (s *EchoImpl) Echo(ctx context.Context, req *api.Request) (resp *api.Response,
err error) { // kitex 服務的方法簽名
    return &api.Response{Message: req.Message}, nil
}
```

再比如 grpc 的服務定義，也要求第一個參數是 context.Context：

```
type server struct {
    pb.UnimplementedGreeterServer
}

func (s *server) SayHello(ctx context.Context, in *pb.HelloRequest)
(*pb.HelloReply, error) { // grpc 服務的方法簽名
    log.Printf("Received: %v", in.GetName())
```

```
    return &pb.HelloReply{Message: "Hello " + in.GetName()}, nil
}
```

這些 rpc 框架之所以這麼做，是因為在框架處理階段，它們自己或外掛程式可以向 Context 中放入一些特定的資料，也就是上下文資料，使用者在實現服務的時候，可以讀取這些額外的上下文資料，輔助實現一些業務邏輯。

很多 Go Web 框架並沒有使用 context.Context 來傳遞上下文，而是實現了自己的 Context，主要是因為它們想在 Context 上提供更豐富的功能，畢竟標準函式庫中的 Context 的功能還是更純粹、更簡單一些。比如 gin 框架，專門定義了一個複雜的 Context struct：

```
type Context struct {// gin 之所以使用自訂的 Context，是因為它要保存很多資訊，並且為
Context 提供了很多便利方法
    writermem responseWriter
    Request      *http.Request
    Writer                    ResponseWriter
    Params        Params
    handlers HandlersChain
    index        int8
    fullPath     string
    engine       *Engine
    params       *Params
    skippedNodes *[]skippedNode
    mu sync.RWMutex
    Keys map[string]any
    Errors errorMsgs
    Accepted []string
    queryCache url.Values
    formCache url.Values
    sameSite http.SameSite
}
```

gin 框架定義了幾十個方法。它的 Context 已經不僅用來傳遞上下文了，還提供了 HTTP 處理的便利方法，比如圖 9.2 中的一些方法。

```
type Context
    func CreateTestContextOnly(w http.ResponseWriter, r *Engine) (c *Context)
    func (c *Context) Abort()
    func (c *Context) AbortWithError(code int, err error) *Error
    func (c *Context) AbortWithStatus(code int)
    func (c *Context) AbortWithStatusJSON(code int, jsonObj any)
    func (c *Context) AddParam(key, value string)
    func (c *Context) AsciiJSON(code int, obj any)
    func (c *Context) Bind(obj any) error
    func (c *Context) BindHeader(obj any) error
    func (c *Context) BindJSON(obj any) error
    func (c *Context) BindQuery(obj any) error
```

▲ 圖 9.2 gin.Context 提供的便利方法（部分）

9.2.3 可撤銷的上下文

context 套件不但提供了傳遞上下文的功能（見 9.2.2 節），而且還提供了其他額外的功能，比如可以用來傳遞撤銷命令等，這些功能比傳遞上下文的功能更常用。

當需要主動撤銷長時間執行的任務時，我們常常建立這種類型的 Context，然後把這個 Context 傳給長時間執行任務的子 goroutine。當需要中止任務時，我們就可以在主 goroutine 中撤銷這個 Context，這樣長時間執行任務的子 goroutine 就可以透過檢查這個 Context，知道 Context 已經被撤銷了。

這段話隱含兩個意思：

- 撤銷動作一般都是主 goroutine 主動執行的。
- 子 goroutine 需要主動檢查上下文，才能獲知主 goroutine 是否下發了撤銷命令。

接下來，我們透過一個簡單的例子來說明如何使用撤銷功能。

大家知道，比特幣最近幾年非常火，比特幣挖礦就是找到一個隨機數（nonce）參與雜湊運算，使最後得到的 hash 值符合難度要求，用公式表示就是 Hash(Block Header)<=target。下面就是一個簡單的模擬「挖礦」的演算法。

```
package main

import (
    "context"
    "crypto/sha256"
    "log"
    "math/big"
    "os"
    "strconv"
    "time"
)

func main() {
    targetBits, _ := strconv.Atoi(os.Args[1])
    log.SetFlags(log.Ldate | log.Ltime | log.Lmicroseconds)

    // 消耗算力的挖礦演算法
    pow := func(ctx context.Context, targetBits int, ch chan string) {
        target := big.NewInt(1)
        target.Lsh(target, uint(256-targetBits)) // 除了前 targetBits 位，其餘位都是 1

        var hashInt big.Int
        var hash [32]byte
        nonce := 0 // 隨機數

        // 尋找一個滿足當前難度的數
        for {
            select {
            case <-ctx.Done():
                log.Println("context is canceled")
                ch <- ""
                return
            default:
                data := "hello world " + strconv.Itoa(nonce)
                hash = sha256.Sum256([]byte(data))      // 計算 hash 值
                hashInt.SetBytes(hash[:])              // 將 hash 值轉換為 big.Int

                if hashInt.Cmp(target) < 1 { // hashInt <= target，找到一個不大
於目標值的數，也就是至少前 targetBits 位都為 0
                    ch <- data
```

```
                return
            } else { // 沒找到，繼續找
                nonce++
            }
        }

    }
}

// 生成一個可撤銷的 Context
ctx, cancel := context.WithCancel(context.Background())

ch := make(chan string, 1)
go pow(ctx, targetBits, ch) // 子 goroutine 去挖礦

time.Sleep(time.Second) // 等待 1s

select {
case result := <-ch: // 挖到
    log.Println(" 找到一個比目標值小的數：", result)
default: // 沒有挖到，其實這裡也可以使用 WithTimeout 生成的 Context
    cancel() // 取消 pow 的計算。TODO: fixme
    log.Println(" 沒有找到比目標值小的數 :", ctx.Err())
}

}
```

pow 函式就是一個「挖礦」演算法，輸入的參數 targetBits 指定了挖出來的資料 hash 值的前 targetBits 位都要為 0，這樣才算挖出來了。具體實現時，它根據這個值生成目標值 target，這個目標值的前 targetBits 位元都為 0，後 256-targetBits 位全為 1。

接下來，執行一個迴圈，不停地計算資料的 hash 值，並與目標值 target 做比較。如果 hash 值小於或等於目標值，則表示「礦」已經找到，把結果寫入 channel 中傳回。如果沒有找到「礦」，則隨機數 nonce 加 1，以便生成不同的 hash 值，繼續找。

如果 targetBits 的值很小，則「礦」很容易找到；但是，如果 targetBits 的值變大，「挖礦」的難度將呈指數級增加，耗時會越來越長。如果時間太長，我們就不想「挖礦」了，於是主動撤銷挖礦的任務，然後傳回。

這個時候，可撤銷的 Context 就派上用場了。

主 goroutine 透過 WithCancel 生成一個新的 ctx，以及一個撤銷函式 cancel。主 goroutine 把 ctx 傳給 pow 函式，pow 函式以子 goroutine 的方式執行。

主 goroutine 等待 1s，如果在傳回結果的 channel 中沒有挖出來的「礦」，它就主動呼叫撤銷函式 cancel，把 ctx 標記為已撤銷。

主 goroutine 呼叫 cancel 函式並不會把子 goroutine「殺掉」，Go 語言也不允許這麼「粗魯」地「幹掉」goroutine，否則程式將處於失控的狀態——萬一 goroutine 在執行某個重要的業務邏輯時，強制中斷它，重要的業務邏輯可能就執行了一半，業務處於不可知的狀態。所以，在 Go 語言中，子 goroutine 的執行在啟動後是不受主 goroutine 控制的，如果想控制的話，則可以使用 Context 或 channel。

在子 goroutine 中，為了檢查父 goroutine 是否撤銷了「挖礦」任務，它需要在每次迴圈時都檢查 ctx.Done() 傳回的 channel 是否有值。如果 ctx 被撤銷，這個 channel 將傳回一個 struct{} 類型的值，這時候我們就知道任務已經被撤銷了。我們需要關注這個 channel 傳回的值，因為只要它有值就是 struct{} 類型的；如果你想知道為什麼被撤銷，則可以存取 ctx.Err()，它會告訴你任務撤銷的原因。

子 goroutine 發現任務被撤銷了，它就可以主動地退出業務處理。當然，你也可以忽略這個撤銷命令，但是這就失去了使用可撤銷的 Context 的意義了。一般情況下，我們都會在收到撤銷命令後，收拾一下「戰場」，然後結束 goroutine 的使命。

執行這個例子，在 mac mini M2 的機器上執行的話，如果目標位元數是 10 和 20，那麼很快就「挖」到「礦」了；如果目標位元數是 30，則需要進行大量的計算，超過了 1s，任務就被撤銷了，如圖 9.3 所示。

```
smallnest@birdnest > > > > > > > withcancel master go run main.go 10
2023/02/12 12:37:20.769774 開始尋找一個數，使得 hash 值小於目標值
2023/02/12 12:37:21.770677 找到一個比目標值小的數：hello world 4
smallnest@birdnest > > > > > > > withcancel master go run main.go 20
2023/02/12 12:37:25.379696 開始尋找一個數，使得 hash 值小於目標值
2023/02/12 12:37:26.380667 找到一個比目標值小的數：hello world 613551
smallnest@birdnest > > > > > > > withcancel master go run main.go 30
2023/02/12 12:37:38.247749 開始尋找一個數，使得 hash 值小於目標值
2023/02/12 12:37:39.248610 context is canceled
2023/02/12 12:37:39.248619 沒有找到比目標值小的數：context canceled
smallnest@birdnest > > > > > > > withcancel master
```

▲ 圖 9.3 不同「挖礦」難度下的程式執行情況

但是，上面的程式並不完美，還遺留了一個問題，在註釋為「TODO:fixme」的那一行。正確的做法是使用以下處理方式：

```
defer cancel()

select {
case result := <-ch:
    log.Println(" 找到一個比目標值小的數：", result)
    return
default:
    log.Println(" 沒有找到比目標值小的數：", ctx.Err())
}
```

有什麼區別呢？對於上面的程式，沒有什麼區別，但如果是下面的程式，就有可能造成記憶體洩漏：

```
ctx, _ := context.WithCancel(context.Background()) // 忽略了 cancel 函式
ch := make(chan struct{}, 1)
n := int64(0)
for i := 0; i < 10; i++ {
    go foo(ctx, &n, ch)
}

<-ch
```

Go 官方文件中也提到了，撤銷 Context 可以釋放與它相關的資源，所以最佳實踐就是一旦這個 Context 完成，就要儘快地呼叫 cancel 函式。很多人認為自己正常完成了業務邏輯，就無須呼叫 cancel 函式了。這是不對的，不管是正常

完成業務邏輯，還是主動撤銷任務，最好的方式都是要呼叫 cancel 函式，這樣就可以把與 Context 相關的資源儘早地釋放。如果釋放資源沒有那麼迫切，在很多情況下，在 WithCancel 呼叫的下一行，我們都可以使用 defercancel() 來保證撤銷函式會被呼叫。還有的人擔心呼叫 cancel 函式會不會導致異常的情況，其實，只要主要業務邏輯執行完了，再怎麼呼叫 cancel 函式也沒有關係。

比以下面的程式，如果不呼叫 cancel 函式，則會導致其他 9 個 goroutine 無法退出。

```
foo := func(ctx context.Context, n *int64, ch chan struct{}) {
    for {
        select {
        case <-ctx.Done():
            log.Panicln("context is canceled")
        default:
            if atomic.AddInt64(n, 1) == 100 {
                ch <- struct{}{}
                return
            }
        }
    }
}

ctx, _ := context.WithCancel(context.Background())
ch := make(chan struct{}, 1)
n := int64(0)
for i := 0; i < 10; i++ {
    go foo(ctx, &n, ch)
}

<-ch

log.Println("n:", n)
```

在有些場景中，不呼叫 cancel 函式雖然不會導致 goroutine 洩漏，但是有可能導致 goroutine 不能及時地傳回，goroutine 所佔用的資源不能及時被釋放。

Go 標準函式庫中就有這樣的例子，修改方法就是簡單地加上 defer cancel()，如圖 9.4 所示。

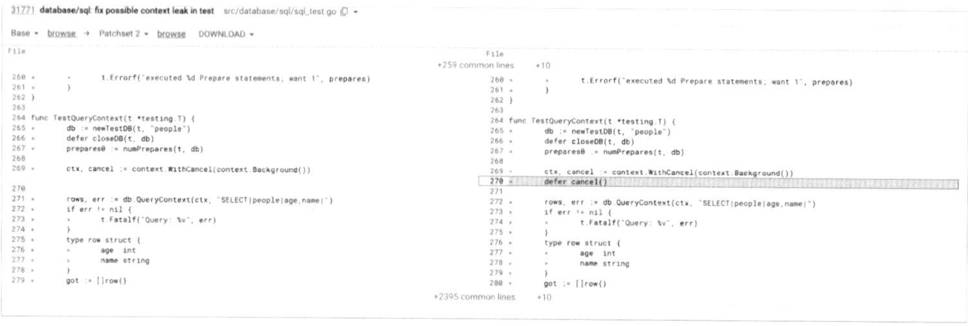

31771 **database/sql: fix possible context leak in test** src/database/sql/sql_test.go

Base ▾ browse → Patchset 2 ▾ browse DOWNLOAD ▾

```
File
260         t.Errorf("executed %d Prepare statements; want 1", prepares)
261     }
262 }
263
264 func TestQueryContext(t *testing.T) {
265     db := newTestDB(t, "people")
266     defer closeDB(t, db)
267     prepares0 := numPrepares(t, db)
268
269     ctx, cancel := context.WithCancel(context.Background())

270
271     rows, err := db.QueryContext(ctx, "SELECT|people|age,name|")
272     if err != nil {
273         t.Fatalf("Query: %v", err)
274     }
275     type row struct {
276         age  int
277         name string
278     }
279     got := []row{}
```

```
File
+259 common lines    +10
260         t.Errorf("executed %d Prepare statements; want 1", prepares)
261     }
262 }
263
264 func TestQueryContext(t *testing.T) {
265     db := newTestDB(t, "people")
266     defer closeDB(t, db)
267     prepares0 := numPrepares(t, db)
268
269     ctx, cancel := context.WithCancel(context.Background())
270     defer cancel()
271
272     rows, err := db.QueryContext(ctx, "SELECT|people|age,name|")
273     if err != nil {
274         t.Fatalf("Query: %v", err)
275     }
276     type row struct {
277         age  int
278         name string
279     }
280     got := []row{}
+2395 common lines    +10
```

▲ 圖 9.4 Go 標準函式庫中未呼叫 cancel 函式導致 goroutine 洩漏

另一個常見的問題就是子 goroutine 並沒有真正使用到 ctx.Done，比以下面的例子：

```
ctx, cancel := context.WithCancel(context.Background())

go func() {

    select {
    case <-ctx.Done():
        return
    default:
        for {
            // 一段長時間執行，無法中途中止的程式
        }
    }

}()

cancel()
```

這段程式似乎使用了可撤銷的 Context，但是由於子 goroutine 第一次檢查了 ctx.Done 後，就進入了 default 分支，在 default 分支中執行一個耗時的邏輯。在這段邏輯中，如果不檢查 ctx.Done，子 goroutine 是無法知道撤銷訊號的，即

使主 goroutine 呼叫了 cancel 函式，它也無法及時地退出。所以，正常的方式是，一定要在子 goroutine 中留出檢查 ctx.Done 的檢查點，以便它能及時地獲取訊號。

我們使用 WithCancel 很多年，也慢慢熟悉了它的使用方式，但在使用的過程中，有一點令人不是特別滿意，就是當撤銷一個 Context 的時候，透過 ctx.Err() 得到的都是 context.Canceled，而有時候我們想知道一個明確的撤銷原因，並不是籠統的 Canceled。Go 1.20 提供了一個新的函式 WithCancelCause(parent Context)(ctx Context,cancel CancelCauseFunc)，可以實現這樣的功能。它類似於 WithCancel 函式，只不過 CancelCauseFunc 可以傳入一個明確的 error 值，如果傳入 nil，就和 WithCancel 一樣了。

舉一個例子：

```
func main() {
    ctx, cancel := context.WithCancelCause(context.Background())
    cancel(io.EOF)

    fmt.Println(ctx.Err())              // 傳回 context.Canceled
    fmt.Println(context.Cause(ctx))     // 傳回 io.EOF
}
```

WithCancelCause 傳回的 cancel 函式需要傳入一個 error 參數：

```
type CancelCauseFunc func(cause error)
```

接下來，我們撤銷這個 Context，使用明確的原因 io.EOF，該 Context 就被撤銷了。

ctx.Err() 向下相容，依然傳回 context.Canceled，但是 Context 又提供了一個 Cause 函式，可以傳回具體的原因。在上面的例子中，具體的原因就是 io.EOF。

執行上面的程式，顯示 err 是 context.Canceled，但根因是 io.EOF。我們看到這個根因的時候，會更清楚地知道為什麼這個 Context 被撤銷了，如圖 9.5 所示。

```
 smallnest@birdnest  > > > > > > > with_cancel_cause  master  go run main.go
context canceled
EOF
 smallnest@birdnest  > > > > > > > with_cancel_cause  master 
```

▲ 圖 9.5 傳回 cancel 的原因

如果傳給 cancel 的參數為 nil，那麼 Cause 函式傳回的值為 context.Canceled。

類似的改造也會被應用於 WithTimeout 和 WithDeadline，但在 Go 1.20 中已經來不及了，可能會在 Go 1.21 中實現。

9.2.4 附帶逾時功能的上下文

逾時（Timeout）控制是 Context 的另一個重要功能。當然，你也可以使用 time.Timer（或 time.After）實現，但是 time.Timer 只有逾時功能，沒有上下文通知功能，所以有時候需要使用 time.Timer 加上 channel 才能實現 Context 的逾時功能。

Timeout 和 Deadline 本質上是一樣的。Timeout 是當前時間再加上一段時間，最終還是會計算到未來的某個時間點，而 Deadline 是直接指明未來的某個時間點。從具體實現上看，WithTimeout 也是對 WithDeadline 的包裝：

```go
func WithTimeout(parent Context, timeout time.Duration) (Context, CancelFunc) {
    return WithDeadline(parent, time.Now().Add(timeout))
}
```

所以，接下來我們講 WithDeadline 就好了。

WithDeadline 的方法簽名如下：

```go
func WithDeadline(parent Context, d time.Time) (Context, CancelFunc)
```

它傳回父 Context 的副本，同時加上（或調整）一個截止時間 d。如果父 Context 已經有了一個更早的截止時間，那麼此函式的呼叫以最早的截止時間為準。這個傳回的 Context 的 Done 方法傳回的 channel 會在以下三種情況下被關閉：

- 當達到截止時間時。
- 當傳回的 cancel 函式被呼叫時。
- 當父 Context 的 Done channel 被關閉時。

下面的例子演示了這三種情況。

```
// case1: 逾時
log.Println("case1: expire")
ctx, cancel := context.WithDeadline(context.Background(), time.Now().Add (5*time.
Second))
<-ctx.Done()
log.Println("err:", ctx.Err())
cancel()

// case2: 主動撤銷
log.Println("case2: cancel")
ctx, cancel = context.WithDeadline(context.Background(), time.Now().Add (5*time.
Second))
cancel()
<-ctx.Done()
log.Println("err:", ctx.Err())

// case3: 父 Context 撤銷
log.Println("case3: parent cancel")
pCtx, pCancel := context.WithCancel(context.Background())
ctx, cancel = context.WithDeadline(pCtx, time.Now().Add(5*time.Second))
pCancel()
<-ctx.Done()
log.Println("err:", ctx.Err())
cancel()
```

執行這個程式，可以看到，輸出結果中第一個 Context 是因為逾時被撤銷的；第二個 Context 是主動撤銷的；第三個 Context 是父 Context 撤銷導致它被撤銷的，如圖 9.6 所示。

```
smallnest@birdnest  > > > > > > with_deadline_close  master  go run main.go
2023/02/12 18:18:56 case1: expire
2023/02/12 18:19:01 err: context deadline exceeded
2023/02/12 18:19:01 case2: cancel
2023/02/12 18:19:01 err: context canceled
2023/02/12 18:19:01 case3: parent cancel
2023/02/12 18:19:01 err: context canceled
timeout: -4.999994208s
smallnest@birdnest  > > > > > > with_deadline_close  master
```

▲ 圖 9.6 逾時、主動撤銷或父 Context 撤銷導致三個 Context 被撤銷

如果是因為逾時導致的 Context 被撤銷，Context 的 Err() 方法將傳回 context.DeadlineExceeded。

上面提到，WithDeadline 的截止時間不會超過父 Context 的截止時間，使用下面的例子來驗證：

```
pCtx, pCancel := context.WithDeadline(context.Background(), time.Now().Add
(5*time.Second))
defer pCancel()
ctx, cancel := context.WithDeadline(pCtx, time.Now().Add(time.Minute))
defer cancel()

deadline, _ := ctx.Deadline()
fmt.Println("timeout:", time.Since(deadline)) // timeout: -5s 左右
```

可以看到，雖然子 Context 的截止時間設置的是 1 分鐘，但是由於父 Context 設置的截止時間是 5s，所以子 Context 的截止時間不會超過 5s，最終輸出的結果接近 5s。

另外，和撤銷 Context 的原因相同，使用 WithTimeout 和 WithDeadline 的最佳實踐也是在任務完成後或要撤銷任務時呼叫撤銷函式 cancel，雖然還沒有到達截止時間，但只要任務完成了，就撤銷 Cancel，目的是儘早釋放與這個 Context 連結的資源。

9.3 Context 實戰

由於 Go 標準函式庫的 http 套件的精巧設計，我們很容易透過擴充它來實現一套自己的 Web 框架。它的使用是如此容易，以至於網上存在幾十個 Go 的框架，

可謂「百花齊放」。但這未必是好事，因為使用者挑花了眼，反而不知道該用哪個框架了。

下面我們使用不到 100 行的程式，實現一個支持中介軟體的 Web 框架——暫且把它叫作 Birdnest（鳥窩）框架。這個框架和 Go 標準函式庫的 http 套件相比，具有以下特性：

- 支持中介軟體。
- 相容 Go 標準函式庫的 http handler。
- 中介軟體之間可以透過 Context 傳遞上下文。
- Go 標準函式庫的 handler 可以讀取 Context，獲得上下文資訊。

當然，這只是用來演示 Context 功能的 Web 框架，並沒有進一步的功能開發。

為了方便在中介軟體中設置和讀取上下文資訊，需要有寫入上下文的功能，所以一開始需要往上下文中放入一個物件，這個物件在上下文中的 key 為 BirdnestCtxKey，值的類型為 ContextInfo，它包含一個 map 欄位，可以用來讀/寫資訊。

```go
// Context 是一個保存上下文資訊的物件
type ContextInfo struct {
    Params map[string]any
}

// 上下文中的 key 的類型
type contextKey struct {
    name string
}

// BirdnestCtxKey 是一個上下文中的 key
var BirdnestCtxKey = contextKey{"BirdnestCtxKey"}

// 使用 NewContext 創建一個新的上下文
func NewContext() context.Context {
    return context.WithValue(context.Background(), BirdnestCtxKey, &ContextInfo{
        Params: make(map[string]any),
```

```
    })
}
```

接下來設計中介軟體。中介軟體會在使用者的 http handler 之前執行，它的設計參考了 http handler 的設計，只不過增加了一個參數 context.Context，以便中介軟體自己可以讀 / 寫上下文，並且可以傳遞給下一個中介軟體和 http handler。

```
// Handler 是中介軟體類型，定義了外掛程式的方法簽名
type Handler interface {
    ServeHTTP(c context.Context w http.ResponseWriter, r *http.Request)
}

// HandlerFunc 也是一個中介軟體類型，以介面的形式提供
type HandlerFunc func(ctx context.Context, w http.ResponseWriter, r *http.Request)

func (fn HandlerFunc) ServeHTTP(ctx context.Context, w http.ResponseWriter, r *http.
Request) {
    fn(ctx, w, r)
}
```

接下來就是 Birdnest 框架的部分了。這裡定義了 Birdnest struct，其包含中介軟體和 mux，預設使用 http.DefaultServeMux，你也可以透過 SetMux 支援其他高性能的 router，比如 httprouter 等。

Use 和 UseFunc 用來增加程式所使用的中介軟體。

```
// Birdnest 是一個 HTTP 服務的中介軟體框架
type Birdnest struct {
    middleware []Handler
    mux        http.Handler
}

// 使用 New 創建一個新的 Birdnest 實例
func New() *Birdnest {
    return &Birdnest{
        mux: http.DefaultServeMux,
    }
```

```go
}

// 使用 Use 增加一個中介軟體
// 執行之後就不能再增加了，否則會出現非預期的現象
func (b *Birdnest) Use(handler Handler) {
    b.middleware = append(b.middleware, handler)
}

// 使用 UseFunc 增加一個中介軟體
func (b *Birdnest) UseFunc(handleFunc HandlerFunc) {
    b.Use(HandlerFunc(handleFunc))
}

// SetMux 使用訂製化的 mux，比如 httprouter
func (b *Birdnest) SetMux(mux http.Handler) {
    b.mux = mux
}
```

最後，我們使用 ServeHTTP 來提供 Web 服務。

```go
// 使用 ServeHTTP 實現 http.Handler 介面
func (b *Birdnest) ServeHTTP(w http.ResponseWriter, r *http.Request) {
    ctx := NewContext()

    for _, handler := range b.middleware {
        handler.ServeHTTP(ctx, w, r)
    }

    b.mux.ServeHTTP(w, r.WithContext(ctx))
}

// 執行 HTTP 服務
func (b *Birdnest) Run(addr string) error {
    return http.ListenAndServe(addr, b)
}
```

至此，一個簡單的 Web 框架就開發完成了。這裡 Context 實現了在中介軟體和 http handler 中傳遞上下文。

現在，是時候寫一個程式來測試這個框架了。

```
package main

import (
    "context"
    "fmt"
    "net/http"

    "github.com/julienschmidt/httprouter"
)

func main() {
    var connHandler = func(ctx context.Context, w http.ResponseWriter, r *http.
Request) {
        ctx.Value(BirdnestCtxKey).(*ContextInfo).Params["LocalAddrContextKey"]
= r.Context().Value(http.LocalAddrContextKey)
        }
        var authHandler = func(ctx context.Context, w http.ResponseWriter, r *http.
Request) {
            token := r.URL.Query().Get("token")
            if token == "123456" {
                ctx.Value(BirdnestCtxKey).(*ContextInfo).Params["Valid"] = true
            }
    }

    var b = New()
    // 添加中介軟體
    b.UseFunc(connHandler)
    b.UseFunc(authHandler)

    // 添加 handler
    mux := httprouter.New()
    mux.GET("/", func(w http.ResponseWriter, r *http.Request, _ httprouter.
Params) {
        ctx := r.Context()
        params := ctx.Value(BirdnestCtxKey).(*ContextInfo).Params

        localAddr := params["LocalAddrContextKey"].(string)
        valid := params["Valid"].(bool)
```

```
        w.Write([]byte(fmt.Sprintf("hello world. localAddr: %s, valid: %t",
localAddr, valid)))
    })
    b.SetMux(mux)

    b.Run(":8080")
}
```

這裡寫了兩個中介軟體，其中第一個中介軟體在上下文中設置了本地位址；第二個中介軟體檢查使用者的 token，如果 token 合法，就在上下文中設置 Valid=true。最後寫了一個正常的 hello world handler。這裡使用了高性能的 router 函式庫 :http router。執行這個程式，存取它的位址看看效果，我們可以從 Context 中讀取到上下文資訊，如圖 9.7 所示。

```
 smallnest@birdnest    curl http://localhost:8080/
hello world. localAddr: 127.0.0.1:8080, valid: <nil>
 smallnest@birdnest    curl http://localhost:8080/\?token\=123456
hello world. localAddr: 127.0.0.1:8080, valid: true
 smallnest@birdnest
```

▲ 圖 9.7 實現中介軟體傳遞 Context

9.4 Context 的使用陷阱

在前文中，其實我們已經講了兩個 Context 的使用陷阱：

- 在使用 WithCancel、WithCancelCause、WithTimeout 和 WithDeadline 函式時，一定要呼叫 cancel 函式。
- 子 goroutine 一定要設置正確的檢查點，及時檢查 Context 是否已被撤銷或逾時。

Context 本身沒有太多的使用陷阱，還有一個注意一下就就是關於 Context 中 Key 類型的設置。

在下面的例子中，key 的類型為 string，foo 函式設置了 myKey 的值，而 bar 函式也設置了 myKey 的值。當 fizz 函式在上下文中查詢 myKey 的值時，根據 Context 查詢值的順序，fizz 得到 myKey 的值是 true，原始的 foo 函式設置的值被覆蓋了。

```
func foo(ctx context.Context) {
    ctx = context.WithValue(ctx, "myKey", "123") // 鍵的名稱為 myKey
    bar(ctx)
}

func bar(ctx context.Context) {
    ctx = context.WithValue(ctx, "myKey", true) // 鍵的名稱也為 myKey，覆蓋了上一
個 myKey
    fizz(ctx) // 讀取到 myKey 的值為 true
}

func fizz(ctx context.Context) {
    fmt.Println(ctx.Value("myKey")) // 讀取 myKey 的值
}

func main() {
    foo(context.Background())
}
```

在這個例子中，我們比較容易發現 key 值被覆蓋的情況——換一個名稱就解決問題了。如果在不同的套件中定義了相同的 key，且都使用 string 類型，那麼一起使用時就可能存在覆蓋的問題。

解決覆蓋問題很簡單，一種方法是定義 key 的類型為 unexported，僅限於在本套件中使用，那麼在不同的套件中即使 key 相同也不會發生衝突。例如：

```
package p1

type key struct{} // 定義一個 unexported 類型
var mykey1 key // 將 key 的類型設置為這個類型
```

在萬不得已的情況下，還可以透過提供便利方法的方式，把對此 key 的讀 / 寫暴露成方法提供：

```
type key int

var userKey key // 使用 unexported 類型，在其他套件中無法存取此類型

// 包裝，以便在其他套件中能生成包含此 key 的 Context
```

```
func NewContext(ctx context.Context, u any) context.Context {
    return context.WithValue(ctx, userKey, u)
}

// 包裝，以便在其他套件中能讀取到這個 key 的值
func FromContext(ctx context.Context) any {
    return ctx.Value(userKey)
}
```

另一種方法是使用每個套件自訂的資料型態。比以下面的 p1 套件和 p2 套件中都有 Mykey1 這個 key，儘管它們的底層類型相同，但實際類型是不同的，所以不會發生衝突。

```
// p1 類別檔案
package p1

type key struct{}

var Mykey1 key // 使用 unexported 類型

// p2 類別檔案
package p2

type key struct{}

var Mykey1 key // 使用 unexported 類型

// main 檔案
package main

import (
    "context"
    "fmt"

    "github.com/smallnest/concurrency-programming-via-go-code/ch9/key2/p1"
    "github.com/smallnest/concurrency-programming-via-go-code/ch9/key2/p2"
)

func main() {
```

```
    ctx := context.WithValue(context.Background(), p1.Mykey1, "123") // 使用 p1.Mykey1
    ctx = context.WithValue(ctx, p2.Mykey1, true) // 使用 p2.Mykey1，不會覆蓋 p1.MyKey1
    fmt.Println(ctx.Value(p1.Mykey1))
    fmt.Println(ctx.Value(p2.Mykey1))
}
```

執行這個程式，可以看到兩個 key 不會相互覆蓋，如圖 9.8 所示。

```
 smallnest@birdnest  ⌂ > ▭ > ▭ > ▭ > ▭ > ▭ > ▭ > key2  master  go run  main.go
123
true
 smallnest@birdnest  ⌂ > ▭ > ▭ > ▭ > ▭ > ▭ > ▭ > key2  master
```

▲ 圖 9.8 在不同的套件中使用自訂的類型

注意，一定要把 key 設置為不同的類型，就像在上面的例子中，我們定義了一個 unexported 類型。在下面的例子中，我們會遇到覆蓋的問題。

```
// p1 類別檔案
package p1

var Mykey1 struct{} // 底層類型是 struct{}，並且是 exported

// p2 類別檔案
package p2

var Mykey1 struct{} // 底層類型也是 struct{}，並且也是 exported。如果使用這兩個類型
作為 key 的類型，則會發生覆蓋的問題
```

9.5 Context 的實現

9.5.1 WithValue 的實現

WithValue 方法實際上傳回一個類型為 valueCtx 的物件，valueCtx 包含父 Context 的鍵值對。

```
func WithValue(parent Context, key, val any) Context {
    ......
```

```
    return &valueCtx{parent, key, val}
}

type valueCtx struct {
    Context // 父 Context
    key, val any // 此 Context 包含的 key 和 value
}
```

這裡嵌入了父 Context，所以無須實現 Deadline、Done、Err 等方法，使用了父 Context 的方法。

在呼叫 Value 方法獲設定值時，valueCtx 首先和自己的 key 做比較，如果相等，則傳回自己的值，否則就需要往上查詢。

如果父 Context 的類型是 valueCtx，則按照相同的邏輯查詢。

如果父 Context 的底層類型是 cancelCtx，並且 key 就是 &cancelCtxKey 這個物件的話，則說明在查詢 cancelCtx 物件，直接傳回父 Context 即可。如果 key 不是 &cancelCtxKey 這個物件，則繼續往上查詢。timerCtx 也是同樣的處理邏輯。

如果父 Context 的類型是 emptyCtx，比如 context.Background 和 context.Todo，它們本身是沒有值的，已經走到山窮水盡的地步，還是不知道對應的 key 值，那麼傳回 nil 即可。

如果是其他情況，比如是自己定義的 key 值，那麼就呼叫 Context.Value 查詢試試。

```
func (c *valueCtx) Value(key any) any {
    if c.key == key {
        return c.val
    }
    return value(c.Context, key)
}

func value(c Context, key any) any {
    for {
        switch ctx := c.(type) {
```

```
        case *valueCtx: // 如果還是此類型
        if key == ctx.key { // 並且就是要查詢的 key，則傳回此 key 對應的值
                return ctx.val
            }
            c = ctx.Context // 否則往上查詢
        case *cancelCtx: // 如果是 cancel Context
            if key == &cancelCtxKey { // 如果 key 就是 cancelCtxKey，則直接傳回此 Context
                return c
            }
            c = ctx.Context // 否則繼續往上查詢
        case *timerCtx: // 如果是 timer Context
            if key == &cancelCtxKey { // 如果 key 就是 cancelCtxKey，則直接傳回此 Context
                return ctx.cancelCtx
            }
            c = ctx.Context // 否則繼續往上查詢
        case *emptyCtx: // 如果是 context.Background 或者 context.Todo，則傳回 nil，
找不到對應的值
            return nil
        default: // 其他情況，比如自訂 Context，則呼叫 Value 查詢，Value 的邏輯自己實現
            return c.Value(key)
        }
    }
}
```

整體來說，WithValue 就是一直往上找，找到一層就對比一下，不匹配就再往上找，找到盡頭。

9.5.2 WithCancel 的實現

WithCancel 方法的實現如下。它傳回一個 withCancel 的物件 c，以及一個 cancel 函式，這個 cancel 函式呼叫 c 的 cancel 方法。

```
func WithCancel(parent Context) (ctx Context, cancel CancelFunc) {
    c := withCancel(parent)
    return c, func() { c.cancel(true, Canceled, nil) }
}
```

重點是 withCancel 函式及它生成的物件：

```
func withCancel(parent Context) *cancelCtx {
    if parent == nil {
        panic("cannot create context from nil parent")
    }
    c := newCancelCtx(parent) // 基於父 Context 生成 Context
    propagateCancel(parent, c) // 向上傳播，讓父 Context 連結這個子 Context
    return c
}
```

使用 newCancelCtx 生成 cancelCtx 物件：

```
func newCancelCtx(parent Context) *cancelCtx {
    return &cancelCtx{Context: parent}
}
type cancelCtx struct {
    Context
    mu         sync.Mutex
    done       atomic.Value
    children   map[canceler]struct{} // 此 Context 的子 Context 列表
    err         error  // 撤銷時設置的 error
    cause      error // 撤銷的根因 error

}
```

cancelCtx 需要檢查父子 Context 的撤銷狀態，所以需要 propagateCancel 處理一下。

cancelCtx 檢查父 Context 是否支援 cancel，不支援就簡單了，直接傳回即可。

如果父 Context 支持 cancel，並且已被撤銷，那麼它會在撤銷其子 Context 後傳回。

如果父 Context 的類型是 cancelCtx，則需要建立父子關係（還加了一點邏輯，檢查父 Context 是否被撤銷）。

如果父 Context 的類型不是 cancelCtx，比如是使用 WithTimeout 或 WithDeadline 等建立的 Context，則會建立一個 goroutine，等待父 Context 完成或子 Context 完成。

```
func propagateCancel(parent Context, child canceler) {
    done := parent.Done()
    if done == nil {
        return // 如果父 Context 永遠不會被撤銷，比如 context.Background 和 context.Todo，
則不做處理，傳回
    }

    select {
    case <-done:
        // 父 Context 已經被撤銷了，這個子 Context 也要被撤銷
        child.cancel(false, parent.Err(), Cause(parent))
        return
    default:
    }

    // 得到父 Context 的可撤銷物件，或者往上查詢，直到找到一個可撤銷的 Context，或者不存在
    if p, ok := parentCancelCtx(parent); ok {
        p.mu.Lock()
        if p.err != nil {
            // 如果父 Context 已經被撤銷了，則當前這個子 Context 也要被撤銷
            child.cancel(false, p.err, p.cause)
        } else { // 否則，把自己加入父 Context 的子 Context 列表中
            if p.children == nil {
                p.children = make(map[canceler]struct{})
            }
            p.children[child] = struct{}{}
        }
        p.mu.Unlock()
    } else { // 如果父 Context 以上都不是可撤銷的 Context，那麼此 Context 自己啟動一個
goroutine 監聽
        goroutines.Add(1)
        go func() {
            select {
            case <-parent.Done():
                child.cancel(false, parent.Err(), Cause(parent))
```

```
            case <-child.Done():
            }
        }()
    }
}
```

Context 的撤銷方法如下：

- 如果 Context 已經被撤銷過，則直接傳回上一次撤銷的各種 error。
- 不然關閉 done 這個 channel。同時撤銷子 Context，清空子 Context 列表，從父 Context 的子 Context 列表中移除自己。

```
func (c *cancelCtx) cancel(removeFromParent bool, err, cause error) {
    if err == nil {
        panic("context: internal error: missing cancel error")
    }
    if cause == nil { // 如果沒有設置 cause，則與 err 相同
        cause = err
    }
    c.mu.Lock()
    if c.err != nil {
        c.mu.Unlock()
        return // 已經被撤銷過，直接傳回即可
    }
    c.err = err
    c.cause = cause
    d, _ := c.done.Load().(chan struct{}) // 讀取 done 這個 channel
    if d == nil {
        c.done.Store(closedchan) // 既然已經明確被撤銷了，那麼直接使用一個已關閉的
channel 即可
    } else {
        close(d) // 否則關閉它
    }
    for child := range c.children { // 子 Context 也都要被撤銷
        child.cancel(false, err, cause)
    }
    c.children = nil
    c.mu.Unlock()
```

```
    if removeFromParent {
        removeChild(c.Context, c) // 清空子 Context 列表
    }
}
```

Done、Err 和 Value 方法就比較簡單了，這裡不再贅述。

```
func (c *cancelCtx) Value(key any) any {
    if key == &cancelCtxKey { // 如果是查詢自己
        return c
    }
    return value(c.Context, key) // 否則往上查詢
}

func (c *cancelCtx) Done() <-chan struct{} {
    d := c.done.Load()
    if d != nil { // 如果已經初始化了 done，則直接傳回即可
        return d.(chan struct{})
    }
    c.mu.Lock()
    defer c.mu.Unlock()
    d = c.done.Load()
    if d == nil { // 雙重檢查，如果還沒有初始化過，則初始化一個未關閉的 channel
        d = make(chan struct{})
        c.done.Store(d)
    }
    return d.(chan struct{})
}
func (c *cancelCtx) Err() error { // 傳回錯誤
    c.mu.Lock()
    err := c.err
    c.mu.Unlock()
    return err
}
```

整體來說，cancelCtx 需要向上管理和向下管理，它的撤銷會影響父 Context 的子 Context 列表和子 Context 的撤銷。

9.5.3 WithDeadline 的實現

WithDeadline 方法生成一個 timerCtx 物件，也像 cancelCtx 一樣呼叫 propagateCancel 上下「慰問」一圈。

WithDeadline 方法首先檢查父 Context 的截止時間，如果此 Context 的截止時間晚於父 Context 的截止時間，則使用 WithCancel(parent) 建立一個 Context 就好。

然後，看情況生成一個 timer，timer 過期後會呼叫 timerCtx 物件的 cancel 方法。

```
func WithDeadline(parent Context, d time.Time) (Context, CancelFunc) {
    if parent == nil {
        panic("cannot create context from nil parent")
    }
    if cur, ok := parent.Deadline(); ok && cur.Before(d) {
        // 如果父 Context 的截止時間在這個時間 d 之前，則應該使用父 Context 的截止時間
        return WithCancel(parent)
    }
    // 否則，創建一個與時間相關的 Context，內部使用 cancelCtx
    c := &timerCtx{
        cancelCtx: newCancelCtx(parent),
        deadline: d,
    }
    propagateCancel(parent, c) // 向上傳播
    dur := time.Until(d)
    if dur <= 0 { // 如果截止時間已過去
        c.cancel(true, DeadlineExceeded, nil) // 發生逾時，撤銷這個 Context
        return c, func() { c.cancel(false, Canceled, nil) }
    }
    c.mu.Lock()
    defer c.mu.Unlock()
    if c.err == nil { // 設置一個計時器，超過截止時間就撤銷
        c.timer = time.AfterFunc(dur, func() {
            c.cancel(true, DeadlineExceeded, nil)
        })
    }
```

```
    return c, func() { c.cancel(true, Canceled, nil) }
}

type timerCtx struct {
    *cancelCtx
    timer *time.Timer

    deadline time.Time
}
```

timerCtx 的 cancel 方法比較簡單，只是可能需要從父 Context 的子 Context 列表中移除自己，將 timer 停止即可。

```
func (c *timerCtx) cancel(removeFromParent bool, err, cause error) {
    c.cancelCtx.cancel(false, err, cause)
    if removeFromParent {
        // 從父 Context 的子 Context 列表中移除自己
        removeChild(c.cancelCtx.Context, c)
    }
    c.mu.Lock()
    if c.timer != nil { // 及時關閉計時器，否則有記憶體洩漏的風險
        c.timer.Stop()
        c.timer = nil
    }
    c.mu.Unlock()
}
```

注意，timerCtx 建立了 cancelCtx:newCancelCtx(parent)，cancelCtx 欄位是嵌入欄位，所以 timerCtx 的很多處理與 cancelCtx 的處理一樣，包括呼叫 cancel 對父子關係進行維護，以及對子 Context 進行撤銷處理等。

10 原子操作

本章內容包括：

- 原子操作的基礎知識
- 原子操作的使用場景
- atomic 提供的函式和類型
- uber 的 atomic 函式庫
- lock-free 佇列的實現
- 原子性和可見性

前面我們在學習 Mutex、RWMutex 等同步基本操作的實現時，可以看到，其底層是透過 atomic 套件中的一些原子操作來實現的。當時，為了將你的注意力集中在這些同步基本操作的功能實現上，並沒有展開介紹這些原子操作是做什麼用的。你可能會說，這些同步基本操作已經可以應對大多數的並發場景了，為什麼還要學習原子操作呢？其實，在很多場景中，使用同步基本操作實現起來比較複雜，而原子操作可以幫助我們更輕鬆地實現業務邏輯。

10.1 原子操作的基礎知識

sync/atomic 套件實現了同步演算法底層的原子記憶體操作基本操作，我們把它叫作原子操作基本操作，它提供了一些實現原子操作的函式和類型。它叫什麼並不重要，重要的是我們要熟悉它的功能。

之所以叫原子操作，是因為一個原子在執行的時候，其他執行緒不會看到執行一半的操作結果。在其他執行緒看來，原子操作不是執行完了，就是還沒有執行，就像一個最小的粒子——原子一樣，不可分割。

CPU 提供了基礎的原子操作，不過，不同架構系統的原子操作是不一樣的。對單一處理器單核心系統來說，如果一個操作是由一個 CPU 指令實現的，比如 XCHG 和 INC 等指令，那麼它就是原子操作。如果一個操作是基於多行指令實現的，那麼它在執行的過程中可能會被中斷，並執行上下文切換，這樣的話，原子性的保證就被打破了，因為這個時候操作可能只執行了一半。

在多處理器多核心系統中，原子操作的實現就比較複雜了。由於快取的存在，單一核心上的單一指令進行原子操作時，要確保其他處理器或 CPU 核心不存取此原子操作的位址，或確保其他處理器或 CPU 核心總是存取原子操作之後的最新的值。x86 架構中提供了指令首碼 LOCK，LOCK 保證了指令（如 LOCK CMPXCHG op1,op2）不會受其他處理器或 CPU 核心的影響，有些指令（如 XCHG）本身就提供了鎖機制。不同的 CPU 架構提供的原子操作指令是不同的，比如對於多核心的 MIPS 和 ARM，提供了 LL/SC（Load Link/Store Conditional）指令，可以幫助實現原子操作。

因為不同的 CPU 架構甚至不同的版本提供的原子操作指令是不同的，所以要用一種程式語言實現支援不同架構的原子操作是相當有難度的。不過，這不需要我們操心，因為 Go 語言提供了一個通用的原子操作 API，將底層不同架構下的實現封裝成 atomic 套件，以及提供了一個修改類型的原子操作（Read-Modify-Write,RMW）API 和一個載入儲存類型的原子操作（Load 和 Store）API。

有的程式也會因為架構的不同而不同。有時候一個操作看起來是原子操作，但實際上，對不同的架構來說，情況是不一樣的。比以下面程式的①行，將一個 64 位元的值賦給變數 i：

```
const x int64 = 1 + 1<<33

func main() {
    var i = x // ①
    _ = i
}
```

如果在 x386 架構下編譯這段程式，那麼①行（圖 10.1 中的 main.go:5）其實被拆分成兩行指令，分別操作低 32 位和高 32 位的值（使用 GOARCH=386 go tool compile -N -l test.go 和 GOARCH=386 go tool objdump -gnu test.o 反編譯試試）。

```
main.main STEXT size=41 args=0x0 locals=0x8 funcid=0x0 align=0x0
	0x0000 00000 (ch10/atomic1/main.go:5)	TEXT	main.main(SB), ABIInternal, $8-0
	0x0000 00000 (ch10/atomic1/main.go:5)	MOVL	(TLS), CX
	0x0007 00007 (ch10/atomic1/main.go:5)	CMPL	SP, 8(CX)
	0x000a 00010 (ch10/atomic1/main.go:5)	PCDATA	$0, $-2
	0x000a 00010 (ch10/atomic1/main.go:5)	JLS	34
	0x000c 00012 (ch10/atomic1/main.go:5)	PCDATA	$0, $-1
	0x000c 00012 (ch10/atomic1/main.go:5)	SUBL	$8, SP
	0x000f 00015 (ch10/atomic1/main.go:5)	FUNCDATA	$0, gclocals·g2BeySu+wFnoycgXfElmcg==(SB)
	0x000f 00015 (ch10/atomic1/main.go:5)	FUNCDATA	$1, gclocals·g2BeySu+wFnoycgXfElmcg==(SB)
	0x000f 00015 (ch10/atomic1/main.go:6)	MOVL	$1, main.i(SP)
	0x0016 00022 (ch10/atomic1/main.go:6)	MOVL	$2, main.i+4(SP)
	0x001e 00030 (ch10/atomic1/main.go:8)	ADDL	$8, SP
	0x0021 00033 (ch10/atomic1/main.go:8)	RET
	0x0022 00034 (ch10/atomic1/main.go:8)	NOP
	0x0022 00034 (ch10/atomic1/main.go:5)	PCDATA	$1, $-1
	0x0022 00034 (ch10/atomic1/main.go:5)	PCDATA	$0, $-2
	0x0022 00034 (ch10/atomic1/main.go:5)	CALL	runtime.morestack_noctxt(SB)
	0x0027 00039 (ch10/atomic1/main.go:5)	PCDATA	$0, $-1
	0x0027 00039 (ch10/atomic1/main.go:5)	JMP	0
	0x0000 65 8b 0d 00 00 00 00 3b 61 08 76 16 83 ec 08 c7  e......;a.v.....
	0x0010 04 24 01 00 00 00 c7 44 24 04 02 00 00 00 83 c4  .$.....D$.......
	0x0020 08 c3 e8 00 00 00 00 eb d7                       .........
	rel 3+4 t=15 TLS+0
```

▲ 圖 10.1 在 x386 架構下 int64 類型的賦值被拆分成兩行指令

注意：var i = x 是 int64 類型的賦值，在 x386 架構下它被編譯成了兩行 MOVL 指令，這就不是原子操作了。但是在 AMD64 架構下，編譯的程式又是不同的，首先把常數賦給 R0 暫存器，然後真正透過 MOVD 指令一次賦值給 i 變數，如圖 10.2 所示。

```
main.main STEXT nosplit size=48 args=0x0 locals=0x18 funcid=0x0 align=0x0 leaf
        0x0000 00000 (ch10/atomic1/main.go:5)   TEXT    main.main(SB), NOSPLIT|LEAF|ABIInternal, $32-0
        0x0000 00000 (ch10/atomic1/main.go:5)   MOVD.W  R30, -32(RSP)
        0x0004 00004 (ch10/atomic1/main.go:5)   MOVD    R29, -8(RSP)
        0x0008 00008 (ch10/atomic1/main.go:5)   SUB     $8, RSP, R29
        0x000c 00012 (ch10/atomic1/main.go:5)   FUNCDATA        $0, gclocals·g2BeySu+wFnoycgXfElmcg==(SB)
        0x000c 00012 (ch10/atomic1/main.go:5)   FUNCDATA        $1, gclocals·g2BeySu+wFnoycgXfElmcg==(SB)
        0x000c 00012 (ch10/atomic1/main.go:6)   MOVD    $8589934593, R0
        0x0014 00020 (ch10/atomic1/main.go:6)   MOVD    R0, main.i-8(SP)
        0x0018 00024 (ch10/atomic1/main.go:8)   ADD     $32, RSP
        0x001c 00028 (ch10/atomic1/main.go:8)   SUB     $8, RSP, R29
        0x0020 00032 (ch10/atomic1/main.go:8)   RET     (R30)
```

▲ 圖 10.2 在 AMD64 架構下使用一行指令賦值

所以在 AMD64 架構下，並不會出現使用 x 對 int64 類型的 i 只賦值一半的情況，但是在 x386 架構下是有可能的。

10.2 原子操作的使用場景

本章開始時提到，使用 atomic 的一些函式可以實現底層的最佳化。如果使用 Mutex 等同步基本操作進行最佳化，雖然可以解決問題，但是這些同步基本操作的實現邏輯比較複雜，對性能會有一定的影響。

舉一個例子：假設想在程式中使用標識（flag，比如一個 bool 類型的變數）來標識一個定時任務是否已經啟動執行了。

我們先來看看加鎖的方法。如果使用 Mutex 或 RWMutex，在讀取和設置這個標識的時候加鎖，是可以做到互斥的，保證同一時刻只有一個定時任務在執行。這是一種解決方案。

其實，這個場景不涉及對資源競爭的複雜邏輯，只是並發地讀 / 寫這個標識，因此適合使用 atomic 的原子操作。具體怎麼做呢？我們可以使用一個 uint32 類型的變數，如果這個變數的值為 0，則表示沒有任務在執行；如果它的值為 1，就表示已經有任務在執行了。你看，是不是很簡單？

再來看一個例子。假設在開發應用程式的時候，需要從設定伺服器中讀取一個節點的設定資訊；而且，當這個節點的設定發生變更時，需要重新從設定伺服器中拉取一份新的設定並更新。應用程式中可能有多個 goroutine 都依賴這份設定，涉及對設定物件的並發讀 / 寫，我們可以使用讀寫鎖實現對設定物件的保護。在大部分情況下，我們也可以利用 atomic 實現設定物件的更新和載入。

分析到這裡，我們看到，這兩個例子都可以使用基本同步基本操作來實現，只不過不需要這些基本同步基本操作裡面的複雜邏輯，只需要其中的簡單原子操作。所以，這些場景可以直接使用 atomic 套件中的函式來實現。

有時候，我們也可以使用 atomic 實現自己定義的基本同步基本操作，比如在 Go issue 有人提議添加的 CondMutex、Mutex.LockContext、WaitGroup.Go 等，就可以使用 atomic 或基於它的更高一級的同步基本操作來實現。前面講的幾種基本同步基本操作的底層（如 Mutex），就是透過 atomic 的方法實現的。

此外，atomic 的原子操作還是實現 lock-free 資料結構的基石。

在實現 lock-free 資料結構時，不使用互斥鎖，執行緒就不會因為等待互斥鎖而被阻塞休眠，而是會保持繼續處理的狀態。另外，不使用互斥鎖的話，lock-free 資料結構還可以提升並發的性能。不過，lock-free 資料結構實現起來比較複雜，需要考慮很多東西，有興趣的讀者可以看一位微軟專家的經驗分享：「Lockless Programming Considerations for Xbox 360 and Microsoft Windows」。在後面的 10.5 節中，我們會開發一個 lock-free 佇列，來學習使用 atomic 的原子操作實現 lock-free 資料結構的方法，你可以將它和使用互斥鎖實現的佇列進行性能對比，看看它在性能上是否有所提升。

講到這裡，你是不是覺得 atomic 非常重要？相信答案是肯定的。但是，要想靈活地應用 atomic，你首先要知道 atomic 所提供的所有函式。

10.3 atomic 提供的函式和類型

在 Go 1.19 之前，atomic 提供了中規中矩的原子操作的函式。當時 Go 泛型的特性還沒有發佈，Go 標準函式庫中的很多實現都顯得非常囉唆，多個類型實現了很多類似的函式，尤其是 atomic 套件，最為明顯。相信支持泛型之後，atomic 的 API 會清爽得多。為了支持 int32、int64、uint32、uint64、uintptr、Pointer（Add 函式不支援）類型，atomic 分別提供了 AddXXX、CompareAndSwapXXX、SwapXXX、LoadXXX、StoreXXX 等函式。不過，在 Go 泛型的特性發佈後，這些函式並沒有使用泛型進行簡化，這可能是出於向下相容的考慮。儘管如此，Go 團隊還是在 Go 1.19 中進行了大範圍的改造，為上面提到的類型提供了對應的原子類型，以方便使用者使用。

關於 atomic，還有一個地方一定要記住，即 atomic 操作的物件是一個位址，你需要把可定址的變數的位址作為參數傳遞給函式，而非把變數的值傳遞給函式。

下面採用通用的方式介紹 atomic 所提供的函式。可以說，掌握了這些函式，你就完全掌握了 atomic 套件。

10.3.1 AddXXX 函式

我們來看 AddXXX 函式的簽名，如圖 10.3 所示。

```
func AddInt32(addr *int32, delta int32) (new int32)
func AddInt64(addr *int64, delta int64) (new int64)
func AddUint32(addr *uint32, delta uint32) (new uint32)
func AddUint64(addr *uint64, delta uint64) (new uint64)
func AddUintptr(addr *uintptr, delta uintptr) (new uintptr)
```

▲ 圖 10.3 AddXXX 函式的簽名

其實，AddXXX 函式就是給第一個參數位址中的值增加一個 delta 值，也就是原子地給一個值增加或減去一個變化值。

對有號的整數來說，delta 值可以是一個正數，代表增加一個值；也可以是一個負數，代表減去一個值。

對無號的整數和 uinptr 類型來說，如何實現減去一個值呢？因為 atomic 沒有提供單獨的減法操作，所以，如果想對 uint32 類型的 x 原子地減去一個值 c，則可以使用下面的方法：

```
AddUint32(&x, ^uint32(c-1))
```

這種方法其實就是利用了電腦原理中的補數原理，變減法為加法。

如果是對 uint64 的值操作，那麼就把上面程式中的 uint32 替換成 uint64。尤其是減 1 這種經常性的操作，可以簡化為

```
AddUint32(&x, ^uint32(0))
```

下面是一個使用 AddXXX 函式的例子。

```
var x uint64 = 0
newXValue := atomic.AddUint64(&x, 100) // newXValue == 100
assert.Equal(t, uint64(100), newXValue)

newXValue = atomic.AddUint64(&x, ^uint64(0)) // newXValue == 99
assert.Equal(t, uint64(99), newXValue)

atomic.AddUint64(&x, ^uint64(10-1)) // x == 89
assert.Equal(t, uint64(89), x)
```

10.3.2 CompareAndSwapXXX 函式

以 int32 為例，我們來介紹 CompareAndSwapXXX 函式所提供的功能。在 CompareAndSwapXXX 函式的簽名中，需要提供操作位址、舊值、新值，如下所示：

```
func CompareAndSwapInt32(addr *int32, old, new int32) (swapped bool)
```

這個函式會比較當前 addr 位址中的值與 old 是否相等，如果不相等，則傳回 false；如果相等，則把此位址的值替換成 new，傳回 true。這就相當於「判

斷為相等才替換」。如果使用虛擬程式碼來表示這個原子操作，則虛擬程式碼如下：

```
if *addr == old {
    *addr = new
    return true
}
return false
```

CompareAndSwapXXX 函式的簽名如圖 10.4 所示，它支援的類型包括整數和 Pointer。

```
func CompareAndSwapInt32(addr *int32, old, new int32) (swapped bool)
func CompareAndSwapInt64(addr *int64, old, new int64) (swapped bool)
func CompareAndSwapPointer(addr *unsafe.Pointer, old, new unsafe.Pointer) (swapped bool)
func CompareAndSwapUint32(addr *uint32, old, new uint32) (swapped bool)
func CompareAndSwapUint64(addr *uint64, old, new uint64) (swapped bool)
func CompareAndSwapUintptr(addr *uintptr, old, new uintptr) (swapped bool)
```

▲ 圖 10.4　CompareAndSwapXXX 函式的簽名

下面是一個使用 CompareAndSwapXXX 函式的例子。

```
var x uint64 = 0
ok := atomic.CompareAndSwapUint64(&x, 0, 100) // ok == true
assert.Equal(t, true, ok)

ok = atomic.CompareAndSwapUint64(&x, 0, 100) // ok == false，x 的舊值不是 0
assert.Equal(t, false, ok)
```

10.3.3 SwapXXX 函式

如果不需要比較舊值，只是比較粗暴地替換的話，則可以使用 SwapXXX 函式。使用 SwapXXX 函式替換後還可以傳回舊值，虛擬程式碼如下：

```
old = *addr
*addr = new
return old
```

SwapXXX 函式的簽名如圖 10.5 所示。

```
func SwapInt32(addr *int32, new int32) (old int32)
func SwapInt64(addr *int64, new int64) (old int64)
func SwapPointer(addr *unsafe.Pointer, new unsafe.Pointer) (old unsafe.Pointer)
func SwapUint32(addr *uint32, new uint32) (old uint32)
func SwapUint64(addr *uint64, new uint64) (old uint64)
func SwapUintptr(addr *uintptr, new uintptr) (old uintptr)
```

▲ 圖 10.5 SwapXXX 函式的簽名

下面是一個使用 SwapXXX 函式的例子。

```
var x uint64 = 0
old := atomic.SwapUint64(&x, 100) // old == 0
assert.Equal(t, uint64(0), old)

old = atomic.SwapUint64(&x, 100) // old == 100
assert.Equal(t, uint64(100), old)
```

10.3.4 LoadXXX 函式

LoadXXX 函式會取出 addr 位址中的值，即使在多處理器、多核心、有 CPU 快取的情況下，也能保證 Load 是一個原子操作。LoadXXX 函式的簽名如圖 10.6 所示。

```
func LoadInt32(addr *int32) (val int32)
func LoadInt64(addr *int64) (val int64)
func LoadPointer(addr *unsafe.Pointer) (val unsafe.Pointer)
func LoadUint32(addr *uint32) (val uint32)
func LoadUint64(addr *uint64) (val uint64)
func LoadUintptr(addr *uintptr) (val uintptr)
```

▲ 圖 10.6 LoadXXX 函式的簽名

下面是一個使用 LoadXXX 函式的例子。

```
var x uint64 = 0
v := atomic.LoadUint64(&x) // v == 0
assert.Equal(t, uint64(0), v)

x = 100
```

```
v = atomic.LoadUint64(&x) // v == 100
assert.Equal(t, uint64(0), v)
```

10.3.5 StoreXXX 函式

StoreXXX 函式會把一個值存入指定的 addr 位址中，即使在多處理器、多核心、有 CPU 快取的情況下，也能保證 Store 是一個原子操作。其他的 goroutine 透過 LoadXXX 函式存設定值時，不會看到只存取了一半的值。StoreXXX 函式的簽名如圖 10.7 所示。

```
func StoreInt32(addr *int32, val int32)
func StoreInt64(addr *int64, val int64)
func StorePointer(addr *unsafe.Pointer, val unsafe.Pointer)
func StoreUint32(addr *uint32, val uint32)
func StoreUint64(addr *uint64, val uint64)
func StoreUintptr(addr *uintptr, val uintptr)
```

▲ 圖 10.7 StoreXXX 函式的簽名

下面是一個使用 StoreXXX 函式的例子。

```
var x uint64 = 0
atomic.StoreUint64(&x, 100) // x == 100
assert.Equal(t, uint64(100), x)
```

10.3.3 Value 類型

上面提到的都是一些比較常見的類型，其實，atomic 還提供了一個特殊的類型：Value，如圖 10.8 所示。使用 Value 類型，可以原子地存取物件，該類型通常被應用在設定變更等對一個 struct 原子操作的場景中。

```
type Value
    func (v *Value) CompareAndSwap(old, new any) (swapped bool)
    func (v *Value) Load() (val any)
    func (v *Value) Store(val any)
    func (v *Value) Swap(new any) (old any)
```

▲ 圖 10.8 Value 類型

下面我們就透過一個設定變更的例子來演示 Value 類型的使用。這個例子定義了一個 Value 類型的變數 config，用來儲存設定資訊。

我們首先啟動一個 goroutine，然後讓它隨機休眠一段時間，接下來變更設定，並透過前面學到的 Cond 同步基本操作，通知其他的 reader 來載入最新的設定。

我們再啟動一個 goroutine 等待設定變更的訊號，一旦有變更，它就會載入最新的設定。

透過這個例子，你可以了解到 Value 類型的使用。假定有一個 goroutine，定時拉取最新的設定，比如去設定中心讀取最新的設定，或透過 etcd 等監控節點的值，這裡簡化了這個邏輯，總是傳回最新的設定。

拉取到最新的設定後，我們就可以使用 Store 函式原子地更新 config 值了。因為我們不關心舊值，總是希望使用最新拉取的值，所以這裡並沒有使用 CompareAndSwap 或 Swap 來更新，而是非常直接地使用了 Store 函式。

當在程式中使用這個最新拉取的值時，我們透過 config.Load 來載入這個設定。

```
type Config struct { // 一個設定類型
    NodeName   string
    Addr       string
    Count      int32
}

func loadNewConfig() Config { // 創建一個新的設定
    return Config{
        NodeName: " 北京 ",
        Addr:   "10.77.95.27",
        Count:  rand.Int31(), // 每次讀取都設置一個隨機數
    }
}
func main() {
    var config atomic.Value
    config.Store(loadNewConfig()) // 保存一個新的設定
```

```
    // 設置新的 config 值
    go func() {
        for {
            time.Sleep(time.Duration(5+rand.Int63n(5)) * time.Second)
            config.Store(loadNewConfig()) // 原子地儲存
        }
    }()

    go func() {
            ......
            c := config.Load().(Config) // 原子地讀取最新的設定
            fmt.Printf("new config: %+v\n", c)
            ......
        }
    }()

    ......
}
```

從上面的程式範例可以看到，使用 Value 類型時，有點物件導向程式設計的意思，所以在 Go 1.19 中又增加了幾種類型，對基本類型做了封裝，提供物件導向的函式。

10.3.7 Bool、Int32、Int64、Pointer、Uint32、Uint64、Uintptr

在 Go 1.19 中，Russ Cox 在 atomic 套件中增加了幾種包裝類型，提供了對整數、Pointer、uintptr 和 bool 類型的包裝。這裡就不對它們進行一一介紹了，只重點介紹 Int64，相信你透過一個例子就能理解這幾種類型的包裝。

Int64 類型的定義如下：

```
type Int64 struct {
    _ noCopy
    _ align64 // 對齊標識
    v int64
}
```

noCopy，前面已經介紹過了，它是輔助 vet 等 lint 工具做檢查用的，檢查 Int64 有沒有被複製使用，它不佔用額外的位元組。

align64，也不佔用額外的位元組，它告訴編譯器要 64 位對齊，因為對 int64 的原子操作必須要求 64 位對齊。在 32 位的架構中，如果不對齊，則可能會導致 panic。編譯器看到 atomic 下這種類型的欄位會進行特殊處理，保證 v 欄位是 64 位對齊的。

實際上，Int64 類型方法的操作就是對 v 的原子操作。

Int64 類型提供了以下方法，可以看到，其實現其實就是呼叫對應的原子操作函式，它只做了薄薄的一點封裝：

```
func (x *Uint64) Load() uint64 { return LoadUint64(&x.v) }

func (x *Uint64) Store(val uint64) { StoreUint64(&x.v, val) }

func (x *Uint64) Swap(new uint64) (old uint64) { return SwapUint64(&x.v, new) }

func (x *Uint64) CompareAndSwap(old, new uint64) (swapped bool) {
    return CompareAndSwapUint64(&x.v, old, new)
}

func (x *Uint64) Add(delta uint64) (new uint64) { return AddUint64(&x.v, delta) }
```

其他幾種類型的情況與此類似，基本包含相同的方法。

需要特殊說明的是，Bool 類型沒有 Add 方法。這也是可以理解的，因為布林類型沒有算術操作。那麼，Bool 類型的底層資料是用什麼實現的？畢竟，原來的函式中並沒有關於 Bool 類型的原子操作。請看以下程式：

```
type Bool struct {
    _ noCopy
    v uint32 // 底層使用了 uint32
}

func (x *Bool) Load() bool { return LoadUint32(&x.v) != 0 }
```

```
func (x *Bool) Store(val bool) { StoreUint32(&x.v, b32(val)) }

func (x *Bool) Swap(new bool) (old bool) { return SwapUint32(&x.v, b32(new)) != 0 }

func (x *Bool) CompareAndSwap(old, new bool) (swapped bool) {
    return CompareAndSwapUint32(&x.v, b32(old), b32(new))
}

func b32(b bool) uint32 {
    if b {
        return 1
    }
    return 0
}
```

其實，底層資料就是使用 Uint32 類型來實現的。

因為 unsafe.Pointer 類型也不支援加減操作，所以它也不提供 Add 方法。

整體來看，Go 1.19 新增加的這些類型只是對基本類型和函式做了一點封裝，我們可以根據自己的習慣來使用。Go 標準函式庫中原來使用 atomic 原子操作函式的很多地方，都使用新增加的類型替換了，如果你發現還有沒替換的地方，則可以考慮提交一個 patch，為 Go 語言做一次貢獻。

10.4 uber-go/atomic 函式庫

如果 Go 1.19 的標準函式庫沒有新增加的類型，這裡可能就要重點介紹 uber-go/atomic 這個函式庫了。這個函式庫的大部分功能都和 Go 1.19 的標準函式庫新增加的類型重合。我們優先選擇標準函式庫，所以這個函式庫就不重點介紹了。

當然，這個函式庫還是可圈可點的。如果從為程式設計師提供便利的角度，以及從物件導向封裝的友善的角度來評價的話，這個函式庫的實現其實是優於標準函式庫的實現的。例如：

- 針對 Bool 類型的封裝，它提供了 Toggle 方法，對布林類型的值做反轉，是非常有用的。

- 它為 Uint32 等提供了「減」的方法 Sub，以及加 1 和減 1 的方法 Inc 與 Dec。
- 它提供了 Float32、Float64、Duration、String、Error 類型的封裝。
- 更方便的是，它為上述類型提供了 MarshalJSON 和 UnmarshalJSON 方法，使這些類型方便在 JSON 中使用。

這樣看來，標準函式庫新增加的類型還不能完全代替 uber-go/atomic 函式庫。如果你有這方面的使用需求，則可以關注這個函式庫。

10.5 lock-free 佇列的實現

atomic 通常用來實現 lock-free 資料結構，本節將展示一個 lock-free 佇列的實現。lock-free 佇列最有名的就是 Maged M. Michael 和 Michael L. Scott 於 1996 年發表的論文中的演算法，此演算法比較簡單，容易實現，虛擬程式碼的每一行都提供了註釋。這裡就不貼出虛擬程式碼了，因為我們使用 Go 實現這個資料結構的程式幾乎和虛擬程式碼一樣。

```
package queue

import (
    "sync/atomic"
    "unsafe"
)

// LKQueue 是以 lock-free 方式實現的佇列，它只需要 head 和 tail 兩個欄位
type LKQueue[T any] struct {
    head unsafe.Pointer
    tail unsafe.Pointer
}

// 佇列中的每個節點，除自己的值外，還有 next 欄位指向下一個節點
type node[T any] struct {
    value T
    next unsafe.Pointer
```

```go
}

func NewLKQueue[T any]() *LKQueue[T] {
    n := unsafe.Pointer(&node[T]{})
    return &LKQueue[T]{head: n, tail: n}
}

// Enqueue 表示加入佇列
func (q *LKQueue[T]) Enqueue(v T) {
    n := &node[T]{value: v}
    for {
        tail := load[T](&q.tail)
        next := load[T](&tail.next)
        if tail == load[T](&q.tail) { // tail 和 next 是否一致
            if next == nil {
                if cas(&tail.next, next, n) {
                    cas(&q.tail, tail, n) // 加入佇列完成，設置 tail
                    return
                }
            } else {
                cas(&q.tail, tail, next)
            }
        }
    }
}

// Dequeue 表示出佇列
func (q *LKQueue[T]) Dequeue() T {
    var t T
    for {
        head := load[T](&q.head)
        tail := load[T](&q.tail)
        next := load[T](&head.next)
        if head == load[T](&q.head) { // 檢查 head、tail 和 next 是否一致
            if head == tail { // 佇列為空，或者 tail 還未到列尾
                if next == nil { // 為空
                    return t
                }
                // 將 tail 往列尾移動
```

```
                cas(&q.tail, tail, next)
            } else {
                v := next.value
                if cas(&q.head, head, next) {
                    return v // 出佇列完成
                }
            }
        }
    }
}

// 讀取節點的值
func load[T any](p *unsafe.Pointer) (n *node[T]) {
    return (*node[T])(atomic.LoadPointer(p))
}

// 原子地修改節點的值
func cas[T any](p *unsafe.Pointer, old, new *node[T]) (ok bool) {
    return atomic.CompareAndSwapPointer(
        p, unsafe.Pointer(old), unsafe.Pointer(new))
}
```

這個 lock-free 佇列的實現使用了一個輔助 head（頭）指標，head 指標不包含有意義的資料，它只是一個輔助的節點，這樣的話，出佇列和加入佇列的節點會更簡單。

加入佇列的時候，透過 CAS 操作將一個元素添加到列尾，並且移動 tail（尾）指標。

出佇列的時候，移除一個節點，並透過 CAS 操作移動 head 指標，同時在必要的時候移動 tail 指標。

10.6 原子性和可見性

在現代的系統中，寫入的位址基本上都是對齊的（aligned）。比如 32 位元的作業系統、CPU 及編譯器，write 的位址總是 4 的倍數，64 位元系統的寫入的位址總是 8 的倍數（還記得 WaitGroup 針對 64 位元系統和 32 位元系統對 state1 欄位的不同處理嗎）。對齊位址的寫入，不會導致其他人看到寫入了一半的資料，因為它透過一個指令就可以實現對位址的操作。如果位址不對齊，處理器就需要分成兩個指令來處理；如果只執行了一個指令，其他人就會看到更新了一半的錯誤的資料，這被稱作撕裂寫入（torn write）。所以，你可以認為賦值操作是一個原子操作，這個「原子操作」可以保證資料的完整性。

但是，對現代的多處理器多核心系統來說，由於快取、指令重排，可見性等問題，我們對原子操作的意義有了更多的追求。在多核心系統中，一個核心更改的位址的值，在更新到主記憶體中之前，是在多級快取中存放的。這時，其他的核心看到的資料可能是不一樣的，它們可能還沒有看到更新的資料，還在使用舊的資料。

為了處理這類問題，多處理器多核心系統使用了一種叫作記憶體屏障（memory fence 或 memory barrier）的方式。一個寫入記憶體屏障會告訴處理器，必須要等到其管道中的未完成操作（特別是寫入操作）都被刷新到記憶體中，再進行其他操作。此操作還會使相關處理器的 CPU 快取失效，以便讓它們從主記憶體中拉取最新的值。

atomic 套件的方法提供了記憶體屏障的功能，所以，atomic 不僅可以保證賦值的資料的完整性，還能保證資料的可見性。一旦一個核心更新了某個記憶體位址的值，其他處理器就總是能讀取到它的最新值。但需要注意的是，因為需要處理器之間保證資料的一致性，所以 atomic 的操作也會降低性能。

如果要了解 Go 語言對原子性和可見性的保證（或叫作承諾），我們需要學習 Go 記憶體模型，請參見第 13 章。

11 channel 基礎：另闢蹊徑解決並發問題

本章內容包括：

- channel 的歷史
- channel 的使用場景
- channel 的基本用法
- channel 的實現
- channel 的使用陷阱

channel 是 Go 語言內建的 first-class 類型，也是 Go 語言與眾不同的特性之一。何為 first-class？你可以這樣理解，channel 類型和 int、struct、func 等一樣，是 Go 的基礎類型。Go 語言的 channel 設計精巧、簡單，以至於有人用其他語言撰寫了類似於 Go 風格的 channel 函式庫，比如 docker/libchan、tylertreat/chan，但是並不像 Go 語言一樣把 channel 內建到語言規範中。從這一點也可以看出，channel 在程式語言中的地位之高，比較罕見。

雖然有些文章和書籍把 channel 翻譯成「通道」，但是作為一個 Gopher，大家都知道 channel 代表的含義，所以本書中就不翻譯成「通道」了，而是保持英文叫法。

11.1 channel 的歷史

如果想了解 channel 這種 Go 語言中特有的資料結構，則要追溯到 CSP 模型，了解它的歷史，以及它對 Go 的創始人設計 channel 類型的影響。

CSP 是 Communicating Sequential Process 的簡稱，中文直譯為「通訊順序處理程序」，或叫作交換資訊的循序處理程序，是用來描述並發系統中互動的一種模式。

CSP 最早出現於電腦科學家 Tony Hoare 在 1978 年發表的論文中（你可能不熟悉 Tony Hoare 這個名字，但是你一定很熟悉排序演算法中的 Quicksort 演算法，他就是 Quicksort 演算法的作者，圖靈獎的獲得者）。最初，論文中提出的 CSP 版本在本質上不是一種處理程序演算，而是一種並發程式語言，但之後經過一系列的改進，最終發展並精煉出 CSP 理論。CSP 允許使用處理程序元件來描述系統，它們獨立執行，並且只透過訊息傳遞的方式通訊。

就像 Go 的創始人之一 Rob Pike 所說的，「每一個電腦程式員都應該讀一讀 Tony Hoare 在 1978 年發表的關於 CSP 的論文。」他和 Ken Thompson 在設計 Go 語言時也深受此論文的影響，並將 CSP 理論真正應用於語言本身（Russ Cox 專門寫了一篇文章記錄這段歷史），透過引入 channel 這個新的類型來實現 CSP 的思想。

channel 是 Go 語言內建的類型，你無須引入某個套件，就能使用它。雖然 Go 也提供了傳統的同步基本操作，但它們都是透過函式庫的方式提供的，你必須要引入 sync 套件或 atomic 套件才能使用它們。

channel 和 Go 的另一個獨特的特性 goroutine 一起為並發程式設計提供了優雅的、便利的、與傳統並發控制不同的方案，並演化出很多並發模式。接下來，我們就來看一看 channel 的應用場景。

11.2 channel 的應用場景

我先來看一筆 Go 語言中流傳很廣的諺語：

Don't communicate by sharing memory, share memory by communicating.

Go Proverbs by Rob Pike

這是 Rob Pike 在 2015 年的一次 Gopher 會議上提到的一句話，雖然有一點繞，但也指出了使用 Go 語言的哲學，翻譯過來就是：「不要透過分享記憶體來進行通訊，而是要透過通訊來分享記憶體。」

「透過分享記憶體通訊」和「透過通訊分享記憶體」是兩種不同的並發處理方式。其中，「透過分享記憶體通訊」是傳統的並發程式設計處理方式，是指分享的資料需要用鎖進行保護，goroutine 需要獲取到鎖，才能並發存取資料。

「透過通訊分享記憶體」則是類似於 CSP 模型的方式，透過通訊的方式，一個 goroutine 可以把資料的「所有權」交給另一個 goroutine（雖然 Go 中沒有「所有權」的概念，但是從邏輯上說，你可以把它理解為所有權的轉移）。

從 channel 的歷史和設計哲學上，我們就可以了解到，channel 類型和基本同步基本操作是有競爭關係的，它適用於並發場景，涉及 goroutine 之間的通訊，可以提供並發保護等。綜合起來，channel 的應用場景可以分為 5 種。這裡先有一個印象，這樣你就可以有目的地去學習 channel 的基本原理了。在第 12 章中，我們會借助具體的例子來介紹這幾種場景。

- **資訊交流**：我們把它當作並發的 buffer 或佇列，解決生產者 - 消費者問題。多個 goroutine 可以並發地作為生產者（producer）和消費者（consumer）。
- **資料傳遞**：一個 goroutine 將資料交給另一個 goroutine，相當於把資料的所有權（引用）交出去。
- **訊號通知**：一個 goroutine 可以將訊號（關閉中、已關閉、資料已準備好等）傳遞給另一個或另一組 goroutine。
- **任務編排**：可以讓一組 goroutine 按照一定的順序並發或串列地執行，這就是編排的功能。
- **互斥鎖**：利用 channel 也可以實現互斥鎖的機制。

接下來，我們來具體介紹 channel 的基本用法。

11.3 channel 的基本用法

你可以向 channel 中發送資料，也可以從 channel 中接收資料。所以，channel 類型（為了講起來方便，下面把 channel 叫作 chan）分為只能接收、只能發送和既可以接收又可以發送三種。下面是它的語法定義。

```
ChannelType = ( "chan" | "chan" "<-" | "<-" "chan" ) ElementType
```

相應地，channel 的正確語法如下：

```
chan string          // 可以發送和接收 string 資料
chan<- struct{}      // 只能發送 struct{} 資料
<-chan int           // 只能從 chan 接收 int 資料
```

我們把既能接收又能發送的 chan 叫作雙向的 chan，把只能發送和只能接收的 chan 叫作單向的 chan。其中，「<-」表示單向的 chan。如果記不住，這裡告訴你一個簡單的記憶方法：這個箭頭總是指向左邊；元素類型總在最右邊。如果箭頭指向 chan，則表示可以向 chan 中發送資料；如果箭頭遠離 chan，則表示可以從 chan 中接收資料。

chan 中的元素可以是任意類型，所以也可能是 chan 類型。比如，下面的 chan 類型是合法的：

```
chan<- chan int
chan<- <-chan int
<-chan <-chan int
chan (<-chan int)
```

但是，怎麼判定箭頭符號屬於哪個 chan 呢？其實，「<-」有一個規則，它總是儘量和左邊的 chan 結合。因此，上面的定義和下面使用括號劃分的含義是一樣的：

```
chan<- （chan int） // <- 和最左邊的 chan 結合
chan<- （<-chan int） // 第一個 <- 和最左邊的 chan 結合，第二個 <- 和左邊第二個 chan 結合
<-chan （<-chan int） // 第一個 <- 和最左邊的 chan 結合，第二個 <- 和左邊第二個 chan 結合
chan (<-chan int) // 因為有括弧，<- 和括弧內的 chan 結合
```

透過 make，我們可以初始化一個 chan，未初始化的 chan 的零值是 nil。我們也可以設置 chan 的容量，比以下面的 chan 的容量是 8192，我們把這樣的 chan 叫作 buffered chan；如果沒有設置，則 chan 的容量是 0，我們把這樣的 chan 叫作 unbuffered chan。

```
make(chan int, 8192)
```

如果 chan 中還有資料，那麼從這個 chan 中接收資料時不會發生阻塞；如果 chan 還未滿（「滿」指達到其最大容量），那麼給它發送資料時也不會發生阻塞；不然就會發生阻塞。unbuffered chan 只有在讀 / 寫都準備好之後才不會發生阻塞，這也是使用 unbuffered chan 時常見的 bug。

還有一個基礎知識需要記住：nil 是 chan 的零值，它是一種特殊的 chan，針對值為 nil 的 chan 發送和接收的呼叫者總是會發生阻塞。

接下來，我們來具體介紹幾種基本操作，分別是發送資料、接收資料和一些其他操作。學會了這幾種操作，你就能真正地掌握 channel 的用法了。

1. 發送資料

向 chan 中發送資料使用「ch<-」，發送資料是一行敘述：

```
ch <- 2000
```

這裡的 ch 類型是 chanint 或 chan<-int。

2. 接收資料

從 chan 中接收資料使用「<-ch」，接收資料也是一行敘述：

```
x := <-ch // 把接收的資料賦值給變數 x
foo(<-ch) // 把接收的資料作為參數傳遞給函式
<-ch // 丟棄接收的資料
```

這裡的 ch 類型是 chanT 或 <-chanT。

在接收資料時，可以傳回兩個值。其中，第一個值是傳回的 chan 中的元素；第二個值（很多人不太熟悉）是 bool 類型，代表是否成功地從 chan 中讀取到一個值。如果第二個值是 false，則表示 chan 已經被關閉，而且 chan 中沒有快取的資料，這個時候，第一個值是零值。所以，如果從 chan 中讀取到一個零值，則可能是 sender 真正發送的零值，也可能是 chan 已關閉（closed）並且沒有快取資料產生的零值。

3. 其他操作

Go 內建的 close、cap、len 函式都可以操作 chan 類型：close 關閉 chan，cap 傳回 chan 的容量，len 傳回 chan 中快取的還未被取走的元素的數量。

有一種說法：channel 是 goroutine 的黏合劑，select 是 channel 的黏合劑。

多個 goroutine 可以透過 channel 傳遞訊息，channel 把一組 goroutine 黏合起來。

多個 channel 可以使用一筆 select 敘述進行資料的發送和接收，這筆 select 敘述把一組 channel 黏合起來。

即使是同一個 channel，select 敘述也可以把它的發送和接收黏合起來。

下面的例子演示了將同一個 channel 的發送和接收作為 select 敘述的 case 子句。

```
func main() {
    var ch = make(chan int, 10)
    for i := 0; i < 10; i++ {
        select {
        case ch <- i: // 發送資料
        case v := <-ch: // 接收資料
            fmt.Println(v)
        }
    }
}
```

chan 還可被應用在 for-range 敘述中。比如：

```
for v := range ch {
    fmt.Println(v)
}

for v,ok := range ch {
    fmt.Println(v, ok)
}
```

或忽略讀取的值，只是清空 chan：

```
for range ch {}
```

至此，channel 的基本用法就介紹完了。下面我們從程式的角度來分析 chan 類型的實現。畢竟，只有掌握了 chan 的實現原理，才能真正地用好它。

11.4 channel 的實現

本節將介紹 channel 的資料結構、初始化方法，以及 send、recv 和 close 三個重要的操作方法。透過學習 channel 的底層實現，你會對 channel 的功能和異常情況有更深的理解。

11.4.1 channel 的資料結構

channel 的資料結構如圖 11.1 所示，它的資料型態是 runtime.hchan。

▲ 圖 11.1 channel 的資料結構

下面具體解釋一下各個欄位的含義。

- **qcount**：代表 chan 中已經接收但還沒有被取走的元素的數量。內建函式 len 可以傳回這個欄位的值。
- **dataqsiz**：佇列的大小。chan 使用一個迴圈佇列來存放元素，迴圈佇列很適合這種生產者 - 消費者的場景（很奇怪，為什麼這個欄位的名稱省略了 size 中的 e）。
- **buf**：存放元素的 buffer。在 channel 建立之時，buf 就建立其包含固定大小的槽位，可以把它看成一個環狀緩衝區，重複使用。
- **elemtype 和 elemsize**：chan 中元素的類型和大小。因為 chan 一旦宣告，它的元素類型就會固定下來，即普通類型或指標類型，所以元素大小也是固定的。
- **sendx**：處理發送資料的指標在 buf 中的位置。一旦接收新的資料，此指標就會加上 elemsize，移動到下一個位置。buf 的總大小是 elemsize 的整數倍，而且 buf 是一個迴圈列表。
- **recvx**：處理接收資料的指標在 buf 中的位置。一旦取出資料，此指標就會移動到下一個位置。
- **recvq**：chan 是多生產者、多消費者的模式，如果消費者因為沒有資料讀取而被阻塞，那麼它就會被加入 recvq 佇列中。
- **sendq**：如果生產者因為 buf 滿了而被阻塞，那麼它就會被加入 sendq 佇列中。

11.4.2 初始化

Go 在編譯的時候，會根據 chan 容量的大小選擇是呼叫 makechan64 還是 makechan。

如圖 11.2 所示的程式是 channel 建立時選擇底層函式的邏輯，它會決定是使用 makechan 還是 makechan64 來實現 chan 的初始化。

go / src / cmd / compile / internal / walk / builtin.go

Code Blame 858 lines (751 loc) · 29.3 KB

```
270 }
271
272 // walkMakeChan walks an OMAKECHAN node.
273 func walkMakeChan(n *ir.MakeExpr, init *ir.Nodes) ir.Node {
274         // When size fits into int, use makechan instead of
275         // makechan64, which is faster and shorter on 32 bit platforms.
276         size := n.Len
277         fnname := "makechan64"
278         argtype := types.Types[types.TINT64]
279
280         // Type checking guarantees that TIDEAL size is positive and fits in an int.
281         // The case of size overflow when converting TUINT or TUINTPTR to TINT
282         // will be handled by the negative range checks in makechan during runtime.
283         if size.Type().IsKind(types.TIDEAL) || size.Type().Size() <= types.Types[types.TUINT].Size() {
284                 fnname = "makechan"
285                 argtype = types.Types[types.TINT]
286         }
287
288         return mkcall1(chanfn(fnname, 1, n.Type()), n.Type(), init, reflectdata.MakeChanRType(base.Pos, n), typecheck.Conv(size, argtype))
289 }
290
```

▲ 圖 11.2 channel 建立時選擇底層函式的邏輯

我們只關注 makechan 就行，因為 makechan64 只是做了大小檢查，底層還是呼叫 makechan 實現的。makechan 的目標就是生成 hchan 物件。

接下來，讓我們看一下 makechan 的主要邏輯。這裡對主要邏輯都加上了註釋，它會根據 chan 的容量大小和元素類型的不同，初始化不同的儲存空間。

```go
func makechan(t *chantype, size int) *hchan {
    elem := t.elem

    // 略去檢查程式
    mem, overflow := math.MulUintptr(elem.size, uintptr(size))

    var c *hchan
    switch {
        case mem == 0:
            // chan 的容量大小或者元素大小是 0，不必創建 buf
            c = (*hchan)(mallocgc(hchanSize, nil, true))
            c.buf = c.raceaddr()
        case elem.ptrdata == 0:
            // 元素不是指標，分配一塊連續的記憶體給 hchan 資料結構和 buf
            c = (*hchan)(mallocgc(hchanSize+mem, nil, true))
            // hchan 資料結構後面緊接著的就是 buf
            c.buf = add(unsafe.Pointer(c), hchanSize)
        default:
            // 元素包含指標，單獨分配 buf
```

```
        c = new(hchan)
        c.buf = mallocgc(mem, elem, true)
    }

    // 元素的大小、元素的類型、chan 的容量都被記錄下來
    c.elemsize = uint16(elem.size)
    c.elemtype = elem
    c.dataqsiz = uint(size)
    lockInit(&c.lock, lockRankHchan)

    return c
}
```

最後，針對不同的容量和元素類型，這段程式分配了不同的物件來初始化 hchan 物件的欄位，傳回 hchan 物件。

11.4.3 發送資料

發送資料給 chan，Go 在編譯時會把發送敘述轉換成 chansend1 函式，該函式會呼叫 chansend。我們來分段學習它的邏輯。

```
func chansend1(c *hchan, elem unsafe.Pointer) {
    chansend(c, elem, true, getcallerpc())
}
func chansend(c *hchan, ep unsafe.Pointer, block bool, callerpc uintptr) bool {
    // 第一部分
    if c == nil {
        if !block {
            return false
        }
        gopark(nil, nil, waitReasonChanSendNilChan,
        traceEvGoStop, 2) throw("unreachable") // ①
    }
    ......
}
```

第一部分是進行判斷：如果 chan 的值為 nil，並且 block 參數的值為 true，則阻塞呼叫者 goroutine，使其處於休眠狀態。所以，①行是不可能執行到的程式。

```
// 第二部分，如果 chan 沒有被關閉，並且 chan 滿了，則直接傳回
if !block && c.closed == 0 && full(c) {
    return false
}
```

第二部分的邏輯是，當向一個已經滿了的 chan 實例發送資料時，如果不阻塞當前的呼叫，則直接傳回。chansend1 函式在呼叫 chansend 時設置了阻塞參數，所以不會執行到第二部分的分支。

```
// 第三部分，chan 已經被關閉的情景
lock(&c.lock) // 開始加鎖
if c.closed != 0 {
    unlock(&c.lock)
    panic(plainError("send on closed channel"))
}
```

第三部分顯示，如果 chan 已經被關閉了，那麼再向這個 chan 中發送資料就會導致 panic。

```
// 第四部分，從接收佇列中出佇列一個等待的 receiver
if sg := c.recvq.dequeue(); sg != nil {
    send(c, sg, ep, func() { unlock(&c.lock) }, 3)
    return true
}
```

第四部分表示，如果等待佇列中有等待的 receiver，則把它從佇列中彈出，然後直接把資料交給它（透過 memmove(dst, src, t.size)），而不需要放入 buf 中，這樣速度可以更快一些。有 receiver，則說明 buf 中沒有資料，否則 receiver 不需要等待，它直接就從 buf 中讀取資料了。

```
// 第五部分，buf 還未滿
if c.qcount < c.dataqsiz {
    qp := chanbuf(c, c.sendx)
```

```
    if raceenabled {
        raceacquire(qp)
        racerelease(qp)
    }
    typedmemmove(c.elemtype, qp, ep)
    c.sendx++
    if c.sendx == c.dataqsiz {
        c.sendx = 0
    }
    c.qcount++
    unlock(&c.lock)
    return true
}
```

第五部分說明當前沒有 receiver，需要把資料放入 buf 中，然後就成功傳回了。

```
// 第六部分，buf 滿了
// chansend1 不會進入 if 區塊，因為 chansend1 的 block=true
if !block {
    unlock(&c.lock)
    return false
}
......
```

第五部分是處理 buf 不滿的情況，第六部分則是處理 buf 滿的情況。如果 buf滿了，那麼sender的goroutine就會被加入sender的等待佇列中，直到被喚醒。這個時候，資料或被取走了，或 chan 被關閉了。

我們可以查看 chansend 來了解發送的程式。

接下來有一個問題：在什麼情況下 block 參數的值為 false 呢？在下面的 select 敘述中，向 chan 中發送資料時 block 參數就被編譯成 false 了。

```
package main

func main() {
    ch := make(chan int)
```

```
    select {
    case ch <- 1: // ①
    default:
    }
}
```

反編譯，可以看到①行程式被編譯成 runtime.selectnbsend，如圖 11.3 所示。

```
0x0024 00036 (chan/main.go:4)   CALL    runtime.makechan(SB)
0x0028 00040 (chan/main.go:4)   MOVD    R0, main.ch-16(SP)
0x002c 00044 (chan/main.go:7)   MOVD    R0, main..autotmp_1-8(SP)
0x0030 00048 (chan/main.go:7)   MOVD    $1, R2
0x0034 00052 (chan/main.go:7)   MOVD    R2, main..autotmp_2-24(SP)
0x0038 00056 (chan/main.go:7)   MOVD    $main..autotmp_2-24(SP), R1
0x003c 00060 (chan/main.go:7)   CALL    runtime.selectnbsend(SB)
```

▲ 圖 11.3 反編譯的結果

runtime.selectnbsend 這個方法名稱中的 nb 代表的是 non-blocking，在這種情況下，傳給 chansend 的 block 參數的值為 false。

```
func selectnbsend(c *hchan, elem unsafe.Pointer) (selected bool) {
    return chansend(c, elem, false, getcallerpc())
}
```

整體上看，chansend 的實現邏輯雖然多，但是可以按照順序閱讀下來，並沒有複雜的分支。chansend 的流程如圖 11.4 所示，你可以參考這個流程來理解 chansend 的實現邏輯。

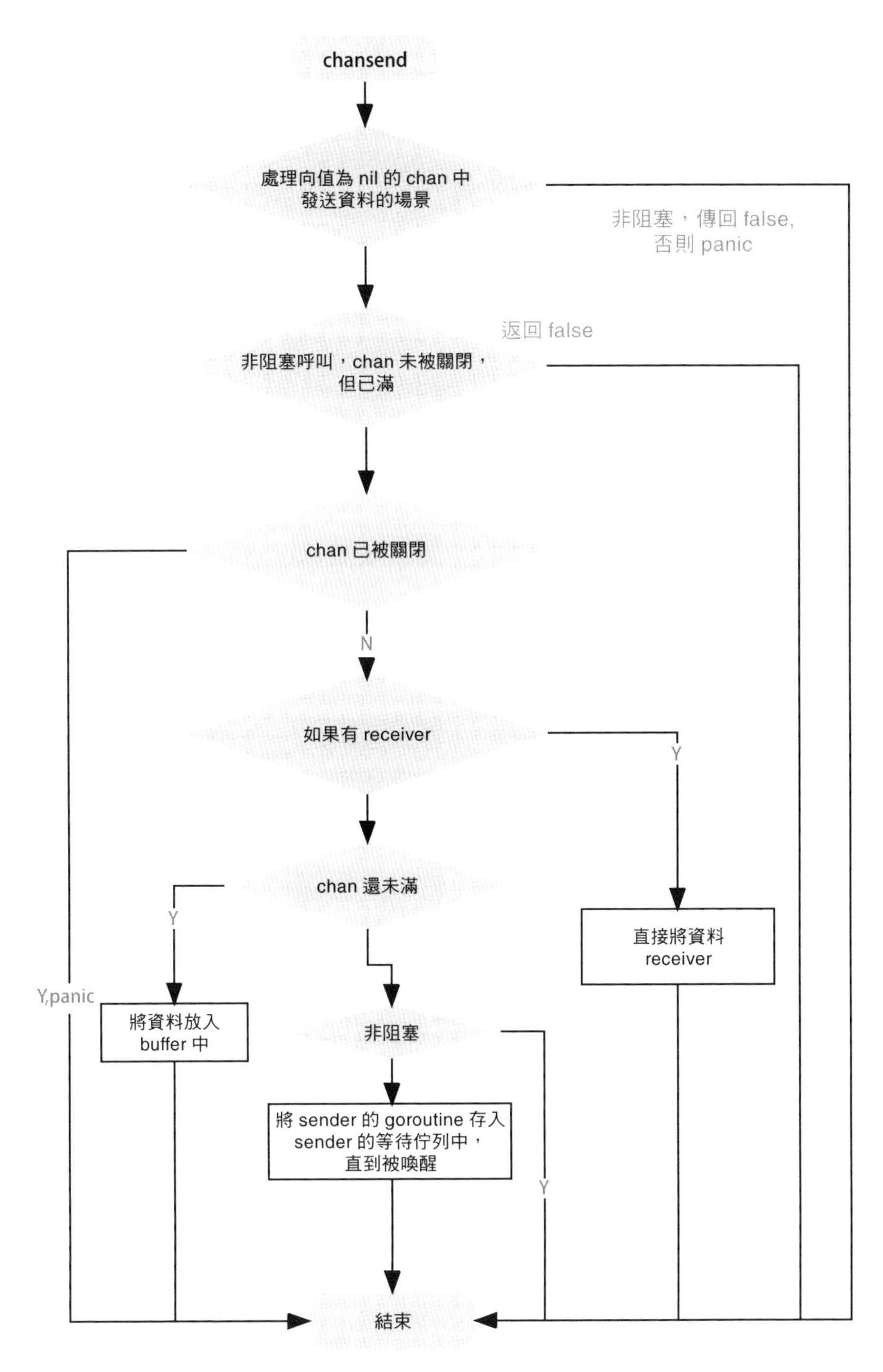

▲ 圖 11.4 chansend 的流程圖

11.4.4 接收資料

在處理從 chan 中接收資料時，Go 會把接收敘述轉換成 chanrecv1 函式；如果要傳回兩個值，則會轉換成 chanrecv2 函式。chanrecv1 和 chanrecv2 會呼叫 chanrecv 函式。我們也來分段學習它的邏輯。

```
func chanrecv1(c *hchan, elem unsafe.Pointer) {
    chanrecv(c, elem, true)
}
func chanrecv2(c *hchan, elem unsafe.Pointer) (received bool) {
    _, received = chanrecv(c, elem, true)
    return
}

func chanrecv(c *hchan, ep unsafe.Pointer, block bool) (selected, received bool) {
    // 第一部分，chan 的值為 nil
    if c == nil {
        if !block {
            return
        }
        gopark(nil, nil, waitReasonChanReceiveNilChan, traceEvGoStop, 2)
        throw("unreachable")
    }
    ......
}
```

chanrecv1 和 chanrecv2 傳入的 block 參數的值為 true，都是阻塞方式，所以我們在分析 chanrecv 的實現時，不考慮 block 參數的值為 false 的情況。

第一部分是 chan 的值為 nil 的情況。和發送資料一樣，從值為 nil 的 chan 中接收（讀取、獲取）資料時，呼叫者會被永遠阻塞。

```
// 第二部分 , block 參數的值為 false 且 c 為空
if !block && empty(c) {
    ......
}
```

第二部分，你可以直接忽略，因為不是我們要分析的場景。

```
// 加鎖，傳回時釋放鎖
lock(&c.lock)
// 第三部分，chan 已經被關閉，且為空，已經沒有資料了
if c.closed != 0 && c.qcount == 0 {
    unlock(&c.lock)
    if ep != nil {
        typedmemclr(c.elemtype, ep)
    }
    return true, false
}
```

第三部分是 chan 已經被關閉的情況。如果 chan 已經被關閉了，並且佇列中沒有快取的資料，那麼傳回 true 和 false。

```
// 第四部分，如果 sendq 佇列中有等待發送的 sender
if sg := c.sendq.dequeue(); sg != nil {
    recv(c, sg, ep, func() { unlock(&c.lock) }, 3)
    return true, true
}
```

第四部分是處理 buf 滿的情況。檢查 sendq 佇列中是否有等待的 sender，然後呼叫 recv 函式。

recv 函式稍顯複雜，它專門處理 channel 滿的情況。這時可能會遇到兩種情況：

- 對於同步的 channel，比如 unbuffered 的 channel，將 sender 的資料直接給 receiver 即可。
- 對於非同步的 channel，需要從 buf 中取出一個資料給 receiver，然後將這個 sender 的資料放入 buf 中。

當然，它內部並不涉及資料的複製，而是透過環狀緩衝區和索引的方式來實現，避免進行大量的複製操作。基本上，這就是並發模式中多寫多讀的模式。

```
// 第五部分，沒有等待的 sender，buf 中有資料
if c.qcount > 0 {
    qp := chanbuf(c, c.recvx)
    if ep != nil {
        typedmemmove(c.elemtype, ep, qp)
    }
    typedmemclr(c.elemtype, qp)
    c.recvx++
    if c.recvx == c.dataqsiz {
        c.recvx = 0
    }
    c.qcount--
    unlock(&c.lock)
    return true, true
}

if !block {
    unlock(&c.lock)
    return false, false
}

// 第六部分，buf 中沒有資料，發生阻塞
......
```

第五部分是處理沒有等待的 sender 的情況。chanrecv 和 chansend 分享一個大鎖，所以不會有並發的問題。如果 buf 中有資料，就取出一個資料給 receiver。

第六部分是處理 buf 中沒有資料的情況。如果 buf 中沒有資料，那麼當前的 receiver 就會被阻塞，直到它從 sender 那裡接收了資料，或 chan 被關閉了，才傳回。

與 chansend 類似，什麼時候 chanrecv 的 block 參數的值為 false 呢？下面的情況會將 block 參數的值設置為 false。

```
select {
    case <-ch:
    default:
}
```

case 這一行會被編譯成 runtime.selectnbrecv，runtime.selectnbrecv 會將 block 參數的值設置為 false。

```
func selectnbrecv(elem unsafe.Pointer, c *hchan) (selected, received bool) {
    return chanrecv(c, elem, false)
}
```

chanrecv 的流程如圖 11.5 所示。與 chansend 的風格一致，也是連續處理的，遇到短路徑就傳回，沒有特別的複雜分支，所以也容易理解。

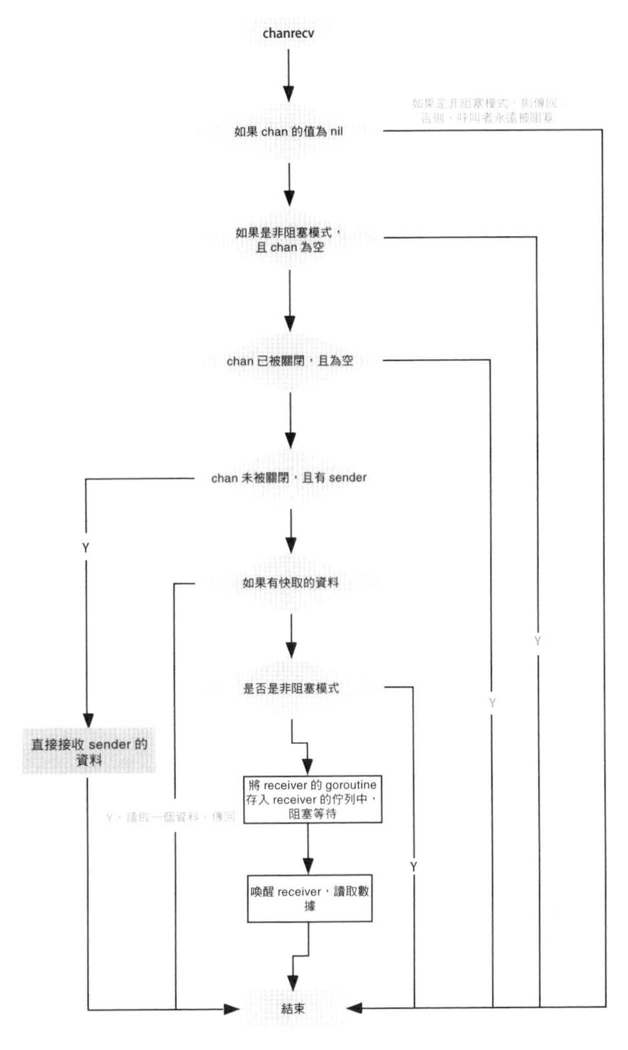

▲ 圖 11.5 chanrecv 的流程圖

11.4.5 關閉 channel

使用 close 函式可以關閉 chan，編譯器會將其替換成 closechan 函式的呼叫。

下面的程式是關閉 chan 的主要邏輯。如果 chan 的值為 nil，則關閉它會導致 panic；如果 chan 已被關閉，那麼再次關閉它也會導致 panic。如果 chan 的值不為 nil，chan 也沒有被關閉，那麼就把等待佇列中的 sender（writer）和 receiver（reader）從佇列中全部移除並喚醒。

喚醒 writer 會導致另一個後果：如果此時 channel 是滿的，而被喚醒的 writer 繼續嘗試向這個已滿的 channel 中寫入資料，則也會導致 panic。

```
func closechan(c *hchan) {
    if c == nil { // chan 的值為 nil，導致 panic
        panic(plainError("close of nil channel"))
    }

    lock(&c.lock)
    if c.closed != 0 {// chan 已經被關閉，導致 panic
        unlock(&c.lock)
        panic(plainError("close of closed channel"))
    }

    c.closed = 1

    var glist gList

    // 釋放所有的 reader
    for {
        sg := c.recvq.dequeue()
        ......
        gp := sg.g
        ......
        glist.push(gp)
    }

    // 釋放所有的 writer ( 它們會導致 panic)
    for {
        sg := c.sendq.dequeue()
```

```
        ......
        gp := sg.g
        ......
        glist.push(gp)
    }
    unlock(&c.lock)


    for !glist.empty() {
        gp := glist.pop()
        gp.schedlink = 0
        goready(gp, 3)
    }
}
```

以上，就是 channel 的基本用法和實現原理。

我們可以看到，channel 提供了一些性能最佳化的演算法，避免讀 / 寫無謂地複製。並且，channel 內部使用了一個執行時期實現的 Mutex，有些人（包括 Go 開發團隊）會使用它來代替 sync.Mutex，這在某些場景下沒問題，但是在有些情況下，比如要考慮饑餓等場景時，channel 就實現不了了，這個時候使用 sync.Mutex 比較好。

11.5 channel 的使用陷阱

根據 2019 年第一篇全面分析 Go 並發 bug 的論文中所講，在一些知名的 Go 專案中，使用 channel 所出現的 bug 反而比使用傳統的同步基本操作所出現的 bug 還要多。究其原因，主要有兩個：一是 channel 的概念比較新，程式設計師還不能極佳地掌握其相應的使用方法和最佳實踐；二是 channel 有時候比傳統的同步基本操作更複雜，使用起來很容易顧此失彼。

channel 有值為 nil 的時候，有空（empty）的時候，有滿的時候，有已經被關閉的時候，有 buffered 和 unbuffered 之分，還有 receive、send、close 三種操作，將它們組合起來，channel 的行為就有很多種。如表 11.1 所示為 channel 的行為矩陣，你應該牢記這個表格。

▼ 表 11.1 channel 的行為矩陣

	nil	不可為空（not empty）	空（empty）	滿（full）	不滿（not full）	關閉（closed）
receive	阻塞	讀到值	阻塞	讀到值	讀到值	既有的值讀取完後，傳回零值
send	阻塞	寫入值	寫入值	阻塞	寫入值	panic
close	panic	正常關閉	正常關閉	正常關閉	正常關閉	panic

要牢記導致阻塞的情況，避免 goroutine 洩漏。

要牢記導致 panic 的情況，避免程式崩潰。

11.5.1 panic 和 goroutine 洩漏

使用 channel 最常見的錯誤是 panic 和 goroutine 洩漏。我們先來總結一下會導致 panic 的情況，一共有 3 種：

- 關閉值為 nil 的 chan。
- 向已經關閉的 chan 中發送資料。
- 再次關閉已經關閉的 chan。

goroutine 洩漏的問題也很常見，下面的程式是一個實際專案中的例子。

```
func process(timeout time.Duration) bool {
    ch := make(chan bool)

    go func() {
        // 模擬處理耗時的任務
        time.Sleep((timeout + time.Second))
        ch <- true // ①
        fmt.Println("exit goroutine")
    }()
    select {
        case result := <-ch:
```

```
            return result
        case <-time.After(timeout):
            return false
    }
}
```

在這個例子中，process 函式會啟動一個 goroutine，來處理需要長時間執行的任務，處理完之後，會發送 true 到 chan 中，目的是通知其他等待的 goroutine，可以繼續處理了。

我們來看一下 select 敘述，主 goroutine 接收到任務處理完成的通知或逾時就傳回了。這段程式有問題嗎？

如果發生逾時，process 函式就傳回了，這就會導致 unbuffered 的 chan 沒有被讀取。我們知道，unbuffered chan 必須等 reader 和 writer 都準備好了才能相互交流，否則就會發生阻塞。逾時導致未讀取，結果就是子 goroutine 被阻塞在①行處永遠結束不了，進而導致 goroutine 洩漏。

解決這個 bug 的方法很簡單，就是將 unbuffered chan 改成容量為 1 的 chan，這樣在①行處就不會發生阻塞了。

Go 的開發者極力推薦使用 channel，不過近幾年，大家意識到 channel 並不是處理並發問題的「銀彈」，有時候使用同步基本操作更簡單，而且不容易出錯。下面提供一套選擇的方法供參考：

- 對分享資源的並發存取使用傳統的同步基本操作。
- 複雜的任務編排和訊息傳遞使用 channel。
- 訊息通知機制使用 channel，除非只想通知一個 goroutine，才使用 Cond。
- 簡單等待所有任務的完成使用 WaitGroup，也有 channel 的推崇者使用 channel，它們都可以。
- 需要和 select 敘述結合時，使用 channel。
- 需要和逾時配合時，使用 channel 和 Context。

11.5.2 知名專案踩過的坑

知名專案使用 channel 踩過的坑比比皆是，下面介紹幾個。

etcd#6857 是一個程式發生阻塞的問題：在異常情況下，沒有向 chan 實例中填充所需的元素，導致等待者永遠等待。具體來說，Status 方法的邏輯是生成一個 chanStatus，然後把這個 chan 交給其他的 goroutine 來處理和寫入資料，最後 Status 傳回所獲取的狀態資訊。

如果這時正好節點停止了，沒有 goroutine 來填充這個 chan，就會導致方法被阻塞在傳回的那一行上（圖 11.6 中的第 466 行）。解決方法就是在等待 Status 傳回元素的同時，檢查節點是不是已經停止了（done 是不是已經關閉了）。

修改後的程式如圖 11.6 所示。

```
8 raft/node.go
@@ -462,8 +462,12 @@ func (n *node) ApplyConfChange(cc pb.ConfChange) *pb.ConfState {
462 462
463 463    func (n *node) Status() Status {
464 464            c := make(chan Status)
465     -          n.status <- c
466     -          return <-c
    465 +          select {
    466 +          case n.status <- c:
    467 +                  return <-c
    468 +          case <-n.done:
    469 +                  return Status{}
    470 +          }
467 471    }
468 472
469 473    func (n *node) ReportUnreachable(id uint64) {
```

▲ 圖 11.6 Status 方法被阻塞

其實，我感覺這個修改還是有問題的。如果程式執行了第 466 行，成功地把 c 寫入 Status 待處理的佇列後，執行到第 467 行時，這個節點停止了，那麼 Status 方法就會被阻塞在第 467 行。你可以自己研究一下，看看是不是這樣的。

不過，現在的 etcd 已經重構了，這段程式也不存在了。

etcd#5505 雖然沒有任何的 bug 描述，但是從修復的內容來看，它是一個向已經關閉的 chan 中寫入資料導致 panic 的問題。

etcd#11256 是因為 unbuffered chan 導致 goroutine 洩漏的問題。在 TestNode Propose-AddLearnerNode 函式中一開始定義了一個 unbuffered chan，也就是 applyConfChan，然後啟動一個子 goroutine，這個子 goroutine 會在迴圈中執行業務邏輯，並且不斷地向這個 chan 中添加元素。在 TestNodeProposeAdd LearnerNode 方法的末尾處，會從這個 chan 中讀取一個元素。

這段程式在 for 迴圈中向此 chan 中寫入了一個元素，結果導致 TestNode Propose-AddLearnerNode 從這個 chan 中讀取到元素就傳回了。悲劇的是，子 goroutine 的 for 迴圈還在執行，被阻塞在圖 11.7 中的第 851 行，並且一直阻塞在那裡。這個 bug 的修復也很簡單，只要改動一下 applyConfChan 的處理邏輯就可以了：子 goroutine 的 for 迴圈中的主要邏輯完成之後，再向 applyConfChan 中發送元素，這樣，TestNodeProposeAddLearnerNode 收到通知繼續執行，子 goroutine 也不會被阻塞了。

```
831  831                 case rd := <-n.Ready():
832  832                         s.Append(rd.Entries)
833  833                         t.Logf("raft: %v", rd.Entries)
834  834                         for _, ent := range rd.Entries {
835  835                                 if ent.Type != raftpb.EntryConfChange {
836  836                                         continue
837  837                                 }
838  838                                 var cc raftpb.ConfChange
839  839                                 cc.Unmarshal(ent.Data)
840  840                                 state := n.ApplyConfChange(cc)
841  841                                 if len(state.Learners) == 0 ||
842  842                                         state.Learners[0] != cc.NodeID ||
843  843                                         cc.NodeID != 2 {
844  844                                         t.Errorf("apply conf change should return new added learner: %v", state.String())
845  845                                 }
846  846
847  847                                 if len(state.Voters) != 1 {
848  848                                         t.Errorf("add learner should not change the nodes: %v", state.String())
849  849                                 }
850  850                                 t.Logf("apply raft conf %v changed to: %v", cc, state.String())
851       -                             applyConfChan <- struct{}{}
852  851                         }
     852  +                     applyConfChan <- struct{}{}
853  853                         n.Advance()
```

▲ 圖 11.7 channel 阻塞導致子 goroutine 無法退出

etcd#9956 是向一個已經關閉的 chan 中發送資料導致 panic 的問題，其實它是 grpc 的 bug（grpc#2695），修復方法就是不關閉這個 chan，如圖 11.8 所示。

```
@@ -237,7 +231,6 @@ func (ht *serverHandlerTransport) WriteStatus(s *Stream, st *status.Status) erro
237  231             if ht.stats != nil {
238  232                     ht.stats.HandleRPC(s.Context(), &stats.OutTrailer{})
239  233             }
240      -           close(ht.writes)
241  234         }
242  235         ht.Close()
243  236         return err
```

▲ 圖 11.8 向一個已經關閉的 chan 中發送資料導致 panic

只看 etcd，我們就看到了這麼多誤用 channel 的情況，更不用說其他的 Go 開放原始碼專案了。可見，雖然 channel 使用起來很方便，但是不能隨便地使用 channel。

12 channel 的內部實現和陷阱

本章內容包括：

- 使用反射操作 select 和 channel
- channel 的應用場景

第 11 章介紹了 channel 的基礎知識，並且總結了它的幾種應用場景。在這一章中，我們將透過實例的方式，一個一個介紹 Channel 的這些應用場景，幫助你鞏固和完全掌握 channel 的用法。

在本章開始之前，我們先補充一個基礎知識：透過反射的方式執行 select 敘述。這在處理有很多的 case 子句，尤其是不定長的 case 子句的情況時非常有用。而且，後面在介紹任務編排的實現時，也會採用這種方法。所以，這裡先介紹一下 channel 的反射用法。

12.1 使用反射操作 select 和 channel

使用 select 敘述可以處理 chan 的 send 和 recv，send 和 recv 都可以作為 case 子句。如果需要同時處理兩個 chan，則可以寫成下面的樣子：

```
select {
    case v := <-ch1:
        fmt.Println(v)
    case v := <-ch2:
        fmt.Println(v)
}
```

或，一個 chan 用於發送，另一個 chan 用於接收：

```
select {
    case v := <-ch1:
        fmt.Println(v)
    case v -> ch2:
        fmt.Println(v)
}
```

如果需要處理三個 chan，則可以再添加一個 case 子句，用它來處理第三個 chan；如果需要處理四個 chan，那麼就再添加一個 case 子句。可是，如果要處理 100 個 chan、 1000 個 chan 呢？

或者，chan 的數量在編譯時是不定的，在執行時期需要處理一組 channel 時，也沒有辦法在程式中寫成 select 敘述。那該怎麼辦？

這個時候，就要「祭」出反射大法了。

透過 reflect.Select 函式，可以傳入一組執行時期的 case 子句，當作參數執行。Go 的 select 是偽隨機的，它可以在執行的 case 中隨機選擇一個 case，並傳回這個 case 的索引

（chosen）。如果沒有可用的 case，則會傳回一個 bool 類型的值，這個值用來表示是否有 case 被成功選擇。如果是 recvcase，還會傳回所接收的元素。Select 函式的簽名如下：

```
func Select(cases []SelectCase) (chosen int, recv Value, recvOK bool)
```

下面我們透過一個例子來演示動態處理兩個 chan 的情形。因為可以動態處理 case 數據，所以可以傳入成千上萬個 chan，這就解決了不能動態處理 *n* 個 chan 的問題。

首先，createCases 函式分別為每個 chan 生成了 recv case 和 send case，並傳回一個 reflect.SelectCase 陣列。

然後，透過一個迴圈 10 次的 for 迴圈執行 reflect.Select，這個函式會從 cases 中選擇一個 case 執行。第一次選擇的肯定是 send case，因為此時 chan 中還沒有元素，recv 還不可用。等 chan 中有了元素以後，就可以選擇 recv case 了。這樣一來，我們就可以處理不定數量的 chan 了。

```
func main() {
    var ch1 = make(chan int, 10)
    var ch2 = make(chan int, 10)

    // 創建 SelectCase
    var cases = createCases(ch1, ch2)

    // 執行 10 次 select
    for i := 0; i < 10; i++ {
```

```
        chosen, recv, ok := reflect.Select(cases)
        if recv.IsValid() { // recv case
            fmt.Println("recv:", cases[chosen].Dir, recv, ok)
        } else { // send case
            fmt.Println("send:", cases[chosen].Dir, ok)
        }
    }
}

// 利用反射創建 case
func createCases(chs ...chan int) []reflect.SelectCase {
    var cases []reflect.SelectCase

    // 創建 recv case
    for _, ch := range chs {
        cases = append(cases, reflect.SelectCase{
            Dir: reflect.SelectRecv,
            Chan: reflect.ValueOf(ch),
        })
    }

    // 創建 send case
    for i, ch := range chs {
        v := reflect.ValueOf(i)
        cases = append(cases, reflect.SelectCase{
            Dir: reflect.SelectSend,
            Chan: reflect.ValueOf(ch),
            Send: v,
        })
    }

    return cases
}
```

在做一些底層的 channel 處理時，這個技巧很有用，可以把 channel 的應用玩出花兒來。這也是我們必須要掌握的基礎知識。

12.2 channel 的應用場景

在第 11 章我們了解了 channel 的 5 種應用場景，這裡將詳細介紹這些應用場景，你也可以把它們看作 channel 的架構應用模式。

12.2.1 資訊交流

從 channel 的內部實現來看，它是以一個迴圈佇列的方式存放資料的，所以，有時候它也會被當成執行緒安全的佇列和 buffer 使用。一個 goroutine 可以安全地向 channel 中寫入資料，另一個 goroutine 可以安全地從 channel 中讀取資料，這樣 goroutine 就可以安全地實現資訊交流了。

我們來看兩個例子。

第一個例子是關於 worker 池的。Marcio Castilho 在「Handling 1 Million Requests per Minute with Go」這篇文章中，就介紹了他們應對大並發請求的設計。他們將使用者的請求放在一個 chan Job 中，這個 chan Job 就相當於一個待處理任務佇列。此外，還有一個 chan chan Job 佇列，是用來存放可以處理任務的 worker 的快取佇列。dispatcher 會把待處理任務佇列中的任務放到一個可用的快取佇列中，worker 會一直處理它的快取佇列。透過使用 channel，實現了一個 worker 池的任務處理中心，並且解耦了前端 HTTP 請求處理和後端任務處理的邏輯。

前面在介紹 Pool 的時候，提到了一些第三方實現的 worker 池，它們大部分都是透過 channel 實現的。這是 channel 的常見的應用場景。很少有人會去實現佇列 +Mutex 的方式，或 lock-free 佇列的方式，因為使用 channel 既方便又高效。worker 池的生產者和消費者的資訊交流都是透過 channel 實現的。

第二個例子是 etcd 中 node（節點）的實現，包含大量的 chan 欄位，比如 recvc 是訊息處理的 chan，待處理的 protobuf 訊息都被放在這個 chan 中，node 有一個專門的 goroutine 負責處理這些訊息，如圖 12.1 所示。

這個例子的特點就是把 channel 當作執行緒安全的佇列和 buffer，實現多讀多寫的並發場景。

```
252  type node struct {
253          propc       chan msgWithResult
254          recvc       chan pb.Message
255          confc       chan pb.ConfChangeV2
256          confstatec chan pb.ConfState
257          readyc      chan Ready
258          advancec    chan struct{}
259          tickc       chan struct{}
260          done        chan struct{}
261          stop        chan struct{}
262          status      chan chan Status
263
264          rn *RawNode
265  }
```

▲ 圖 12.1 etcd 的 node 類型，大量使用 channel

12.2.2 資料傳遞

「擊鼓傳花」的遊戲很多人都玩過，花從一個人傳給另一個人，有點類似於管線的操作。這個花就是資料，花在遊戲者之間流轉，就類似於程式設計中的資料傳遞。

下面是一道任務編排題，其實它就可以用 channel 的資料傳遞的方式來解決。

> **有 4 個 goroutine，編號為 1、2、3、4。每秒都會有一個 goroutine 列印出它自己的編號，要求你撰寫程式，讓輸出的編號總是按照 1、2、3、4、1、2、3、4……這個順序列印出來。**

為了實現順序的資料傳遞，我們可以定義一個權杖變數，誰得到權杖，誰就可以列印一次自己的編號，同時將權杖傳遞給下一個 goroutine。我們嘗試使用 channel 來實現，看下面的程式：

```
type Token struct{}

func newWorker(id int, ch chan Token, nextCh chan Token) {
    for {
```

```
        token := <-ch    // 獲得權杖
        fmt.Println((id + 1)) // id 從 1 開始
        time.Sleep(time.Second)
        nextCh <- token
    }
}
func main() {
    chs := []chan Token{make(chan Token), make(chan Token), make(chan Token),
make(chan Token)}

    // 創建 4 個 worker
    for i := 0; i < 4; i++ {
        go newWorker(i, chs[i], chs[(i+1)%4]) // ①
    }

    // 首先把權杖交給第一個 worker
    chs[0] <- struct{}{} // ②

    select {}
}
```

我們首先定義了一個權杖類型（Token），然後定義了一個建立 worker 的方法，這個方法會從它自己的 chan 中讀取權杖。哪個 goroutine 獲得了權杖，它就可以列印出自己的編號。因為需要每秒列印一次資料，所以讓它休眠 1s 後，再把權杖交給它的下家。

接著，①行啟動每個 worker 的 goroutine，並在②行將權杖先交給第一個 worker。

執行這個程式，你會在命令列看到每秒都輸出一個編號，而且編號是以 1、2、3、4、1、2、3、4……這樣的順序輸出的。

這類場景有一個特點，就是當前持有資料的 goroutine 有一個信箱，信箱是使用 channel 實現的，goroutine 只需要關注自己信箱中的資料，待資料處理完畢後，就把結果發送到下家的信箱中。實際上，這就是並發程式設計的 Actor 模式。

資料傳遞和資訊交流不同，資訊交流模式是有多個 writer 和多個 reader 的，它們分享同一個 channel；而資料傳遞模式是有多個 channel 的，實現了資料在 channel 中的串列傳遞。

12.2.3 訊號通知

channel 類型有這樣一個特點：如果 chan 為空，那麼 receiver 在接收資料時就會發生阻塞等待，直到 chan 被關閉或有新的資料到來。利用這種機制，我們可以實現 wait/notify 的設計模式。

傳統的同步基本操作 Cond 也能實現這個功能，但是 Cond 使用起來比較複雜，容易出錯，而使用 channel 實現 wait/notify 模式就方便多了。

除了正常的業務處理需要實現 wait/notify 模式，我們經常還會遇到這樣一個場景，就是程式關閉時，在退出之前需要做一些清理工作（使用 doCleanup 方法）。此時，我們通常使用 channel。

舉例來說，使用 channel 實現程式的優雅退出，但在退出之前需要執行關閉連接、關閉檔案、快取落盤等動作。

```
func main() {
    go func() {
        ...... // 執行業務處理
    }()

    // 處理 "Ctrl+C" 等中斷訊號
    termChan := make(chan os.Signal)
    signal.Notify(termChan, syscall.SIGINT, syscall.SIGTERM)
    <-termChan

    // 執行退出之前的清理動作
    doCleanup()

    fmt.Println(" 優雅退出 ")
}
```

有時候，doCleanup 的執行可能是一個很耗時的操作，比如十幾分鐘才能完成，如果程式退出需要等待這麼長時間，那麼使用者是不能接受的。所以，在實踐中，我們需要設置一個最長的等待時間，只要超過了這個時間，程式就不再等待，可以直接退出。所以，在退出時分為兩個階段：

- closing（正在關閉中），代表程式退出，但是清理工作還沒做。
- closed（已關閉），代表清理工作已經做完。

將上面的例子改寫如下：

```
func main() {
    var closing = make(chan struct{})
    var closed = make(chan struct{})

    go func() {
        // 模擬業務處理
        for {
            select {
                case <-closing:
                    return
                default:
                    // 業務計算
                    time.Sleep(100 * time.Millisecond)
            }
        }
    }()

    // 處理 "Ctrl+C" 等中斷訊號
    termChan := make(chan os.Signal)
    signal.Notify(termChan, syscall.SIGINT, syscall.SIGTERM)
    <-termChan

    close(closing)
    // 執行退出之前的清理動作
    go doCleanup(closed)

    select {
    case <-closed:
    case <-time.After(time.Second):
```

```
        fmt.Println(" 清理逾時，不等了 ")
    }
    fmt.Println(" 優雅退出 ")
}

func doCleanup(closed chan struct{}) {
    time.Sleep((time.Minute))
    close(closed)
}
```

12.2.4 互斥鎖

使用 channel 也可以實現互斥鎖。

在 channel 的內部實現中，就有一個互斥鎖保護著它的所有欄位。從外在表現上，chan 的發送和接收之間存在著 happens before 的關係（happens before 是指事件發生的先後順序關係，在下一章中將詳細介紹它，這裡你只需要知道它是一種描述事件先後順序的方法即可），保證只有將元素放進 chan 中之後，receiver 才能從 chan 中讀取到。

使用 channel 實現互斥鎖，至少有兩種方式。其中一種方式是先初始化一個容量為 1 的 chan，然後放入一個元素，這個元素就代表鎖，誰獲得了這個元素，誰就相當於獲取了這個鎖；另一種方式是先初始化一個容量為 1 的 chan，它的「空槽」代表鎖，誰能成功地把元素發送到這個 chan 中，誰就獲得了這個鎖。

這裡重點介紹第一種方式。在理解了第一種方式後，第二種方式也就容易掌握了。

```
// 使用 channel 實現互斥鎖
type Mutex struct {
    ch chan struct{}
}

// 使用鎖需要初始化
func NewMutex() *Mutex {
    mu := &Mutex{make(chan struct{}, 1)}
    mu.ch <- struct{}{}
```

```
    return mu
}

// 請求鎖，直到獲取到
func (m *Mutex) Lock() {
    <-m.ch
}

// 解鎖
func (m *Mutex) Unlock() {
    select {
        case m.ch <- struct{}{}:
        default:
            panic("unlock of unlocked mutex")
    }
}

// 嘗試獲取鎖
func (m *Mutex) TryLock() bool {
    select {
        case <-m.ch:
            return true
        default:
    }
    return false
}

// 加入一個逾時的設置
func (m *Mutex) LockTimeout(timeout time.Duration) bool {
    timer := time.NewTimer(timeout)
    select {
        case <-m.ch:
            timer.Stop()
            return true
        case <-timer.C:
    }
    return false
}

// 鎖是否已被持有
```

```
func (m *Mutex) IsLocked() bool {
    return len(m.ch) == 0
}

func main() {
    m := NewMutex()
    ok := m.TryLock()
    fmt.Printf("locked v %v\n", ok)
    ok = m.TryLock()
    fmt.Printf("locked %v\n", ok)
}
```

我們可以使用 buffer 為 1 的 chan 來實現互斥鎖。在初始化這個鎖的時候，向 chan 中先放入一個元素，誰把這個元素取走，誰就獲取了這個鎖，把元素放回去，就是釋放了鎖。在將元素放回到 chan 中之前，不會有 goroutine 能從 chan 中取出元素，這就保證了互斥性。

在這段程式中，還有一點需要我們關註：利用 select+chan 的方式，可以很容易實現 TryLock、Timeout 的功能。具體來說，就是在 select 敘述中，可以使用 default 實現 TryLock，使用 timer 實現 Timeout 的功能。

```
func (m *Mutex) TryLock(timeout time.Duration) bool {
    timer := time.NewTimer(timeout)
    select {
        case <-m.ch:
            timer.Stop()
            return true
        case <-timer.C:
    }
    return false
}
```

這是相對於 sync.Mutex 的優勢，更容易實現 Timeout 的功能。但是第 11 章中講到， channel 的實現使用的是執行時期的 Mutex，這個執行時期的 Mutex 是滿足執行時期使用的，並不像 sync.Mutex 做了那麼多的最佳化。所以，專業的場景就交給專業的基本操作來處理，互斥場景還是交給 sync.Mutex 來處理，除非是需要 Timeout 等，或需要使用 select 黏合其他 channel 的場景。

其實，使用 channel 還可以很方便地實現訊號量，但在本章中就不多做介紹了，第 14 章會專門介紹。

12.2.5 任務編排

前面所講的資訊交流的場景是一個特殊的任務編排場景，那種「擊鼓傳花」的模式也被稱為管線模式。第 4 章介紹 WaitGroup 時講到，我們可以利用 WaitGroup 實現等待批次任務的執行：啟動一組 goroutine 執行任務，然後等待這些任務的完成。其實，我們也可以使用 channel 實現 WaitGroup 的功能。這個實現比較簡單，這裡就不舉例子了，接下來介紹幾種更複雜的編排模式。這裡說的編排既指安排 goroutine 按照指定的循序執行，也指多個 channel 按照指定的方式組合處理。goroutine 的編排類似於「擊鼓傳花」的例子，透過編排資料在 channel 之間的流轉，就可以控制 goroutine 的執行。

下面重點介紹多個 channel 的編排模式，一共有 6 種，分別是 Or-Done 模式、扇入模式、扇出模式、Stream 模式、管道模式和 map-reduce 模式。

1. Or-Done 模式

Or-Done 模式是一種更寬泛的訊號通知模式。下面先來解釋一下「訊號通知模式」。

我們會使用「訊號通知」來實現某個任務執行完成後的通知機制。在實現時，我們為這個任務定義一個類型為 chan struct{} 的 done 變數，當任務執行結束後，就可以關閉這個變數，然後，其他 receiver 就會收到這個訊號。這是有一個任務的情況。

如果有多個任務，那麼只要任意一個任務執行完成，就可以傳回任務完成的訊號。這就是 Or-Done 模式。

舉例來說，將同一個請求發送到多個微服務節點，只要任意一個微服務節點傳回結果，就算成功。你可以參考下面的實現：

```
func or(channels ...<-chan any) <-chan any {
    // 特殊情況，只有零個或者一個 chan
    switch len(channels) {
        case 0:
            return nil
        case 1:
            return channels[0]
    }

    orDone := make(chan any)
    go func() {
        defer close(orDone)

        switch len(channels) {
            case 2: // 有兩個 chan，也是一種特殊情況
                select {
                    case <-channels[0]:
                    case <-channels[1]:
                }
            default: // 超過兩個，二分法遞迴處理
                m := len(channels) / 2
                select {
                    case <-or(channels[:m]...):
                    case <-or(channels[m:]...):
                }
        }
    }()

    return orDone
}
```

撰寫一個程式測試它，看看是不是滿足需求：

```
// 生成一個定時關閉的 channel
func sig(after time.Duration) <-chan any {
    c := make(chan any)
    go func() {
        defer close(c)
        time.Sleep(after)
    }()
```

```
    return c
}

func main() {
    start := time.Now()
    // 生成一組不同時間關閉的 channel，只要有一個 channel 關閉了，就往下執行
    <-or(
        sig(10*time.Second),
        sig(20*time.Second),
        sig(30*time.Second),
        sig(40*time.Second),
        sig(50*time.Second),
        sig(01*time.Minute),
    )

    fmt.Printf("done after %v", time.Since(start))
}
```

執行這個程式，輸出結果符合預期，10s 後有一個 channel 產生了訊號，如圖 12.2 所示。

```
 smallnest@birdnest  ⌂ > ▱ > ▱ > ▱ > ▱ > ▱ > ▱ > ▱ > or-done  master  go run main.go
done after 10.001585625s
 smallnest@birdnest  ⌂ > ▱ > ▱ > ▱ > ▱ > ▱ > ▱ > or-done  master  █
```

▲ 圖 12.2 Or-Done 模式在第一個時間點就觸發了事件

這種模式的好處是可以接收任意多的訊號來源，任意一個訊號來源有訊號就可以產生輸出。

Or-Done 這個名稱也反映了這種模式的原理，Or 是任意一個條件滿足的意思，Done 有完成的意思。

這裡的實現使用了一種巧妙的方式。當 chan 的數量大於 2 時，使用遞迴的方式等待訊號。但在 chan 數量比較多的情況下，遞迴並不是一種很好的解決方式。根據本章一開始介紹的反射方式，我們也可以使用反射方式來實現 Or-Done 模式。

```go
func or(channels ...<-chan interface{}) <-chan interface{} {
    // 特殊情況，只有零個或者一個 chan
    switch len(channels) {
        case 0:
            return nil
        case 1:
            return channels[0]
    }

    orDone := make(chan interface{})
    go func() {
        defer close(orDone)
        // 利用反射建構 SelectCase
        var cases []reflect.SelectCase
        for _, c := range channels {
            cases = append(cases, reflect.SelectCase{
                Dir: reflect.SelectRecv, // 接收敘述
                Chan: reflect.ValueOf(c),
            })
        }

        // 選擇一個可用的 case
        reflect.Select(cases)
    }()

    return orDone
}
```

這是使用反射實現 Or-Done 模式的程式。反射方式避免了深層遞迴，可以處理有大量 chan 的情況，但是性能可能會有損耗。其實最笨的一種方法就是為每一個 chan 啟動一個 goroutine，這會啟動非常多的 goroutine，太多的 goroutine 會影響性能，所以不太常用。

那麼，到底哪種實現好呢？如果對性能沒有太多的要求，則選擇自己喜歡的方式來實現就好；如果對性能有嚴苛的要求，則需要透過基準測試或線上引流測試，確定哪種方式更適合自己，畢竟兩種實現方式各有優缺點。

2. 扇入模式

扇入參考了數位電路的概念，它定義了單一邏輯門能夠接收的數位訊號輸入最大量的術語。一個邏輯門可以有多個輸入、一個輸出。

在軟體工程中，模組的扇入是指有多少個上級模組呼叫它。而對這裡的 channel 扇入模式來說，就是指有多個來源 channel 輸入、一個目的 channel 輸出的情況。扇入比就是來源 channel 的數量比 1 的值。

每個來源 channel 的資料都會被發送給目的 channel，相當於目的 channel 的 receiver 只需要監聽目的 channel，就可以接收所有來自來源 channel 的資料。扇入模式也可以使用反射、遞迴或每個 goroutine 處理一個 channel 的方式來實現。這裡只介紹遞迴和反射兩種方式，幫助你加深對相關技巧的理解。反射方式的程式比較簡短，易於理解，主要就是建構出 SelectCase 切片，然後傳遞給 reflect.Select 方法。

```go
func fanInReflect[T any](chans ...<-chan T) <-chan T {
    out := make(chan T)
    go func() {
        defer close(out)
        var cases []reflect.SelectCase
        for _, c := range chans {
            cases = append(cases, reflect.SelectCase{
                Dir: reflect.SelectRecv, // case 敘述的方向是接收
                Chan: reflect.ValueOf(c),
            })
        }

        for len(cases) > 0 {
            i, v, ok := reflect.Select(cases) // 選擇一個可讀取的 channel
            if !ok { // 如果所選擇的 channel 已被關閉，則從 case 切片中剔除它
                cases = append(cases[:i], cases[i+1:]...)
                continue
            }
            out <- v.Interface().(T)
        }
    }()
```

```
    return out

}
```

遞迴方式是透過兩兩合併（merge），遞迴地合併所有的 channel。

```
func fanInRec[T any](chans ...<-chan T) <-chan T {
    switch len(chans) {
        case 0: // 輸入 channel 的數量為 0
            c := make(chan T)
            close(c)
            return c
            case 1: // 輸入 channel 的數量為 1
                return chans[0]
            case 2: // 輸入 channel 的數量為 2，合併這兩個 channel
                return mergeTwo(chans[0], chans[1])
            default:
                m := len(chans) / 2
                return mergeTwo(
                    fanInRec(chans[:m]...), // 遞迴呼叫
                    fanInRec(chans[m:]...))
    }
}
```

這裡有一個 mergeTwo 方法，它將兩個 channel 合併成一個 channel，是扇入模式的一種特例（只處理兩個 channel）。下面我們透過一段程式來理解這個方法。

```
// 合併兩個 channel 為一個 channel
func mergeTwo[T any](a, b <-chan T) <-chan T {
    c := make(chan T)

    // 使用一個 goroutine 從兩個 channel 中讀取資料，寫入輸出 channel 中
    go func() {
        defer close(c)
        for a != nil || b != nil {
            select {
                case v, ok := <-a:
                    if !ok {
                        a = nil
```

```
                    continue
                }
                c <- v
            case v, ok := <-b:
                if !ok {
                    b = nil
                    continue
                }
                c <- v
            }
        }
    }()
    return c
}
```

3. 扇出模式

有扇入模式，就有扇出模式，這兩種模式是相反的。

扇出模式只有一個來源 channel 輸入，但有多個目的 channel 輸出，扇出比就是 1 比目的 channel 數量的值。扇出模式經常被用在設計模式的觀察者模式中（觀察者模式定義了物件間一對多的組合關係。這樣一來，當一個物件的狀態發生變化時，所有依賴它的物件都會收到通知並自動刷新）。在觀察者模式中，資料發生變動後，多個觀察者都會收到這個變動訊號。

下面是扇出模式的一種實現。從來源 channel 中取出一個資料，依次發送給目的 channel——可以同步發送，也可以非同步發送。

```
func fanOut[T any](ch <-chan T, out []chan T, async bool) {
    go func() {
        defer func() {
            for i := 0; i < len(out); i++ {
                close(out[i])
            }
        }()

        for v := range ch { // 從輸入 channel 中讀取一個資料，發送給各個輸出 channel
            v := v
            for i := 0; i < len(out); i++ {
```

```
                i := i
                if async {
                    go func() {
                        out[i] <- v
                    }()
                } else {
                    out[i] <- v
                }
            }
        }
    }()
}
```

你也可以嘗試使用反射方式來實現扇出模式，這裡就不舉出相關程式了，請自己思考一下。

4. Stream 模式

這裡介紹一種把 channel 當作流式管道使用的方式，也就是把 channel 看作流（Stream），提供跳過幾個資料，或只取其中幾個資料等方法。下面舉出建立串流的方法，這個方法把一個資料切片轉換成串流。

```
// 把一組資料 values 轉換成一個 channel
func asStream[T any](done <-chan struct{}, values ...T) <-chan T {
    s := make(chan T)
    go func() {
        defer close(s)

        for _, v := range values {
            select {
            case <-done:
                return
            case s <- v:
            }
        }

    }()
    return s
}
```

串流建立好以後，該怎麼處理呢？下面介紹處理方法。

- takeN：只取串流中的前 *n* 個資料。
- takeFn：篩選串流中的資料，只保留滿足條件的資料。
- takeWhile：只取前面滿足條件的資料，一旦不滿足條件，就不再取資料。
- skipN：跳過串流中的前幾個資料。
- skipFn：跳過滿足條件的資料。
- skipWhile：跳過前面滿足條件的資料，一旦不滿足條件，就把當前這個資料和以後的資料都輸出給 channel 的 receiver。

這些方法的實現很類似，我們以 takeN 為例來講一下。

```
func takeN[T any](done <-chan struct{}, valueStream <-chan T, num int) <-chan T {
    takeStream := make(chan T)
    go func() {
        defer close(takeStream)
        for i := 0; i < num; i++ { // 唯讀取 num 個資料
            select {
            case <-done:
                return
            case takeStream <- <-valueStream:
            }
        }
    }()
    return takeStream
}
```

我們從來源 channel 中唯讀取 num 個資料，寫入目的 channel。

5. 管道模式

如果把串流串起來，就產生了管道（pipeline) 模式。

下面的例子就是建立一個管道，來源 channel 產生一系列數字，目的 channel 會輸出處理的結果。我們使用 sqrt 方法建立一個管道，對來源 channel 中的數字求平方，寫入目的 channel。

```
package main

import (
    "fmt"

    "golang.org/x/exp/constraints"
)

func asStream[T any](done <-chan struct{}, values ...T) <-chan T {
    ......
}

func sqrt[T constraints.Integer](in <-chan T) <-chan T {
    out := make(chan T)
    go func() {
        for n := range in {
            out <- n * n
        }
        close(out)
    }()
    return out
}
```

撰寫一個程式進行測試，可以看到，經過管道後每個數字都變成了其平方值，如圖 12.3 所示。

```
 smallnest@birdnest  ⌂ > ▭ > ▭ > ▭ > ▭ > ▭ > ▭ > ▭ > pipeline  master  go run main.go
1
4
9
16
25
 smallnest@birdnest  ⌂ > ▭ > ▭ > ▭ > ▭ > ▭ > ▭ > ▭ > pipeline  master  █
```

▲ 圖 12.3 管道模式的輸出結果

6. map-reduce 模式

map-reduce 是一種處理資料的方式，最早是由 Google 公司研究提出的一種大規模資料處理導向的平行計算模型和方法。

不過，這裡要講的並不是分散式的 map-reduce，而是單機單處理程序的 map-reduce 方法。

map-reduce 分為兩個步驟：第一步是映射（map），處理佇列中的資料；第二步是規約（reduce），把清單中的每一個元素按照一定的方式處理成結果，放入結果佇列。

就像做漢堡一樣，map 相當於單獨處理每一種食材，reduce 相當於從每一種食材中取一部分，做成一個漢堡。

我們先來看一下 map 函式的處理邏輯。

```
func mapChan[T, K any](in <-chan T, fn func(T) K) <-chan K {
    out := make(chan K)
    if in == nil {
        close(out)
        return out
    }

    // 啟動一個 goroutine，從輸入中讀取每一個資料，透過 fn 函式轉換後輸出到 out 中
    go func() {
        defer close(out)

        for v := range in {
            out <- fn(v)
        }
    }()

    return out
}
```

reduce 函式的處理邏輯如下：

```
func reduce[T, K any](in <-chan T, fn func(r K, v T) K) K {
    var out K

    if in == nil {
        return out
    }
```

```
    // 從輸入中讀取每一個資料，呼叫函式 fn 更新 out 的值，最後傳回 out
    for v := range in {
        out = fn(out, v)
    }

    return out
}
```

我們可以撰寫一個程式，使用 map-reduce 模式處理一組整數，map 函式是把每個整數乘以 10，reduce 函式是把 map 函式處理的結果累加起來。

```
func asStream(done <-chan struct{}) <-chan int {
    ......
}

func main() {
    in := asStream(nil)

    // map 函式：把每個整數乘以 10
    mapFn := func(v int) int {
        return v * 10
    }

    // reduce 函式 ： 把結果累加起來
    reduceFn := func(r, v int) int {
        return r + v
    }

    sum := reduce(mapChan(in, mapFn), reduceFn)
    fmt.Println(sum)
}
```

執行這個程式，可以看到最終的加和結果是 150，如圖 12.4 所示。

```
 smallnest@birdnest  > > > > > > > mapreduce  master  go run main.go
150
 smallnest@birdnest  > > > > > > > mapreduce  master
```

▲ 圖 12.4 map-reduce 模式的輸出結果

13 Go 記憶體模型

本章內容包括：

- 指令重排和可見性的問題
- sequenced before、synchronized before 和 happens before
- 各種同步基本操作的同步保證
- 不正確的同步

Go 官方文件中專門介紹了 Go 的記憶體模型，很多讀者第一次接觸這個概念時會有誤解，以為它是指 Go 物件的記憶體分配、記憶體回收和記憶體整理的規範。其實不是，它描述的是並發環境中多個 goroutine 讀取相同變數時，對變數可見性的保證。具體來說，就是指在什麼條件下，一個 goroutine 在讀取一個變數的值時，能夠看到其他 goroutine 對這個變數進行的寫入的結果。

由於 CPU 指令重排和多級快取的存在，保證多核心存取同一個變數變得非常複雜。畢竟，不同 CPU 架構（x86/AMD64、ARM、Power 等）的處理方式是不一樣的，再加上編譯器的最佳化也可能對指令進行重排，所以程式語言需要一個規範來明確多個執行緒同時存取同一個變數的可見性和順序（Russ Cox 在麻省理工學院 6.5840 Distributed Systems 課程的一課上專門介紹了相關知識）。在程式語言中，這個規範被稱作記憶體模型。

除了 Go，Java、C++、C、C#、Rust 等程式語言也有記憶體模型或類似的參考文件。為什麼這些程式語言都要定義記憶體模型呢？在我看來，主要有兩個目的：一是向廣大的程式設計師提供一種保證，以便他們在進行設計和開發程式時，面對同一個資料同時被多個 goroutine 存取的情況，可以做一些序列化存取控制，比如使用 channel 或 sync 套件和 sync/atomic 套件中的同步基本操作；二是允許編譯器和硬體對程式進行一些最佳化，這一點其實主要是為編譯器開發者提供的保證，這樣可以方便他們對 Go 的編譯器進行最佳化。

Go 的記憶體模型規範很早就發佈了，但是其中還有一些模糊的地方，比如 atomic 的記憶體模型。Russ Cox 在 2021 年 6 月專門寫了三個文件，探討電腦記憶體模型的歷史和現狀，提出要對 Go 的記憶體模型進行修訂。2022 年，Go 1.19 中新的 Go 記憶體模型規範正式發佈了。本書以最新的規範進行講解。

在 Go 的記憶體模型規範中，有以下一句話，在修訂版的 Go 記憶體模型中依然被保留下來，讀者可以仔細揣摩：

> **If you must read the rest of this document to understand the behavior of your program, you are being too clever.**
>
> **Don't be clever.**

「如果您必須閱讀此文件的其餘部分才能理解程式的行為，那麼您過於聰明了。

不要太聰明。」

我的理解是，不要自作聰明地寫自以為很高明的程式，別人都不理解，只有對照著這個規範才能理解程式的行為。不要這麼做。

13.1 指令重排和可見性的問題

由於指令重排，程式並不一定會按照你寫的循序執行。

舉例來說，當兩個 goroutine 同時對一個變數進行讀 / 寫時，假設 goroutine g1 對這個變數進行寫入操作 *w*，goroutine g2 同時對這個變數進行讀取操作 *r*，那麼：如果 g2 在執行讀取操作 *r* 時，已經看到了 g1 寫入操作 *w* 的結果，則並不表示 g2 能看到 *w* 之前的其他寫入操作。這是一個反直覺的結果，不過的確可能會存在。

接下來，我們看一個反直覺的例子，來感受一下指令重排以及多核心 CPU 並發執行導致程式的執行順序和程式的書寫順序不一樣的情況。程式如下：

```
var a, b int

func f() {
    a = 1 // w 之前的寫入操作
    b = 2 // 寫入操作 w
}

func g() {
    print(b) // ① 讀取操作 r
    print(a) // ???
}

func main() {
    go f() // g1
    g() // g2
}
```

可以看到，①行是要列印 b 的值。需要注意的是，即使這裡列印出的值是 2，也依然可能在列印 a 的值時，列印出初始值 0，而非 1。這是因為：程式在執行時期，不能保證 g2 看到的 a 和 b 的賦值有先後關係。

講到這裡，你可能要說了，「我都執行這個程式幾百萬次了，怎麼沒有觀察到這種現象？」其實，能不能觀察到和提供保證（guarantee）是兩碼事。由於 CPU 架構和 Go 編譯器的不同，即使你在執行程式時沒有觀察到這種現象，也不代表 Go 可以 100% 保證不會出現這些問題。

剛剛講了，程式在執行時期，兩個操作的順序可能不會得到保證，那該怎麼辦呢？下面我們就來了解一下 Go 記憶體模型中很重要的概念：happens before，它是用來描述兩個時間的順序關係的。如果某些操作能提供 happens before 關係，那麼就可以 100% 保證它們之間的順序。

13.2 sequenced before、synchronized before 和 happens before

一般來說記憶體模型描述了程式執行的需求，程式的執行由 goroutine 的執行組成，而 goroutine 又由記憶體操作組成。

記憶體操作由以下 4 個細節組成。

- 類型：指示記憶體操作是普通資料讀取、普通資料寫入，還是同步操作，如原子資料存取、互斥操作或 channel 操作。
- 記憶體操作在程式中的位置。
- 記憶體操作正在存取的記憶體位置或變數。
- 記憶體操作所讀取或寫入的值。

有些記憶體操作是類似於讀取（read-like) 的操作，包括讀取、原子讀取、互斥加鎖和 channel 接收；有些記憶體操作則是類似於寫入（write-like) 的操作，包括寫入、原子寫入、互斥解鎖、channel 發送和 channel 關閉；也有些記憶體操作，如 atomic compare-and-swap，既類似於讀取操作，又類似於寫入操作。

一個 goroutine 的執行被建模為由單一 goroutine 執行的一組記憶體操作組成。

那麼，Go 程式執行的需求可以被歸納為

- **需求 1**：程式中會有對變數和記憶體位址的修改，從 goroutine 的角度來看，程式的執行效果必須和程式的執行順序是一致的。儘管 CPU 執行程式時可能會做調整，但是最終的執行效果必須和程式無調整時的執行效果是一樣的。我們把這種關係定義為 sequenced before。先前的 Go 記憶體模型被統一叫作 happens before，新版本的 Go 記憶體模型做了細化，分成 happens before 和 synchronized before 兩種。

  程式的執行可以被看作由多個 goroutine 的執行組成，並且伴有一個映射關係 *W*，它指定每一個類似於讀取的操作讀取哪一個類似於寫入的操作。通俗地講，就是程式在執行時期，同時會有讀 / 寫操作，這些讀 / 寫操作會有一定的關係，這個關係可以是同步關係或可見性的關係。

- **需求 2**：對於給定的程式的執行，如果映射關係 *W* 只考慮同步操作，那麼必須可以透過其中某個隱含的總序來解釋同步操作，這個總序必須與操作的順序和讀 / 寫操作的值一致。

  synchronized before 是同步記憶體操作上的部分序關係，如果一個同步讀取記憶體操作 *r* 觀察到一個同步寫入記憶體操作 *w*（*W*(*r*) = *w*），則稱 *w* synchronized before *r*。簡單來說，synchronized before 關係是前面提到的隱含的總序關係的子集，僅限於 *W* 直接觀察到的資訊。

  happens before 關係被定義為 sequenced before 和 synchronized before 的並集（包括透傳的關係集）。

  講到這裡，你還能理解上面的兩段話嗎？這兩段話已經到了無法理解的地步，為什麼這麼說呢？如果有在 *r* 之前的 *w*'，*w* 不會 happens before *w*'。

  專門研究這些關係的電腦學家和數學家或許不需要這些定義，因為他們完全理解這些概念了。但是對這個規範的讀者來說，沒有定義，沒有參考，則很難理解這些概念。我認為，這是當前 Go 語言規範還有待改進的地方。如果使用學術概念，則需要舉出注解和出處，或以通俗的語言來描述。

你可以認為，happens before 關係是由 sequenced before 關係和 synchronized before 關係組成的集合。因為這兩個關係具有可傳遞性，也就是 A synchronized before B，B synchronized before C，可以推導出 A synchronized before C（可傳遞性），所以 happens before 關係也具有可傳遞性，比如 A sequenced before B，B synchronized before C，那麼 A happens before C。

- **需求 3**：對於記憶體位址 *x* 上的普通（非同步）的資料讀取操作 *r*，映射關係 *W*(*r*) 必須是一個對 *r* 可見的寫入操作 *w*。其中，可見的定義是：

  * *w* happens before *r*。

  * *w* 不會 happens before 任意的其他對 *x* 的寫入操作 *w'*，其中 *w'* happens before *r*。

如果同時有對記憶體位址 *x* 的讀取操作 *r* 和寫入操作 *w*，那麼，只要其中之一不是同步操作，happens before 就無法定義 *r* 和 *w* 的先後順序。

如果同時有對記憶體位址 *x* 的兩個寫入操作 *w* 和 *w'*，那麼，只要其中之一不是同步操作，happens before 就無法定義 *w* 和 *w'* 的先後順序。

所以說，Go 記憶體模型關注的是同步操作（有資料競爭）時 *r* 和 *w* 或 *w* 和 *w'* 的順序關係。

接下來，我們從實際出發，看看 Go 語言保證的同步關係。

13.3 各種同步基本操作的同步保證

前面提到，如果單從一個 goroutine 的角度來看，它的執行順序和它的程式指定的順序在效果上是一樣的。即使編譯器或 CPU 重排了讀 / 寫順序，從行為上看，它的執行順序也和程式指定的順序一樣。

我們來看一個例子。在下面的程式中，如果在一個 goroutine 中呼叫 foo 函式，則輸出的結果肯定是 1、2、3。

```
func foo() {
    var a = 1
    var b = 2
    var c = 3

    println(a)
    println(b)
    println(c)
}
```

但是，對另一個 goroutine 來說，如果它能看到 a、b、c 的話，則可能看到 c 已經被設置為 3 了，而 a 和 b 可能還未被賦值。一組指令對同一個記憶體位址的寫入被傳遞到各個 CPU 的核心，不同的架構有不同的處理，所有的核心看到的順序不一定都是一樣的。如果需要確定的同步關係，我們可以使用同步操作的方式來指定。

接下來，我們來介紹這些同步操作以及它們的保證。

13.3.1 初始化

Go 應用程式的初始化是啟動時在單一的 goroutine 中執行的。

如果套件 p 匯入了套件 q，那麼套件 q 的 init 函式的執行一定 happens before 套件 p 的任何 init 函式。

這裡有一個特殊的情況需要記住：main 函式一定在匯入的套件的 init 函式之後執行。

套件等級的變數，在同一個檔案中是按照宣告順序一個一個初始化的，除非初始化時依賴其他的變數。同一個套件下的多個檔案，會按照檔案名稱的排列順序進行初始化。這個順序被定義在 Go 語言規範中，而非 Go 的記憶體模型規範中。下面我們來看看例子中各個變數的值。

```
var (
    a = c + b           // == 9
    b = f()             // == 4
```

```
    c = f()                 // == 5
    d = 3                   // == 5，全部初始化完成後
)

func f() int {
    d++
    return d
}
```

具體怎麼對這些變數進行初始化呢？ Go 採用的是依賴分析技術。不過，依賴分析技術保證的順序只是針對同一個套件下的變數，而且，只有引用關係是本套件變數、函式和非介面的方法，才能保證它們的順序性。

同一個套件下可以有多個 init 函式，甚至一個檔案中也可以包含多個具有相同簽名的 init 函式。

上面講的是不同套件下的 init 函式的執行順序，下面舉一個具體的例子，把這些內容串起來，你一看就明白了。這個例子是一個 main 程式，它依賴套件 p1，套件 p1 依賴套件 p2，套件 p2 依賴套件 p3，如圖 13.1 所示。

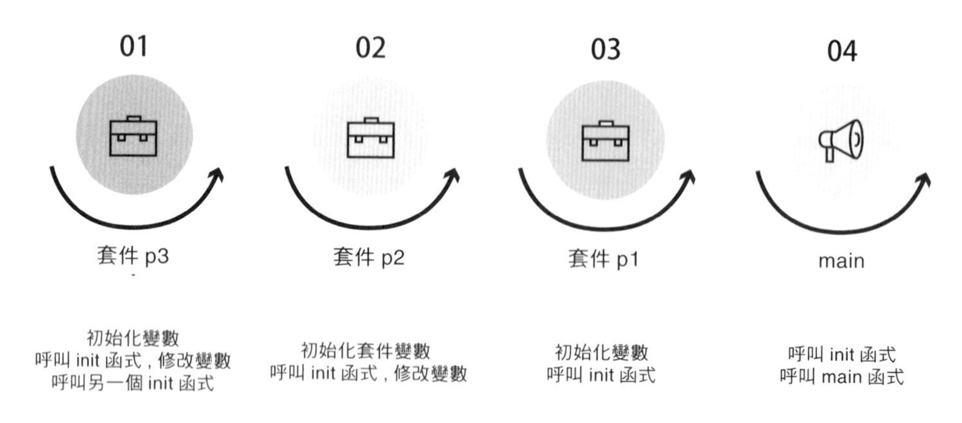

▲ 圖 13.1 套件依賴導致的套件初始化順序

為了追蹤初始化過程，並輸出有意義的日誌，這裡定義了一個輔助方法，列印出日誌並傳回一個用來初始化的整數值。

```
func Trace(t string, v int) int {
    fmt.Println(t, ":", v)
    return v
}
```

套件 p3 包含兩個檔案，分別定義了一個 init 函式。其中，第一個檔案中定義了兩個變數，這兩個變數的值還會在 init 函式中進行修改。

```
// 套件 p3 中的 lib1.go 檔案

var V1_p3 = trace.Trace("init v1_p3", 3) // 套件 p3 初始化時列印資訊
var V2_p3 = trace.Trace("init v2_p3", 3)

func init() {
    fmt.Println("init func in p3") // 套件 p3 的 init 函式被呼叫時列印資訊
    V1_p3 = 300
    V2_p3 = 300
}

// 套件 p3 中的 lib2.go 檔案

func init() {
    fmt.Println("another init func in p3") // 套件 p3 的另一個 init 函式被呼叫時列印資訊
}
```

套件 p2 定義了兩個變數和一個 init 函式。其中，第一個變數被初始化為 2，並在 init 函式中更改為 200；第二個變數是複製的套件 p3 的 V2_p3 變數。

```
var V1_p2 = trace.Trace("init v1_p2", 2) // 套件 p2 初始化時列印資訊
var V2_p2 = trace.Trace("init v2_p2", p3.V2_p3) // 套件 p2 初始化時需要呼叫套件 p3 的變數

func init() {
    fmt.Println("init func in p2") // 套件 p2 的 init 函式被呼叫時列印資訊
    V1_p2 = 200
}
```

套件 p1 定義了兩個變數和一個 init 函式。這兩個變數的值是複製的套件 p2 的兩個變數的值。

```
var V1_p1 = trace.Trace("init v1_p1", p2.V1_p2) // 套件 p1 初始化時使用了套件 p2 的變數
var V2_p1 = trace.Trace("init v2_p1", p2.V2_p2) // 套件 p1 初始化時使用了套件 p2 的變數，套件 p2 的這個變數又使用了套件 p3 的變數

func init() {
    fmt.Println("init func in p1")
}
```

main 定義了 init 函式和 main 函式。

```
func init() {
    fmt.Println("init func in main") // 套件 main 下的 init 函式被呼叫時列印資訊
}

func main() {
    fmt.Println("V1_p1:", p1.V1_p1) // 在 main 函式中引用了套件 p1 的變數
    fmt.Println("V2_p1:", p1.V2_p1)
}
```

執行 main 程式，會依次輸出 p3、p2、p1、main 的變數初始化時的日誌（變數初始化時的日誌和 init 函式被呼叫時的日誌）。

```
// 根據依賴關係，先依賴套件 p3
// 套件 p3 的變數初始化
init v1_p3 : 3
init v2_p3 : 3
// 套件 p3 的 init 函式
init func in p3
// 套件 p3 的另一個 init 函式
another init func in p3

// 再依賴套件 p2
// 套件 p2 的變數初始化
init v1_p2 : 2
init v2_p2 : 300
// 套件 p2 的 init 函式
init func in p2

// 再依賴套件 p1
// 套件 p1 的變數初始化
```

```
init v1_p1 : 200
init v2_p1 : 300
// 套件 p1 的 init 函式
init func in p1

// 套件 main 的 init 函式
init func in main
// main 函式
V1_p1: 200
V2_p1: 300
```

雖然透過大量的程式展示了不同套件下的 init 函式的執行順序，但建議你還是不要按照這個順序關係來實現程式邏輯。如果非得這樣做，則建議你遵循 Go 記憶體模型中定義的這一筆規則：**init 函式一定 happens before main.main 函式**。你可以在程式執行之前，將一些初始化工作放在 init 函式中。

13.3.2 goroutine 的執行

我們首先需要明確一筆規則：在父 goroutine 中啟動子 goroutine 的 go 敘述的執行，一定 synchronized before 子 goroutine 中程式的執行。

我們來看一個例子。在下面的程式中，②行對 a 的賦值和③行的 go 敘述是在同一個 goroutine 中執行的，所以，在主 goroutine 看來，②行肯定 sequenced before ③行，又由於上面的保證，③行子 goroutine 的啟動 synchronized before ①行的變數輸出。由此就可以推斷出，②行 happens before ①行。也就是說，①行在列印 a 的值的時候，肯定會列印出「hello,world」。

```
var a string
var b string

func f() {
    print(a) // ①
    b = 1
}

func hello() {
```

```
    a = "hello, world" // ②
    go f() // ③
    print(b) // ④
}
```

當 goroutine 退出時，沒有任何與程式中的事件相關的保證。比如，在上面的例子中，對 b 的賦值並沒有任何同步事件，所以④行可能列印出 1，也可能列印出 0。

如果想讓一個 goroutine 的效果能被其他的 goroutine 所觀察到，則必須透過鎖或 channel 的機制建立一個相對的關係。

13.3.3 channel

channel 是 goroutine 同步交流的主要方法。一個 goroutine 向 channel 中發送資料，通常對應著另一個 goroutine 從這個 channel 中接收資料，對 channel 的讀 / 寫操作往往在不同的 goroutine 中，那麼是 receiver 先傳回還是 sender 先傳回呢？ Go 記憶體模型對於 channel 的操作保證有以下 4 筆規則。

規則 1：向一個 channel 中發送資料，一定 synchronized before 對應著從這個 channel 中接收資料的完成。

```
var ch = make(chan struct{}, 10) // buffered channel 或者 unbuffered channel
var s string

func f() {
    s = "hello, world" // ①
    ch <- struct{}{} // ②
}

func main() {
    go f() // ③
    <-ch // ④
    print(s) // ⑤
}
```

這段程式保證可以列印出「hello, world」。為什麼我們這麼有信心？因為對 s 的賦值（①行）sequenced before 向 channel 中發送（②行），②行又 synchronized before 從 channel 中接收（④行），④行又 sequenced before ⑤行，根據可傳遞性，①行 happens before ⑤行，所以我們有信心。

規則 2：channel 的關閉完成，一定 synchronized before 由於 channel 關閉導致的 receiver 接收到零值。

還是拿上面的例子來講，如果把②行替換成 close(ch)，則也能保證同樣的執行順序。因為④行從關閉的 ch 中讀取出零值後，②行肯定被呼叫了。

規則 3：對於 unbuffered channel，從此 channel 中讀取資料的呼叫一定 synchronized before 向此 channel 中發送資料的呼叫完成。

對於上面的例子，也可以根據這筆規則修改如下：

```
var ch = make(chan int)
var s string

func f() {
    s = "hello, world"
    <-ch // ①
}
func main() {
    go f()
    ch <- struct{}{} // ②
    print(s)
}
```

注意，這裡的 ch 必須是 unbuffered channel。

如果②行（發送敘述）執行完成，那麼根據這筆規則，①行（接收敘述）的呼叫肯定發生了，s 也肯定被初始化了，所以一定會列印出「hello,world」。

雖然這筆規則比較晦澀，但因為 channel 是 unbuffered channel，所以它也成立。

規則 4：如果 channel 的容量是 m（m>0），那麼第 n 個接收操作一定 synchronized before 第 n+m 個發送操作的完成。

「規則 3」是針對 unbuffered channel 的，「規則 4」則舉出了更廣泛的針對 buffered channel 的保證。利用這筆規則，我們可以實現訊號量（Semaphore）同步基本操作。channel 的容量相當於可用的資源，發送資料相當於請求訊號量，接收資料相當於釋放訊號量。關於訊號量這個同步基本操作，在第 14 章中會專門介紹，這裡只需要知道它可以控制多個資源的並發存取就可以了。

13.3.4 鎖（Mutex 和 RWMutex）

對於互斥鎖 Mutexl 或讀寫鎖 RWMutexl，有兩個 happens before 關係的保證。

- 第 *n* 次的 l.Unlock 呼叫一定 synchronized before 第 *m* 次的 l.Lock 方法的傳回（其中 *n*<*m*）。
- 對於讀寫鎖 RWMutexl 的任意 l.RLock 的呼叫，如果保證第 *n* 次的 l.Unlock 呼叫 synchronized before 對 l.RLock 的呼叫，那麼相應的 l.RUnlock 呼叫一定 synchronized before 第 *n*+1 次對 l.Lock 呼叫的傳回。也就是說，對讀寫鎖的寫入鎖的獲取需要等待所有的讀取鎖都釋放後才能成功。

l.TryLock（或 l.TryRLock）成功獲取鎖的呼叫等價於對 l.Lock（或 l.RLock）的呼叫。如果獲取鎖不成功，則沒有什麼保證。

舉例來說，在下面的程式中，①行第一次的 Unlock 呼叫一定 happens before 第二次的 Lock 呼叫（②行），所以能夠保證正確地列印出「hello,world」。

```
var mu sync.Mutex
var s string

func foo() {
    s = "hello, world"
    mu.Unlock() // ①
}
```

```
func main() {
    mu.Lock()
    go foo()
    mu.Lock() // ②
    print(s)
}
```

13.3.5 Once

我們在第 6 章中介紹過 Once，相信你已經很熟悉它的功能了。Once 提供的保證是：**對於 once.Do(f) 呼叫，f 函式的單次呼叫一定 synchronized before 任何 once.Do(f) 呼叫的傳回**。換句話說，f 函式一定會在 Do 方法傳回之前執行。

還是拿「hello,world」的例子來講，這次使用 Once 同步基本操作來實現。我們看下面的程式：

```
var s string
var once sync.Once

func foo() {
    s = "hello, world" // ①
}

func main() {
    once.Do(foo) // ②
    print(s) // ③
}
```

①行的執行一定 happens before ②行的傳回，所以執行到③行時，s 已經被初始化了，最後會正確地列印出「hello, world」。

13.3.6 WaitGroup

本節介紹 WaitGroup 的保證。

對於一個 WaitGroup 實例 wg，在某個時刻 *t*0，它的計數值已經不是 0 了。假設在 *t*0 時刻之後呼叫了一系列的 wg.Add(n) 或 wg.Done()，並且最後一次呼叫時 wg 的計數值變成了 0，那麼可以保證這些 wg.Add(n) 或 wg.Done() 一定 happens before*t*0 時刻之後呼叫的 wg.Wait 方法的傳回。

通俗地說，這個保證就是 Wait 方法等到計數值歸零後才傳回；Wait 方法等到相應的 Done 被呼叫後才傳回。

還是拿上面的例子來講，改造成使用 WaitGroup 保證順序的方式如下：

```
var s string
var wg sync.WaitGroup

func foo() {
    s = "hello, world" // ①
    wg.Done() // ②
}

func main() {
    wg.Add(1)
    go foo()
    wg.Wait() // ③
    print(s)
}
```

①行的執行 sequenced before ②行的執行，②行的執行 synchronized before ③行的執行，所以①行的執行 sequenced before ③行的執行，最後會列印出「hello,world」。

13.3.7 atomic 操作

atomic 操作也常常用來實現 goroutine 之間的同步。

如果原子操作 A 的效果能夠被原子操作 B 觀察到，我們就說 A synchronized before B。在程式中執行的所有原子操作都表現得好像按照某種順序依次一致地執行一樣。

這個定義與 C++ 的順序一致的原子操作（sequentially consistent atomic）和 Java 的 volatile 變數具有相同的語義。

13.3.8 Finalizer、sync.Cond、sync.Map 和 sync.Pool

runtime 套件提供了 SetFinalizer 函式，當一個物件不再被程式使用時，就會呼叫 SetFinalizer 傳入的 Finalizer 函式物件。對 SetFinalizer(x, f) 函式的呼叫一定 synchronized before 對 f(x) 的呼叫。

sync.Cond 有以下保證：sync.Cond 的 Broadcast 方法或 Signal 方法的呼叫一定 synchronizes before Wait 方法的傳回。

sync.Map 有以下保證：Map 的寫入操作一定 synchronizes before 任何能觀察到這個寫入操作效果的讀取操作。Load、LoadAndDelete、LoadOrStore、Swap、CompareAndSwap 和 CompareAndDelete 是讀取操作，Delete、LoadAndDelete、Store 和 Swap 是寫入操作。對於 LoadOrStore，當傳回的 loaded 為 false 時是寫入操作；對於 CompareAndSwap，當 swapped 為 true 時是寫入操作；對於 CompareAndDelete，當傳回的 deleted 為 true 時是寫入操作。

sync.Pool 有以下保證：一個 Put(x) 呼叫一定 synchronizes before 呼叫 Get 傳回相同的值 x。同理，對 New 方法傳回 x 的呼叫一定 synchronizes before 呼叫 Get 傳回相同的值 x。

13.4 不正確的同步

如果想讓不同的 goroutine 同步，我們一定要使用前面所講的同步基本操作來實現同步，它們有先後順序的保證。

在很多情況下，如果沒有使用同步基本操作來保證同步，或只做了部分同步，則會導致程式有問題。Go 記憶體模型規範中也舉了一些例子，我們一起來看一下。

在下面的例子中，即使讀取操作（③行）觀察到了寫入操作（②行），也不表示它之後的讀取操作（④行）能觀察到②行之前的寫入操作（①行）。所以，這個程式有可能會列印出 2 和 0 這樣的值，因為讀取操作和寫入操作之間沒有任何的同步保證。

```
var a, b int

func f() {
    a = 1 // ①
    b = 2 // ②
}

func g() {
    print(b) // ③
    print(a)// ④
}

func main() {
    go f() // ⑤
    g() // ⑥
}
```

有時候我們使用雙重檢查，但是沒有同步的雙重檢查依然可能有問題。在下面的例子中，即使將 done 設置成了 true，a 也依然可能沒有被初始化。雖然 a sequenced before done，但是 doprint 和 setup 之間並沒有建立起 synchronized before 關係。

```
var a string
var done bool

func setup() {
    a = "hello, world"
    done = true
}

func doprint() {
    if !done {
        once.Do(setup)
```

```
    }
    print(a)
}

func twoprint() {
    go doprint()
    go doprint()
}
```

同樣的問題，下面的例子是我們常用的檢查狀態等待執行的處理方式，setup 和 main 之間的程式並沒有任何的順序保證。

```
var a string
var done bool

func setup() {
    a = "hello, world"
    done = true
}

func main() {
    go setup()
    for !done {
    }
    print(a)
}
```

這種未同步的問題還有以下變種：main 函式觀察到 g 不可為空後，列印出 msg，然後退出。但是在實際退出時，g.msg 可能還沒有被初始化。

```
type T struct {
    msg string
}

var g *T

func setup() {
    t := new(T)
```

```
    t.msg = "hello, world"
    g = t
}

func main() {
    go setup()
    for g == nil {
    }
    print(g.msg)
}
```

Go 記憶體模型對編譯器的最佳化限制與對 Go 程式的限制一樣多。不正確的編譯器最佳化也可能會導致出現問題，一些單執行緒中的最佳化在 Go 程式中是不合法的。比以下面的例子：

```
*p = 1
if cond {
    *p = 2
}
```

不能被最佳化為以下程式，因為這種修改的效果可能和其他 goroutine 預期看到的效果是不一樣的。

```
*p = 2
if !cond {
    *p = 1
}
```

我們絕大部分人不會去做與編譯器最佳化相關的工作，這項艱鉅的任務就交給 Go 團隊和其他公司的編譯器最佳化團隊去做吧！

14 訊號量 Semaphore

本章內容包括：

- 什麼是訊號量
- 訊號量的 channel 實現
- Go 官方的訊號量實現
- 使用訊號量的常見錯誤

在前面的章節中，我們學習了 Go 標準函式庫的同步基本操作、原子操作和 channel，掌握了它們，就可以解決 80% 的並發程式設計問題。但是，如果想進一步提升自己的並發程式設計能力，還需要學習一些第三方函式庫。

在接下來的幾個章節中，我們會介紹 Go 官方或其他人提供的第三方函式庫。本章我們先來介紹訊號量（Semaphore），訊號量是用來控制多個 goroutine 同時存取多個資源的同步基本操作。

14.1 什麼是訊號量

訊號量的概念是荷蘭電腦科學家 Edsger Wybe Dijkstra 在 1963 年左右提出來的，被廣泛應用在不同的作業系統中。在作業系統中，會給每一個處理程序分配一個訊號量，代表每個處理程序目前的狀態。未得到控制權的處理程序，會在特定的地方被迫停下來，等待可以繼續進行的訊號到來。

> **Edsger Wybe Dijkstra**（**1930—2002** 年）是一位荷蘭電腦科學家和數學家，被認為是電腦科學領域的先驅之一。他在電腦科學的發展史上發揮了重要作用，他提出的演算法和思想對電腦科學和軟體工程產生了深遠影響。
>
> **Dijkstra** 最為著名的貢獻之一是開發了 **Dijkstra** 演算法，它是一種在圖形網路中找到最短路徑的演算法，被廣泛應用於網路路由和其他領域。他還發明了一種名為「訊號量」的同步機制，為並發程式設計提供了一種重要的工具。此外，他還對程式語言的語法和結構進行了深入的研究，為程式語言的設計和實現提供了許多有價值的建議。
>
> **Dijkstra** 也是一位重要的教育家和思想家，他強調了對電腦科學教育的重視和深入思考的重要性。他在其許多著作和演講中都強調了演算法與程式設計的重要性，並強調了開發高品質軟體的必要性。
>
> **Dijkstra** 在他的職業生涯中獲得了許多榮譽，包括圖靈獎、**IEEE** 電腦協會的電腦科學和工程獎、**ACM SIGPLAN** 的系統軟體獎等。他去世後，他的貢獻獲得了電腦科學領域的廣泛讚譽和紀念。

最簡單的訊號量是一個變數加一些並發控制的能力，這個變數是 0 到 n 之間的值。當 goroutine 完成對此訊號量的等待（wait）時，該計數值就減 1；當 goroutine 完成對此訊號量的釋放（release）時，該計數值就加 1。當計數值為 0 時，goroutine 呼叫 wait 等待該訊號量是不會成功的，除非計數值又大於 0，等待的 goroutine 才有可能成功傳回。

講到這裡，讓我們透過一個生活中的例子來進一步理解訊號量。

假設圖書館新購買了 10 本《C 的快速 +Python 的易學——Go 語言全功能開發養成書》，有 1 萬個學生想讀這本書，「僧多粥少」。所以，圖書館管理員先讓這 1 萬個學生進行登記，按照登記的順序，借閱此書。如果此書全部被借走，那麼其他想看此書的學生就需要等待；如果有人還書了，圖書館管理員就會通知下一個學生來借閱這本書。這裡的資源是 10 本《C 的快速 +Python 的易學——Go 語言全功能開發養成書》，想讀此書的學生是 goroutine，圖書館管理員就是訊號量。怎麼樣，現在是不是很好理解了？接下來，我們就來介紹訊號量的 P/V 操作。

14.1.1 P/V 操作

Dijkstra 在他的論文中為訊號量定義了兩個操作：P 和 V。P 操作（如 decrease、wait、acquire）用來減小訊號量的計數值，V 操作（如 increase、signal、release）則用來增大訊號量的計數值。

P（passeren）在荷蘭語中表示「通過」，V（vrijgeven）在荷蘭語中表示「釋放」，這也許就是 Dijkstra 把它們叫作 P/V 操作的原因。

使用虛擬程式碼表示以下（中括號代表原子操作）：

```
function V(semaphore S, integer I):
    [S ← S + I]

function P(semaphore S, integer I):
    repeat:
        [if S ≥ I:
        S ← S - I
        break]
```

可以看到，初始化的訊號量 S 有一個指定數量（n）的資源，它就像一個有 n 個資源的池子。P 操作相當於請求資源，如果有足夠的資源可用，則立即傳回；如果沒有資源或資源不夠，那麼它可以不斷地嘗試或被阻塞等待。V 操作相當於釋放資源，把資源返還給訊號量。訊號量的值只能由 P/V 操作改變（初始化操作除外）。

現在，我們來總結一下訊號量的實現。

- 初始化訊號量：設定資源的初始數量。
- P 操作：將訊號量的計數值減 k，如果新值為負數，那麼呼叫者會被阻塞並加入等待佇列中；不然呼叫者會繼續執行，並且獲得 k 個資源。
- V 操作：將訊號量的計數值加 k，如果先前的計數值為負數，則說明有等待的 P 操作的呼叫者。V 操作會從等待佇列中取出一個等待的呼叫者，喚醒它，讓它繼續執行。

14.1.2 訊號量和互斥鎖的區別與聯繫

在正式介紹訊號量的具體實現原理之前，先講一個基礎知識，就是訊號量和互斥鎖的區別與聯繫，這有助我們掌握接下來的內容。

訊號量有兩種類型：二元訊號量和計數訊號量。其中，二元訊號量只有兩個值，通常是 0 和 1，它用於互斥存取分享資源。當一個處理程序或執行緒獲得了該二元訊號量的控制權時，其他處理程序或執行緒就不能再存取該分享資源了，只有當控制權被釋放後，其他處理程序或執行緒才有機會獲得該控制權。在這種情況下，訊號量和互斥鎖的功能是一致的。

計數訊號量則是一個計數器，它可以有任意正整數值。計數訊號量用於限制多個處理程序或執行緒對分享資源的存取次數。當計數訊號量的值為 0 時，其他處理程序或執行緒就不能再存取該分享資源了，只有當計數訊號量的值不為 0 時，其他處理程序或執行緒才有機會獲得該控制權。前面所講的在圖書館借書就是一個計數訊號量的例子。

我們一般用訊號量保護一組資源，比如資料庫連接池、一群組使用者端的連接、幾個印表機資源等。如果訊號量蛻變成二元訊號量，那麼它的 P/V 操作就和互斥鎖的 Lock/Unlock 一樣了。

有人會很細緻地區分二元訊號量和互斥鎖。比如，有人提出，在 Windows 系統中，互斥鎖只能由持有鎖的執行緒釋放，而二元訊號量則沒有這個限制。實際上，雖然在 Windows 系統的一些場景中，它們的確有些區別，但是對 Go 語言來說，互斥鎖也可以由非持有鎖的 goroutine 來釋放。所以，從行為上說，它們並沒有嚴格的區別。筆者個人認為，沒必要進行細緻的區分，因為互斥鎖並不是一個很嚴格的定義。在實際專案中遇到互斥和並發的問題時，我們一般選用互斥鎖。

14.2 訊號量的 channel 實現

程式在執行時期，Go 內部使用訊號量來控制 goroutine 的阻塞和喚醒。前面在介紹基本同步基本操作的實現時我們也看到了，比如互斥鎖的第二個欄位：

```
type Mutex struct {
    state int32
    sema uint32
}
```

訊號量的 P/V 操作是透過函式實現的：

```
func runtime_Semacquire(s *uint32)
func runtime_SemacquireMutex(s *uint32, lifo bool, skipframes int)
func runtime_Semrelease(s *uint32, handoff bool, skipframes int)
```

遺憾的是，這些函式是 Go 執行時期內部使用的，裡面有些特殊的邏輯，並沒有被封裝暴露成一個對外的訊號量同步基本操作。原則上，我們沒有辦法使用。不過使用 channel，我們可以很容易實現訊號量。

根據之前的channel類型的介紹以及Go記憶體模型的定義，你應該能想到，使用一個buffer為*n*的channel可以很容易實現訊號量，比如使用chan struct{}類型來實現訊號量。

使用channel有兩種實現方式：

第一種是把channel的槽位看成資源，向channel中發送資料可以被看成佔用槽位，即佔用資源；從channel中讀取資料可以被看成釋放操作，即釋放資源。

第二種是channel建立後，先發送*n*個資料，把channel填充滿。每個資料代表一個資源，從channel中讀取一個資料就代表申請（佔用）一個資源，向channel中發送一個資料就代表釋放一個資源。

這兩種實現的處理方式是相反的，效果卻是一樣的。接下來，我們使用第一種方式來實現訊號量。

在初始化訊號量時，設置它的初始容量，代表有多少個資源可以使用。訊號量使用Lock和Unlock方法來實現請求資源和釋放資源，正好實現了Locker介面。前面講過，P/V操作在實現時，方法名稱有多種叫法，比如P操作也有叫作decrease、acquire的，V操作也有叫作increase、release的。這裡的Lock方法是P操作，Unlock方法是V操作。

```
// semaphore 資料結構，還實現了 Locker 介面
type semaphore struct {
    sync.Locker
    ch chan struct{}
}

// 創建一個新的訊號量
func NewSemaphore(capacity int) sync.Locker {
    if capacity <= 0 {
        capacity = 1 // 容量為 1，就變成了一個互斥鎖
    }
    return &semaphore{ch: make(chan struct{}, capacity)}
}

// 請求一個資源
```

```
func (s *semaphore) Lock() {
    s.ch <- struct{}{}
}

// 釋放資源
func (s *semaphore) Unlock() {
    <-s.ch
}
```

除了 channel，marusama/semaphore 也實現了一個可以動態更改資源容量的訊號量，這是一個非常有特色的實現。如果資源數量並不是固定的，而是動態變化的，則建議你考慮一下這個訊號量函式庫。

14.3 Go 官方的訊號量實現

雖然在 Go 標準函式庫中並沒有實現訊號量，但是在 Go 官方的擴充函式庫中卻實現了一個附帶權重的訊號量函式庫：golang.org/x/sync/semaphore。

這個訊號量叫作 Weighted，如圖 14.1 所示。它僅有幾個方法，所以學習起來也不費勁。

```
type Weighted
    func NewWeighted(n int64) *Weighted
    func (s *Weighted) Acquire(ctx context.Context, n int64) error
    func (s *Weighted) Release(n int64)
    func (s *Weighted) TryAcquire(n int64) bool
```

▲ 圖 14.1 訊號量 Weighted 的方法

- NewWeighted：初始化包含 *n* 個資源的訊號量。
- Acquire：請求 *n* 個資源。如果沒有足夠的資源，那麼呼叫者會被阻塞，直到有足夠的資源或 ctx 完成，成功傳回 nil；不然傳回 ctx.Err()。注意，一次呼叫可以請求多個資源。
- Release：釋放 *n* 個資源。

- TryAcquire：嘗試請求 *n* 個資源。請求資源的阻塞方法，不是成功，就是失敗，不會獲取部分資源。

知道了訊號量的實現方法，那麼在實際的場景中應該怎麼用呢？

這裡舉一個 worker 池的例子來幫助理解。

我們建立和 CPU 核心數一樣多的 worker，讓它們來處理一個數量為 worker 數量 4 倍的整數切片。每個 worker 一次只能處理一個整數，處理完之後，再處理下一個。當然，這個問題的解決方法有很多種，這一次我們使用訊號量，程式如下：

```
var (
    maxWorkers  = runtime.GOMAXPROCS(0) // worker 數量
    sema        = semaphore.NewWeighted(int64(maxWorkers)) // 訊號量
    task        = make([]int, maxWorkers*4) // 任務數量，是 worker 數量的 4 倍
)

func main() {
    ctx := context.Background()

for i := range task {
    // 如果沒有 worker 可用，則會被阻塞在這裡，直到某個 worker 被釋放
    if err := sema.Acquire(ctx, 1); err != nil {
        break
    }

    // 啟動 worker goroutine
    go func(i int) {
        defer sema.Release(1)
            time.Sleep(100 * time.Millisecond) // 模擬一個耗時操作
            task[i] = i + 1
        }(i)
    }

    // 請求所有的 worker，這樣能確保前面的 worker 都執行完成
    if err := sema.Acquire(ctx, int64(maxWorkers)); err != nil { // ①
        log.Printf(" 獲取所有的 worker 失敗 : %v", err)
    }
```

```
    fmt.Println(task)
}
```

在這段程式中，main goroutine 相當於一個 dispatcher，負責任務的分發。它先獲取訊號量，如果獲取成功，則會啟動一個 goroutine 來處理計算，然後，這個 goroutine 會釋放這個訊號量（有意思的是，訊號量的獲取在 main goroutine 中，訊號量的釋放在 worker goroutine 中）。如果獲取不成功，就等到有訊號量可以使用的時候，再去獲取。

需要提醒的是，在這個例子中，還有一個基礎知識，就是最後的那一段處理（①行）。在實際應用中，如果你想等所有的 worker 都執行完成，則可以透過獲取最大計數值的訊號量把自己阻塞，直到所有的 worker 都釋放了資源。

Go 擴充函式庫中的訊號量是使用互斥鎖+List 實現的。其中，互斥鎖實現了對其他欄位的保護，而 List 實現了一個等待佇列，waiter（等待者）的通知是透過 channel 的通知機制實現的。我們來看一下訊號量 Weighted 的資料結構：

```
type Weighted struct {
    size         int64 // 資源數量
    cur          int64 // 當前已使用的資源數量
    mu           sync.Mutex
    waiters      list.List // waiter 列表
}
```

其中，size 是資源數量；cur 是當前已使用的資源數量；mu 是一個大鎖，P/V 操作時就上這個大鎖；waiters 是 waiter 列表。

在訊號量的幾個實現方法中，Acquire 是程式最複雜的方法，它不僅要監控資源是否可用，還要檢測 Context 的 Done 是否已關閉。我們來看一下它的實現程式：

```
func (s *Weighted) Acquire(ctx context.Context, n int64) error {
    s.mu.Lock()
    // 快速路徑：如果有足夠的資源，則不考慮 ctx.Done 的狀態，將 cur 加上 n 就傳回
    if s.size-s.cur >= n && s.waiters.Len() == 0 {
```

```
        s.cur += n
        s.mu.Unlock()
        return nil
    }

    // 如果請求的資源數量大於所能提供的最大資源數量
    if n > s.size {
        s.mu.Unlock()
        // 依賴 ctx 的狀態傳回，否則一直等待
        <-ctx.Done()
        return ctx.Err()
    }

    // 否則，就需要把呼叫者加入等待佇列中
    // 創建一個 ready chan，以便被通知喚醒
    ready := make(chan struct{})
    w := waiter{n: n, ready: ready}
    elem := s.waiters.PushBack(w)
    s.mu.Unlock()

    select {
    case <-ctx.Done(): // 即使 Context 的 Done 被關閉了，也要檢查是否獲取了訊號量
        err := ctx.Err()
        s.mu.Lock()
        select {
        case <-ready: // 如果被喚醒了，則忽略 ctx 的狀態
            // 假裝不知道 ctx 已被取消，獲取成功
            err = nil
        default: // 從 waiters 中移除自己
            isFront := s.waiters.Front() == elem
            s.waiters.Remove(elem)
            // 如果自己是佇列中的第一個，則看下一個 waiter 甚至更多的 waiter 需要的
            // 資源是否少，可以得到滿足
            if isFront && s.size > s.cur {
                s.notifyWaiters()
            }
        }
        s.mu.Unlock()
        return err
```

```
    case <-ready: // 被喚醒
        return nil
    }
}
```

其實，為了提高性能，Acquire 方法中快速路徑之外的代碼，可以被取出成 acquireSlow 方法，以便編譯器將 Acquire 方法內聯。

notifyWaiters 用來檢查下一個 waiter 是否滿足需求。因為當前的 waiter 呼叫 Acquire 時可能請求的資源比較多，比如 1 萬個資源，而現在只有 100 個可用資源，暫時滿足不了，但是後面的 waiter 可能只需要一個資源，所以後面被阻塞的 Acquire 呼叫可以得到滿足，一直檢查下去，直到不被滿足或 waiter 為空。

```
func (s *Weighted) notifyWaiters() {
    for {
        next := s.waiters.Front()
        if next == nil {
            break // 沒有 waiter 了
        }

        w := next.Value.(waiter)
        if s.size-s.cur < w.n {
            // 在沒有充足的 token 提供給下一個 waiter 的情況下，沒有繼續查詢，而是停止，
            // 主要是避免某個 waiter 饑餓
            break
        }

        s.cur += w.n
        s.waiters.Remove(next)
        close(w.ready)
    }
}
```

這裡還有一個最佳化：為什麼遇到第一個不被滿足的 waiter，Acquire 就停止，而不把 waiter 全檢查一遍呢？把當前所有的資源都分給可能的 waiter 不是更好嗎？

這就涉及對饑餓的處理。假如我們基於訊號量實現讀寫鎖，讀取鎖請求 1 個資源，寫入鎖請求所有的資源，以便排除讀取操作。如果讀取 waiter 和寫入 waiter 都在 waiter 列表中，則會導致寫入 waiter 可能沒有機會獲得鎖，造成寫入鎖饑餓。所以，這裡遇到第一個不被滿足的 waiter 就發生阻塞，直到它獲得了所需的資源。

Release 方法將當前計數值減去釋放的資源數量 *n*，並喚醒等待佇列中的呼叫者，看是否有足夠的資源被獲取。

```
func (s *Weighted) Release(n int64) {
    s.mu.Lock()
    s.cur -= n // 釋放了 n 個資源
    if s.cur < 0 {
        s.mu.Unlock()
        panic("semaphore: released more than held")
    }
    s.notifyWaiters() // 喚醒 waiter
    s.mu.Unlock()
}
```

別故意釋放更多的資源，申請了多少資源就釋放多少資源，不要在這裡耍小聰明，否則會導致 panic。

當然，釋放了資源，還是會呼叫 notifyWaiters 嘗試喚醒等待的 waiter。

TryAcquire 嘗試獲取資源，並不會發生阻塞，所以也不需要 Context 了。加上大鎖，檢查資源是否夠用就好了。

```
func (s *Weighted) TryAcquire(n int64) bool {
    s.mu.Lock()
    // 是否有足夠的資源，而且還沒有 waiter
    success := s.size-s.cur >= n && s.waiters.Len() == 0
    if success {
        s.cur += n
    }
    s.mu.Unlock()
    return success
}
```

既然一開始就可以使用 channel 實現訊號量，那麼為什麼 Go 還提供了一個專門的訊號量的實現呢？你可以看到，Go 官方實現的這個訊號量功能更豐富，可以一次請求 / 釋放 *n* 個資源，這也是它叫作 Weighted 的原因。

訊號量的程式不多，正好是我們學習利用基本的同步基本操作實現更高級同步基本操作的範例，值得好好地品味。

14.4 使用訊號量的常見錯誤

保證訊號量不出錯的前提是正確地使用它；不然公平性和安全性就會受到損害，導致程式發生 panic。

在使用訊號量時，最常見的幾個錯誤如下：

- 請求了資源，但是忘記了釋放它。
- 釋放了從未請求的資源。
- 長時間持有一個資源（即使不需要它）。
- 不持有資源，卻直接使用它。

就 Go 擴充函式庫實現的訊號量來說，在呼叫 Release 方法時，可以傳遞任意的整數。但是，如果傳遞一個參數，這個參數的值比全部能釋放的資源的值還大，程式就會發生 panic。如果傳遞一個負數，則會導致資源永久被持有。如果所請求的資源數量大於最大資源數量，那麼呼叫者可能永遠被阻塞。

所以，使用訊號量遵循的原則就是請求多少資源，就釋放多少資源。一定要注意，必須使用正確的方法傳遞整數，不要耍小聰明，而且，請求的資源數量一定不要超過最大資源數量。

一些開放原始碼專案使用了官方擴充的訊號量函式庫 golang.org/x/sync/semaphore，資源不多也不少。比如 containerd/containerd 就多次使用 Weighted，在一些地方實現限流的控制，這也是訊號量的應用場景之一，如圖 14.2 所示。

```
34 ∨ type localTransferService struct {
35          leases  leases.Manager
36          content content.Store
37          images  images.Store
38
39          // semaphore.NewWeighted(int64(rCtx.MaxConcurrentDownloads))
40          limiter *semaphore.Weighted
```

▲ 圖 14.2 containerd 中使用了擴充函式庫的訊號量

15 緩解壓力利器 SingleFlight

本章內容包括：

- SingleFlight 的實現
- SingleFlight 的使用場景

快取系統是我們提高程式性能最常用的手段之一，它把經常要讀取的程式放在記憶體中，避免對背景資料庫等進行頻繁的存取。常用的快取系統有 Memcached、Redis 等，或自訂快取系統。

快取系統雖然好，但也面臨著三大問題。

- **快取雪崩**：某一時刻大規模的快取同時失效，或快取系統重新啟動，導致大量的請求無法從快取中讀取到資料，請求就會直接存取資料庫，導致背景資料庫等無法承受巨大的壓力，可能瞬間就會崩潰。這種情況就稱作快取雪崩。

  解決快取雪崩的方法是將 key 的失效時間加一個隨機值，避免大量的 key 同時失效。通超出範圍串流，避免大量的請求同時存取資料庫。新快取節點上線前先進行預熱，也可以避免剛上線就發生雪崩。

- **快取擊穿**：如果有大量的請求同時存取某個 key，一旦這個 key 失效（過期），就會導致這些請求同時存取資料庫。這種情況就稱作快取擊穿。它和快取雪崩不同，雪崩是存取大量的 key 導致的，而擊穿是存取同一個 key 導致的。解決方法就是使用本章要介紹的 SingleFlight 同步基本操作。

- **快取穿透**：如果請求要存取的 key 不存在，那麼它就存取不到快取系統，它就會去存取資料庫。假如有大量這樣的請求，這些請求像「穿透」了快取一樣直接存取資料庫，這種情況就稱作快取穿透。解決方法是在快取系統中給不存在的 key 設置一個空值或特殊值，或使用布隆篩檢程式等快速檢查 key 是否存在。

本章重點介紹用於解決快取擊穿問題的 SingleFlight，這也是這個同步基本操作應用最廣泛的場景之一。

SingleFlight 是 Go 團隊提供的擴充同步基本操作。它的作用是在處理多個 goroutine 同時呼叫同一個函式時，只讓一個 goroutine 呼叫這個函式，當這個 goroutine 傳回結果時，再把結果傳回給這幾個同時呼叫的 goroutine，這樣就可以減少並發呼叫的數量。

這裡先回答一個問題：Go 標準函式庫中的 sync.Once 也可以保證並發的 goroutine 只會執行一次函式 f，那麼 SingleFlight 和 sync.Once 有什麼區別呢？

其實，sync.Once 不僅在並發存取時保證只有一個 goroutine 執行函式 f，而且會保證永遠只執行一次這個函式；而 SingleFlight 是每次呼叫時都重新執行函式 f，並且有多個請求同時呼叫時只有一個請求執行這個函式。它們面對的場景是不同的，**sync.Once 主要被應用在單次初始化的場景中，而 SingleFlight 主要被應用在合併並發請求的場景中**，尤其是快取場景。

如果你學會了使用 SingleFlight，在面對秒殺等大並發請求的場景，而且這些請求都是讀取請求時，就可以把這些請求合併為一個請求，這樣就可以將後端服務的壓力從 *n* 降到 1。尤其在面對後端是資料庫這樣的服務時，採用 SingleFlight 可以極大地提高性能。話不多說，就讓我們開始學習 SingleFlight 吧！

15.1 SingleFlight 的實現

SingleFlight 使用 Mutex 和 Map 來實現，其中 Mutex 提供並發時的讀取 / 防寫，Map 用來儲存正在處理（in flight）的對同一個 key 的請求。

SingleFlight 的資料結構是 Group，它提供了三個方法，如圖 15.1 所示。

```
type Group
    func (g *Group) Do(key string, fn func() (interface{}, error)) (v interface{}, err error, shared bool)
    func (g *Group) DoChan(key string, fn func() (interface{}, error)) <-chan Result
    func (g *Group) Forget(key string)
type Result
```

▲ 圖 15.1 Group 的方法

- **Do**：這個方法執行一個函式，並傳回函式執行的結果。你需要提供一個 key，對於同一個 key，在同一時刻只有一個請求在執行，其他並發的請求會等待。第一個執行的請求傳回的結果，就是 Do 方法的傳回結果。fn 是一個無參數的函式，它傳回一個結果或 error。Do 方法會傳回函式 fn 執行的結果或 error，shared 會指示 v 是否將結果傳回給多個請求。

- **DoChan**：類似於 Do 方法，只不過它傳回一個 chan，當函式 fn 執行完成傳回了結果後，就能從這個 chan 中接收這個結果了。
- **Forget**：告訴 Group 忘記這個 key。這樣一來，之後使用這個 key 呼叫 Do 方法時，會再次執行函式 fn，而非等待前一個函式 fn 的執行結果。

下面我們來看具體的實現方法。SingleFlight 先定義了一個輔助物件 call，這個 call 就代表正在執行函式 fn 的請求或已經執行完的請求。

```
// 定義 call，代表一個正在執行的請求，或者已經執行完的請求
type call struct {
    wg sync.WaitGroup

    // val 這個欄位代表處理完的值，在 WaitGroup 完成之前只會寫一次，
    // 在 WaitGroup 完成之後讀取這個值
    val interface{}
    err error

    // forgotten 指示當 call 在處理時是否要忘記這個 key
    forgotten bool
    dups int
    chans []chan<- Result
}

// Group 代表一個 SingleFlight 物件
type Group struct {
    mu sync.Mutex       // 保護 m
    m map[string]*call  // 惰性初始化
}
```

我們來查看 Do 方法的處理，DoChan 方法的處理與之類似：

```
func (g *Group) Do(key string, fn func() (interface{}, error)) (v interface{},
err error, shared bool) {
    g.mu.Lock()
    if g.m == nil {
        g.m = make(map[string]*call)
    }
    // 檢查此 key 是否有執行中的任務
```

```
    if c, ok := g.m[key]; ok {
        c.dups++ // 重複任務數加 1
        g.mu.Unlock()
        c.wg.Wait() // 等待正在執行的函式 fn 完成任務

        if e, ok := c.err.(*panicError); ok {
            panic(e)
        } else if c.err == errGoexit {
            runtime.Goexit()
        }
        return c.val, c.err, true
    }
    c := new(call) // 沒有執行中的任務，它就是第一個
    c.wg.Add(1)
    g.m[key] = c
    g.mu.Unlock()

    g.doCall(c, key, fn) // 呼叫方法，執行任務
    return c.val, c.err, c.dups > 0
}
```

doCall 方法會呼叫函式 fn，它的實現原本沒有這麼複雜，但是為了處理呼叫時可能發生的 panic 或使用者的 runtime.Goexit 呼叫，它使用了兩個 defer 來區分這兩種情況。

```
func (g *Group) doCall(c *call, key string, fn func() (interface{}, error)) {
    normalReturn := false
    recovered := false

    // 使用兩個 defer，從 runtime.Goexit 事件中辨識出 panic 事件
    defer func() {
        // 在替定的函式 fn 中呼叫了 runtime.Goexit
        if !normalReturn && !recovered {
            c.err = errGoexit
        }

        g.mu.Lock()
        defer g.mu.Unlock()
        c.wg.Done()
```

```
        if g.m[key] == c { // 執行完畢，刪除此 key
            delete(g.m, key)
        }

        if e, ok := c.err.(*panicError); ok {
            if len(c.chans) > 0 {
                go panic(e)
                select {}
            } else {
                panic(e)
            }
        } else if c.err == errGoexit {
        } else {
            // 正常傳回，告訴那些 waiter 呼叫結果來了
            for _, ch := range c.chans {
                ch <- Result{c.val, c.err, c.dups > 0}
            }
        }
    }()

    func() {
        defer func() {
            if !normalReturn {
                if r := recover(); r != nil {
                    c.err = newPanicError(r)
                }
            }
        }()

        c.val, c.err = fn()
        normalReturn = true
    }()

    if !normalReturn {
        recovered = true
    }
}
```

在 Go 標準函式庫的程式中就有一個 SingleFlight 的實現，而擴充函式庫中的 SingleFlight 是在標準函式庫的程式的基礎上修改得來的，邏輯幾乎一模一樣。但是，擴充函式庫中的 doCall 做了異常處理，而標準函式庫內部使用的 SingleFlight 還依然保留著其純樸的樣子。

```
func (g *Group) doCall(c *call, key string, fn func() (any, error)) {
    c.val, c.err = fn()

    g.mu.Lock()
    c.wg.Done()
    if g.m[key] == c {
        delete(g.m, key)
    }
    for _, ch := range c.chans {
        ch <- Result{c.val, c.err, c.dups > 0}
    }
    g.mu.Unlock()
}
```

Forget 方法很簡單，它只是把 key 從正在處理的 map 中刪除，後續使用相同的 key 的呼叫者呼叫 Go 方法時，又會再次執行函式 fn。

```
func (g *Group) Forget(key string) {
    g.mu.Lock()
    delete(g.m, key)
    g.mu.Unlock()
}
```

15.2 SingleFlight 的使用場景

在了解了 SingleFlight 的實現原理後，現在我們來看看它都被應用在什麼場景中。

在 Go 標準函式庫的程式中有兩處用到了 SingleFlight。第一處是在 net/lookup.go 中，如果有多個請求同時查詢同一個 host，lookupGroup 就會把這些請求合併到一起，只需要一個請求就可以了。

```
lookupGroup singleflight.Group
```

第二處是 Go 工具在檢查程式版本資訊時，將並發的請求合併成一個請求。

```
func metaImportsForPrefix(importPrefix string, mod ModuleMode, security web.
SecurityMode) (*urlpkg.URL, []metaImport, error) {
    // 使用快取保存請求結果
    setCache := func(res fetchResult) (fetchResult, error) {
        fetchCacheMu.Lock()
        defer fetchCacheMu.Unlock()
        fetchCache[importPrefix] = res
        return res, nil

        // 使用 SingleFlight 請求
        resi, _, _ := fetchGroup.Do(importPrefix, func() (resi interface{}, err error) {
            fetchCacheMu.Lock()
            // 如果快取中有資料，則直接從快取中取資料
            if res, ok := fetchCache[importPrefix]; ok {
                fetchCacheMu.Unlock()
                return res, nil
            }
            fetchCacheMu.Unlock()
            ......
```

需要注意的是，這裡涉及快取的問題。執行上面的程式，會把結果放在快取中，這也是常用的一種解決快取擊穿問題的方法。

SingleFlight 更廣泛的應用就是在快取系統中。事實上，在 Go 生態圈知名的快取框架 groupcache 中，就使用了較早的 Go 標準函式庫中的 SingleFlight 實現。接下來，我們就來介紹 groupcache 是如何使用 SingleFlight 解決快取擊穿問題的。

groupcache 中的 SingleFlight 只有一個方法：

```
func (g *Group) Do(key string, fn func() (interface{}, error)) (interface{}, error)
```

SingleFlight 的作用是，在載入一個快取項時，合併對同一個 key 的載入並發請求。

```
type Group struct {
    ......
    // loadGroup 保證不管當前併發量有多大，每個 key 值都只被獲取一次
    loadGroup flightGroup
    ......
}

func (g *Group) load(ctx context.Context, key string, dest Sink) (value
ByteView, destPopulated bool, err error) {
    viewi, err := g.loadGroup.Do(key, func() (interface{}, error) {
        return value, nil
    })
    if err == nil {
        value = viewi.(ByteView)
    }
    return
}
```

其他知名專案如 CockroachDB（小強資料庫）、CoreDNS（DNS 伺服器）等都有對 SingleFlight 的應用，你可以查看這些專案的程式，加深對 SingleFlight 的理解。

整體來說，使用 SingleFlight 時，可以透過合併請求的方式降低對下游服務的並發壓力，從而提高系統的性能。最後，給讀者留一個思考題：SingleFlight 是否能合併並發的寫入操作？

16 循環屏障

本章內容包括：

- CyclicBarrier 的使用場景
- CyclicBarrier 的實現
- 使用 CyclicBarrier 的例子

同步屏障（Barrier）是並發程式設計中的一種同步方法。對於一組 goroutine，程式中的同步屏障表示任何 goroutine 執行到此後都必須等待，直到所有的 goroutine 都到達此點才可繼續執行下文。

> **Barrier 無論是被翻譯成屏障、障礙還是柵欄，都很形象，就是一道攔截壩，攔截一組物件，等物件齊了才打開它。**

CyclicBarrier 允許一組 goroutine 彼此等待，到達一個共同的檢查點，然後到達下一個同步點，循環使用。因為它可以被重複使用，所以叫作循環屏障，或叫作可循環使用的屏障。我們還是用簡略的叫法。具體的機制是，大家都在屏障前等待，等全部到齊了，就打開屏障放行。

事實上，CyclicBarrier 是參考 Java CyclicBarrier 的功能實現的。Java 提供了 CountDownLatch（倒計時器）和 CyclicBarrier 兩個類似的用於保證多執行緒到達同一個檢查點的類別，只不過前者是到達 0 時放行，後者是到達某個指定的數時放行。C# 的 Barrier 也提供了類似的功能。

16.1 CyclicBarrier 的使用場景

你可能會覺得，CyclicBarrier 和 WaitGroup 的功能有點類似。確實是這樣的。不過，CyclicBarrier 更適合用在「數量固定的 goroutine 等待到達同一個檢查點」的場景中，而且在放行 goroutine 之後，CyclicBarrier 可以被重複使用，不像 WaitGroup 被重用時必須小心翼翼，避免發生 panic。

在處理可重用的多個 goroutine 等待到達同一個檢查點的場景時，CyclicBarrier 和 WaitGroup 方法呼叫的對應關係如圖 16.1 所示。

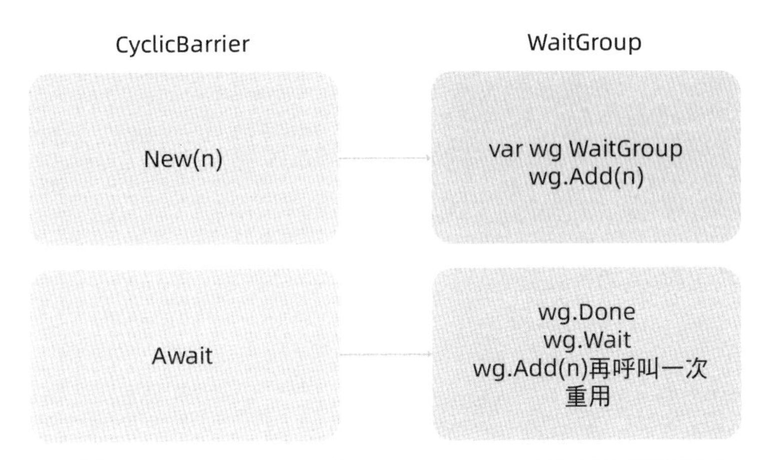

▲ 圖 16.1 CyclicBarrier 和 WaitGroup 方法呼叫的對應關係

在重複使用 WaitGroup 的時候，wg.Add 和 wg.Wait 的下一次呼叫並不能極佳地同步，所以這也是 CyclicBarrier 擅長處理的場景。

可以看到，如果使用 WaitGroup 實現的話，呼叫比較複雜，不像使用 CyclicBarrier 那麼清爽。更重要的是，如果想重用 WaitGroup，還要保證將 WaitGroup 的計數值重置到 *n* 時不會出現並發問題。

WaitGroup 更適合用在「一個 goroutine 等待一組 goroutine 到達同一個檢查點」的場景中，或是不需要重用的場景中。

其實上面的區別還不是最關鍵的，這兩個同步基本操作最重要的不同在於：**CyclicBarrier 的參與者之間相互等待，而 WaitGroup 一般都是父 goroutine 等待，幹活的子 goroutine 之間不需要相互等待。**

在了解了 CyclicBarrier 的使用場景和功能後，下面我們來介紹它的具體實現。

16.2 CyclicBarrier 的實現

CyclicBarrier 有兩個初始化方法。

- New：該方法只需要一個參數來指定循環屏障參與者的數量。

- NewWithAction：該方法額外提供一個函式，可以在每一次到達檢查點時執行一次。具體的時間點是在最後一個參與者到達之後，其他的參與者還未被放行之前。利用該方法，我們可以做一些放行之前的分享狀態更新等操作。

這兩個方法的簽名如下：

```
func New(parties int) CyclicBarrier
func NewWithAction(parties int, barrierAction func() error) CyclicBarrier
```

CyclicBarrier 是一個介面，它的定義方法如下：

```
type CyclicBarrier interface {
    // 等待所有的參與者到達，如果被 ctx.Done() 中斷，則會傳回 ErrBrokenBarrier
    Await(ctx context.Context) error

    // 重置循環屏障到初始狀態。如果當前有等待者，那麼它們會傳回 ErrBrokenBarrier
    Reset()

    // 傳回當前等待者的數量
    GetNumberWaiting() int

    // 參與者的數量
    GetParties() int

    // 循環屏障是否處於中斷狀態
    IsBroken() bool
}
```

循環屏障的使用很簡單。循環屏障的參與者只需要呼叫 Await 方法等待，等所有的參與者都到達後，再執行下一步。當執行下一步時，循環屏障又恢復到初始狀態了，可以迎接下一輪同樣多的參與者。

建立 CyclicBarrier 有兩個方法：

- func New(parties int)CyclicBarrier，指定參與者的數量，建立一個 CyclicBarrier。

- func NewWithAction(parties int, barrierAction func() error) CyclicBarrier，指定參與者的數量，以及 CyclicBarrier 釋放時執行的函式。

接下來介紹 CyclicBarrier 實現的主要邏輯，你主要透過這些介紹來了解如何使用基本的同步基本操作組合出複雜的同步基本操作。

CyclicBarrier 主要使用 round 代表一輪的等待和釋放，每一輪使用一個 round 物件。為了實現保護和同步控制，需要使用讀寫鎖。

```
type round struct {
    count       int              // 這一輪參與的 goroutine 的數量
    waitCh      chan struct{}    // 這一輪的等待 channel
    brokeCh     chan struct{}    // 廣播用的 channel
    isBroken    bool             // 屏障是否被人為破壞
}

type cyclicBarrier struct {
    parties      int // 參與者的數量
    barrierAction func() error // 屏障打開時要呼叫的函式

    lock sync.RWMutex
    round *round // 輪次
}
```

最核心的是 Await 方法，各個參與者（goroutine）都要呼叫它。在 goroutine 還沒有呼叫全的情況下，前面的呼叫者都會被阻塞，直到最後一個呼叫者呼叫，屏障才打開。所以，最後一個呼叫者的處理很關鍵，它需要喚醒前面的等待者，並且還要建立下一輪的 round。

```
func (b *cyclicBarrier) Await(ctx context.Context) error {
    var (
        ctxDoneCh <-chan struct{}
    )
    if ctx != nil {
        ctxDoneCh = ctx.Done()
    }

    // 檢查 ctx 是否已經被取消或者逾時
```

```
select {
case <-ctxDoneCh:
    return ctx.Err()
default:
}

// 加鎖
b.lock.Lock()

// 如果這一輪的等待和釋放已經完成
if b.round.isBroken {
    b.lock.Unlock()
    return ErrBrokenBarrier
}

// 在這一輪資料中將呼叫的參與者數量加 1
b.round.count++

// 先儲存這一輪的相關物件備用，避免發生資料競爭，獲取新一輪的物件
waitCh := b.round.waitCh
brokeCh := b.round.brokeCh
count := b.round.count

b.lock.Unlock()

// 下面就不需要鎖了，因為本輪的物件已經獲取到本地變數了
if count > b.parties { // 不能超過指定的參與者數量
    panic("CyclicBarrier.Await is called more than count of parties")
}

// 如果當前的呼叫者不是最後一個呼叫者，則被阻塞等待
if count < b.parties {
    // 等待發生下面的情況之一
    // 1. 最後一個呼叫者到來
    // 2. 人為破壞了本輪的等待
    // 3. ctx 被完成
    select {
    case <-waitCh:
        return nil
```

```
        case <-brokeCh:
            return ErrBrokenBarrier
        case <-ctxDoneCh:
            b.breakBarrier(true)
            return ctx.Err()
        }
    } else {
        // 如果當前的 goroutine 是最後一個呼叫者，則執行 barrierAction 函式（如果設置了）
        if b.barrierAction != nil {
            err := b.barrierAction()
            if err != nil {
                b.breakBarrier(true)
                return err
            }
        }
        // 重置屏障，因為它可迴圈使用，重置之後可以繼續使用，那就是下一輪的等待和釋放
        b.reset(true)
        return nil
    }
}
```

其中，reset 方法的實現如下所示。在正常情況下（safe=true)，只需要把本輪的 waitCh 關閉即可。如果是強制重置（unsafe=false），那麼就呼叫 breakBarrier 將本輪的 isBroken 設置為 true，並關閉本輪的 brokeCh。

不管怎樣，最後會新建一輪的物件 round，重置之後的 CyclicBarrier 又可以重用了。

```
func (b *cyclicBarrier) reset(safe bool) {
    b.lock.Lock()
    defer b.lock.Unlock()

    if safe {
        // 廣播，讓等待的 goroutine 繼續執行
        close(b.round.waitCh)

    } else if b.round.count > 0 {
        b.breakBarrier(false)
    }
```

```
        // 創建新的一輪檢查
        b.round = &round{
            waitCh: make(chan struct{}),
            brokeCh: make(chan struct{}),
        }
}
```

根據 Go 記憶體模型和 CyclicBarrier 的實現，我們可以得到以下保證：

任意一個 goroutine 的第 n 次的 Await 呼叫，一定 synchronized before 任意一個 goroutine 的第 n+1 次的 Await 呼叫成功傳回。

16.3 使用 CyclicBarrier 的例子

雖然 CyclicBarrier 這個同步基本操作很有用，但是它針對的場景很小眾，因此這個函式庫很少使用。希望你能將它放在你的工具箱中，說不定有一天它會為你帶來事半功倍的效果。

在需要等待一組 goroutine 同時到達一個檢查點的場景中，你可以分析一下整個過程是否要分成幾個步驟，如果只需要一個步驟，那麼使用 WaitGroup 可能就能解決問題。如果整個過程分成了幾個階段（stage），每個階段都有檢查點，那麼可以考慮使用 CyclicBarrier，它的再使用性就能派上用場了。

下面是一個使用 CyclicBarrier 的例子。

```
package main

import (
    "context"
    "fmt"
    "log"
    "math/rand"
    "sync"
    "time"
```

```
    "github.com/marusama/cyclicbarrier"
)

func main() {
    cnt := 0
    b := cyclicbarrier.NewWithAction(10, func() error { // 創建一個 CyclicBarrier，
屏障打開時計數器的值加 1
        cnt++
        return nil
    })

    wg := sync.WaitGroup{}
    wg.Add(10)

    for i := 0; i < 10; i++ {
        i := i
        go func() { // 啟動 10 個 goroutine
            defer wg.Done()
            for j := 0; j < 5; j++ { // 執行 5 輪
                time.Sleep(time.Duration(rand.Intn(10)) * time.Second)
                // 每一輪隨機休眠一段時間，再來到屏障前
                log.Printf("goroutine %d 來到第 %d 輪屏障 ", i, j)
                err := b.Await(context.TODO())
                log.Printf("goroutine %d 衝破第 %d 輪屏障 ", i, j)
                if err != nil {
                    panic(err)
                }
            }
        }()
    }

    wg.Wait()
    fmt.Println(cnt)
}
```

在這個例子中，我們啟動了 10 個 goroutine，每個 goroutine 都會隨機休眠一段時間，然後它們會在檢查點相互等待，一起衝破屏障，進入下一輪。

執行這個程式，注意觀察時間，22:08:28 時屏障打開，所有的參與者進入了下一輪，如圖 16.2 所示。

```
 smallnest@birdnest  ⌂ > ▹ > ▹ > ▹ > ▹ > ▹ > ch16  master  go run cyclicbarrier.go
2023/02/21 22:08:19 goroutine 2 來到第 0 輪屏障
2023/02/21 22:08:20 goroutine 1 來到第 0 輪屏障
2023/02/21 22:08:21 goroutine 6 來到第 0 輪屏障
2023/02/21 22:08:23 goroutine 7 來到第 0 輪屏障
2023/02/21 22:08:23 goroutine 3 來到第 0 輪屏障
2023/02/21 22:08:24 goroutine 9 來到第 0 輪屏障
2023/02/21 22:08:26 goroutine 0 來到第 0 輪屏障
2023/02/21 22:08:26 goroutine 5 來到第 0 輪屏障
2023/02/21 22:08:27 goroutine 4 來到第 0 輪屏障
2023/02/21 22:08:28 goroutine 8 來到第 0 輪屏障
2023/02/21 22:08:28 goroutine 4 衝破第 0 輪屏障
2023/02/21 22:08:28 goroutine 0 衝破第 0 輪屏障
2023/02/21 22:08:28 goroutine 5 衝破第 0 輪屏障
2023/02/21 22:08:28 goroutine 8 衝破第 0 輪屏障
2023/02/21 22:08:28 goroutine 1 衝破第 0 輪屏障
2023/02/21 22:08:28 goroutine 2 衝破第 0 輪屏障
2023/02/21 22:08:28 goroutine 3 衝破第 0 輪屏障
2023/02/21 22:08:28 goroutine 9 衝破第 0 輪屏障
2023/02/21 22:08:28 goroutine 7 衝破第 0 輪屏障
2023/02/21 22:08:28 goroutine 1 來到第 1 輪屏障
2023/02/21 22:08:28 goroutine 6 衝破第 0 輪屏障
2023/02/21 22:08:29 goroutine 2 來到第 1 輪屏障
2023/02/21 22:08:30 goroutine 5 來到第 1 輪屏障
```

▲ 圖 16.2 22:08:28 時第 0 輪的屏障打開

可以看到，儘管每個 goroutine 來到屏障前的時間不同，但是衝破屏障的時間是一樣的，而且都正確地進入了下一輪。

這個例子還演示了 barrierAction 函式的用法。每完成一輪，計數器 cnt 的值就加 1，最後列印出輪次，一定是 5 輪，如圖 16.3 所示。

```
2023/02/21 22:11:38 goroutine 4 衝破第 4 輪屏障
2023/02/21 22:11:38 goroutine 3 衝破第 4 輪屏障
2023/02/21 22:11:38 goroutine 8 衝破第 4 輪屏障
5
 smallnest@birdnest  ⌂ > ▹ > ▹ > ▹ > ▹ > ▹ > ch16  master
```

▲ 圖 16.3 最後計數器的結果是「5」，符合預期

17 分組操作

本章內容包括：

- ErrGroup
- 其他實用的 Group 同步基本操作

分享資源保護、任務編排和訊息傳遞是 Go 並發程式設計中常見的場景，而分組執行一批相同的或類似的任務則是任務編排中的一類情形。在這一章中，我們將專門介紹分組編排的一些常用場景和同步基本操作，主要用來處理一組任務。我們先來介紹一個非常常用的同步基本操作，即 ErrGroup。

出於篇幅的考慮，從本章開始，不再介紹同步基本操作的實現了，感興趣的讀者可以自行翻閱程式。

17.1 ErrGroup

ErrGroup 是 Go 官方提供的同步擴充函式庫。我們經常會遇到需要將一個通用的父任務拆分成幾個小任務並發執行的場景，其實，這樣做可以有效地提高程式的並發度。我的家人經常詫異我做飯菜的速度，半個小時飯菜就做好了。其實，我是平行做的，電鍋中蒸著白飯，高壓鍋中燉著排骨，烤箱中烤著肉串，鐵鍋中炒著青菜，輕輕鬆松就把飯菜做好了。這是並發的威力，非我的廚藝了得。

ErrGroup 就是用來應對這種場景的。它與 WaitGroup 有些類似，但是它提供的功能更加豐富：

- 與 Context 整合。
- error 向上傳播，可以把子任務的錯誤傳遞給 Wait 的呼叫者。

接下來介紹 ErrGroup 的基本用法和幾種應用場景。

17.1.1 ErrGroup 的基本用法

golang.org/x/sync/errgroup 套件下定義了一個 Group struct，它就是我們要介紹的 ErrGroup 同步基本操作，其底層是基於 WaitGroup 實現的。

在使用 ErrGroup 時，我們要用到 5 個方法，分別是 WithContext、Go、TryGo、Wait 和 SetLimit。

1. WithContext

在建立一個 Group 物件時，需要使用 WithContext 方法：

```
func WithContext(ctx context.Context) (*Group, context.Context)
```

該方法傳入一個 Context，傳回一個 Group 以及一個衍生的 Context。

這個衍生的 Context 會在下面兩種情況下被取消：

- 傳給 Go 方法的函式 f 第一次傳回不可為空（nil）的 error。
- Wait 方法第一次傳回。

Group 的零值也是合法的。也就是不通過 WithContext 生成 Group，而是使用它的零值。這是可以的，只不過這樣就沒有可以監控是否可撤銷的 Context 了。

注意，如果傳遞給 WithContext 的 ctx 參數是一個可撤銷的 Context，那麼它被撤銷時並不會中止正在執行的子任務。

2. Go

Go 方法的簽名如下：

```
func (g *Group) Go(f func() error)
```

該方法在新的 goroutine 中呼叫函式 f，該函式可以傳回 error。

如果當前 Group 中活躍的 goroutine 的數量超過了設置的數量限制，那麼它會被阻塞，直到有可用的新的 goroutine 加入。

如果呼叫函式 f 第一次傳回不可為空的 error，則會撤銷這個 Group 的 Context，這給呼叫者留下了想像的空間。如果這個 Group 是使用 WithContext 建立的，那麼 Wait 方法會傳回這個 error。

Go 方法被並發呼叫時，函式 f 可以是不一樣的，只要是符合其簽名的函式，就都可以被當作參數，並沒有規定同一個 Group 必須使用相同的函式。

3. TryGo

TryGo 方法的簽名如下：

```
func (g *Group) TryGo(f func() error) bool
```

TryGo 方法嘗試建立新的 Group 來執行函式 f，不過要求當前活躍的 goroutine 的數量不能超過限制，否則直接傳回，不會被阻塞。

傳回的結果指示函式 f 是否被執行，其中 true 表示成功啟動 goroutine 來執行函式 f，false 表示函式 f 沒有被執行。

4. Wait

Wait 方法的簽名如下：

```
func (g *Group) Wait() error
```

Wait 方法等待所有的 goroutine 都執行完成才傳回，否則一直被阻塞。如果函式 f 執行時傳回了不可為空的 error，那麼 Wait 方法將把第一個不可為空的 error 傳回。

5. SetLimit

SetLimit 方法的簽名如下：

```
func (g *Group) SetLimit(n int)
```

該方法限制同時最多有 *n* 個活躍的 goroutine 執行函式 f。*n* 為負值代表 goroutine 的數量沒有限制。

設置完畢後，後續活躍的 goroutine 的數量不能超過這個限制。如果有活躍的 goroutine，則不能進行限制。

簡單提一句，ErrGroup 由 WaitGroup、訊號量（用 channel 實現）、Once、Context 組合而成。訊號量用於控制活躍的 goroutine 的數量，WaitGroup 用於等

待所有的任務執行完成，Once 用於控制設置 error，Context 用於控制撤銷以及 error 的發生。

17.1.2 ErrGroup 使用範例

本節介紹幾個使用 ErrGroup 的例子，幫助你全面掌握 ErrGroup 的使用方法和應用場景。

1. 傳回第一個錯誤

我們先來看一個簡單的例子。在這個例子中啟動了三個子任務，其中第二個子任務執行失敗，其他兩個子任務執行成功。只有在這三個子任務都執行完成後，group.Wait 才會傳回第二個子任務的錯誤。

```
package main

import (
    "errors"
    "fmt"
    "time"

    "golang.org/x/sync/errgroup"
)

func main() {
    var g errgroup.Group

    // 啟動第一個子任務，它執行成功
    g.Go(func() error {
        time.Sleep(5 * time.Second)
        fmt.Println("exec #1")
        return nil
    })
    // 啟動第二個子任務，它執行失敗
    g.Go(func() error {
        time.Sleep(10 * time.Second)
        fmt.Println("exec #2")
        return errors.New("failed to exec #2")
```

```
    })

    // 啟動第三個子任務，它執行成功
    g.Go(func() error {
        time.Sleep(15 * time.Second)
        fmt.Println("exec #3")
        return nil
    })
    // 等待三個子任務都執行完成
    if err := g.Wait(); err == nil {
        fmt.Println("Successfully exec all")
    } else {
        fmt.Println("failed:", err)
    }
}
```

在這個例子中，goroutine 三次呼叫的函式分別會休眠 5s、10s、15s 才傳回，而第二個函式會傳回一個 error。

輸出結果如圖 17.1 所示。可以看到，三個函式都執行了，而且會把第二個函式傳回的 error 傳回（看 failed 那一行）。

```
  smallnest@birdnest  ~ > … > example1  master  go run main.go
exec #1
exec #2
exec #3
failed: failed to exec #2
  smallnest@birdnest  ~ > … > example1  master
```

▲ 圖 17.1 ErrGroup 例子的輸出結果，傳回第一個 error

2. 得到所有函式傳回的錯誤

Group 只能傳回子任務的第一個錯誤，後面的錯誤都會被丟棄。但是，有時候我們需要知道每個子任務的執行情況，怎麼辦呢？這個時候，我們就可以用稍微曲折一點的方式來實現了。我們使用一個 result 切片來儲存子任務的執行結果，透過查詢 result，就可以知道每一個子任務的結果。

下面的例子就是使用 result 記錄每個子任務執行成功或失敗的結果的。其實，使用 result 不僅可以記錄 error 資訊，還可以記錄計算結果。

```
package main

import (
    "errors"
    "fmt"
    "time"

    "golang.org/x/sync/errgroup"
)

func main() {
    var g errgroup.Group
    var result = make([]error, 3)

    // 啟動第一個子任務，它執行成功
    g.Go(func() error {
        time.Sleep(5 * time.Second)
        fmt.Println("exec #1")
        result[0] = nil // 保存執行成功或者執行失敗的結果
        return nil
    })

    // 啟動第二個子任務，它執行失敗
    g.Go(func() error {
        time.Sleep(10 * time.Second)
        fmt.Println("exec #2")

        result[1] = errors.New("failed to exec #2") // 保存執行成功或者執行失敗的結果
        return result[1]
    })

    // 啟動第三個子任務，它執行成功
    g.Go(func() error {
        time.Sleep(15 * time.Second)
        fmt.Println("exec #3")
        result[2] = nil // 保存執行成功或者執行失敗的結果
        return nil
    })

    if err := g.Wait(); err == nil {
```

```
        fmt.Printf("Successfully exec all. result: %v\n", result)
    } else {
        fmt.Printf("failed: %v\n", result)
    }
}
```

執行這個程式，可以看到三個函式的傳回結果都能得到（看 failed 那一行，中括號中有三個值），如圖 17.2 所示。

```
  smallnest@birdnest  > > > > > > > example2  master  go run main.go
exec #1
exec #2
exec #3
failed: [<nil> failed to exec #2 <nil>]
  smallnest@birdnest  > > > > > > > example2  master
```

▲ 圖 17.2 ErrGroup 例子的輸出結果，使用 result 記錄任務執行結果

3. 任務執行管線 pipeline

Go 官方文件中還提供了一個 pipeline 的例子。這個例子的意思是，一個子任務遍歷資料夾下的檔案，然後把所得到的檔案交給 20 個 goroutine，讓這些 goroutine 平行計算檔案的 md5 值。這個例子中的計算邏輯不需要重點掌握，下面是這個例子的簡化版。

```
package main

import (
    ......
    "golang.org/x/sync/errgroup"
)

// 一個多階段的 pipeline，使用有限的 goroutine 計算每個檔案的 md5 值
func main() {
    m, err := MD5All(context.Background(), ".")
    if err != nil {
        log.Fatal(err)
    }

    for k, sum := range m {
```

```
        fmt.Printf("%s:\t%x\n", k, sum)
    }
}

type result struct {
    path string
    sum [md5.Size]byte
}

// 遍歷根目錄下所有的檔案和子資料夾，計算它們的 md5 值
func MD5All(ctx context.Context, root string) (map[string][md5.Size]byte, error) {
    g, ctx := errgroup.WithContext(ctx)
    paths := make(chan string) // 檔案路徑 channel

    g.Go(func() error {
        defer close(paths) // 遍歷完關閉 paths chan
        return filepath.Walk(root, func(path string, info os.FileInfo, err error)
error {
            ...... // 將檔案路徑放入 paths 中
            return nil
        })
    })

    // 啟動 20 個 goroutine 執行計算 md5 值的任務，計算的檔案由上一個階段的檔案遍歷子任
務生成
    c := make(chan result)
    const numDigesters = 20
    for i := 0; i < numDigesters; i++ {
        g.Go(func() error {
            for path := range paths { // 遍歷直到 paths chan 被關閉
                ...... // 計算 path 的 md5 值，放入 c 中
            }
            return nil
        })
    }
    go func() {
        g.Wait() // 20 個 goroutine 以及遍歷檔案的 goroutine 都執行完成
        close(c) // 關閉記錄結果的 chan
    }()
```

```
    m := make(map[string][md5.Size]byte)
    for r := range c { // 將 md5 值從 chan 讀取到 map 中，直到 c 被關閉才退出
        m[r.path] = r.sum
    }

    // 再次呼叫 Wait，依然可以得到 Group 的 error 資訊
    if err := g.Wait(); err != nil {
        return nil, err
    }
    return m, nil
}
```

透過這個例子，我們可以學習到多階段 pipeline 的實現方式（分為遍歷檔案和計算 md5 值兩個階段），還可以學習到如何控制執行子任務的 goroutine 的數量。

這個例子是先把用於遍歷檔案的函式放到 ErrGroup 中執行，然後再放入 20 個函式來計算 md5 值。遍歷檔案和計算 md5 值之前的通訊透過一個 channel 來實現，將遍歷所得到的檔案放入 channel 中，計算任務從 channel 中讀取檔案計算 md5 值，最後將計算結果放入一個記錄結果的 channel 中。

另一個 goroutine 會呼叫 ErrGroup 的 Wait 方法，等待前面的任務完成後，將記錄結果的 channel 關閉。

主 goroutine 遍歷記錄結果的 channel 並對結果進行處理，形成一個 map 類型的結果。

最後呼叫 ErrGroup 的 Wait 方法，因為任務已經執行完成，所以直接傳回，這裡主要是傳回獲取到的 error（可能是 nil）。

當然，在 2022 年初歐長坤博士為這個函式庫增加 SetLimit 方法之前，一些公司為了控制並發的 goroutine 等擴充了這個函式庫。隨著這個函式庫的不斷完善，它基本上能夠滿足我們的需求了。

17.2 其他實用的 Group 同步基本操作

有一些非常優秀的成組處理任務的函式庫，我們來了解一下，它們將來可能會在業務開發中派上用場。

17.2.1 SizedGroup/ErrSizedGroup

1. SizedGroup

go-pkgz/syncs 提供了兩個 Group 同步基本操作，分別是 SizedGroup 和 ErrSizedGroup。

SizedGroup 內部是使用訊號量和 WaitGroup 實現的，它透過訊號量控制並發的 goroutine 的數量，或不控制 goroutine 的數量，而是控制子任務並發執行時的數量。它的程式實現非常簡潔，請讀者自行到它的程式庫中了解其具體實現，這裡就不多說了。下面重點說說它的功能。

回顧一下 Go 標準函式庫中的 WaitGroup 實現，當執行上萬個子任務時，是不是要建立上萬個 goroutine？雖然 Go 的 goroutine 銷耗很小，但也不是沒有銷耗的，尤其是有這麼多的 goroutine，排程對性能的影響還是很大的。因此，SizedGroup 內部做了控制，雖然任務可以有成千上萬個，但是內部只使用有限的 goroutine 來執行。

SizedGroup 的方法如圖 17.3 所示。其中，Go 方法傳入要執行的函式，每次呼叫的函式可以不一樣，根據呼叫方式的不同，可能不發生阻塞，也可能發生阻塞。Wait 方法等待所有的任務都執行完成。

```
type GroupOption
    func Context(ctx context.Context) GroupOption
type SizedGroup
    func NewSizedGroup(size int, opts ...GroupOption) *SizedGroup
    func (g *SizedGroup) Go(fn func(ctx context.Context))
    func (g *SizedGroup) Wait()
```

▲ 圖 17.3 SizedGroup 的方法

SizedGroup 有兩種處理方式。在預設情況下，SizedGroup 控制的是子任務的並發數量，而非 goroutine 的數量。在這種處理方式下，每次呼叫 Go 方法都不會發生阻塞，而是新建一個 goroutine 來執行。所以，如果有成千上萬個呼叫，雖然也會建立成千上萬個 goroutine，但是這些 goroutine 在執行任務（函式 f）時，同一時刻只有有限的 goroutine 在執行，其他的 goroutine 透過訊號量等待。

另一種處理方式是 Go 方法一開始就呼叫訊號量，透過訊號量控制同一時刻 goroutine 的數量。這種方式可能會導致呼叫者被阻塞。

下面是一個使用 SizedGroup 的例子。

```
package main

import (
    "context"
    "fmt"
    "sync/atomic"
    "time"

    "github.com/go-pkgz/syncs"
)

func main() {
    // 設置 goroutine 的數量為 10
    swg := syncs.NewSizedGroup(10) // 預設處理方式
    // swg := syncs.NewSizedGroup(10, syncs.Preemptive) // 另一種處理方式
    var c uint32

    // 執行 1000 個子任務，同一時刻只會有 10 個 goroutine 來執行傳入的函式
    for i := 0; i < 1000; i++ {
        swg.Go(func(ctx context.Context) {
            time.Sleep(5 * time.Millisecond)
            atomic.AddUint32(&c, 1)
        })
    }

    // 等待子任務執行完成
```

```
    swg.Wait()
    // 輸出結果
    fmt.Println(c)
}
```

2. ErrSizedGroup

ErrSizedGroup 為 SizedGroup 提供了 error 處理的功能，這個功能和 Go 官方擴充函式庫的功能一樣，就是等待子任務執行完成並傳回第一個出現的 error。此外，它還提供了兩個額外的功能。

- 控制並發的 goroutine 的數量，這與 SizedGroup 的功能一樣。
- 如果設置了 termOnError，那麼子任務出現第一個 error 時會撤銷 Context，而且後面的 Go 呼叫會直接傳回，Wait 呼叫者會得到這個錯誤，這相當於遇到錯誤快速傳回。如果沒有設置 termOnError，那麼 Wait 會傳回所有子任務的錯誤。

ErrSizedGroup 的方法和 SizedGroup 的方法類似，其中 Wait 方法有一個 error 傳回值，如圖 17.4 所示。

```
type ErrSizedGroup
    func NewErrSizedGroup(size int, options ...GroupOption) *ErrSizedGroup
    func (g *ErrSizedGroup) Go(f func() error)
    func (g *ErrSizedGroup) Wait() error
```

▲ 圖 17.4 ErrSizedGroup 的方法

整體來說，syncs 套件提供的同步基本操作的品質和功能還是非常好的。不過，目前 star 只有十幾個，這和它的功能嚴重不匹配，建議你關注這個專案，支持一下作者。

關於 ErrGroup，掌握這些知識就足夠了。下面介紹一些非 ErrGroup 的同步基本操作，它們用來編排子任務。

17.2.2 gollback

gollback 也是用來處理一組子任務的執行的，但它解決了 ErrGroup 收集子任務傳回結果的痛點。使用 ErrGroup 時，如果要收集子任務的執行結果和 error，則需要定義額外的變數。而這個函式庫可以提供更便利的方式。

前面在介紹官方擴充函式庫 ErrGroup 時，舉了一些例子（傳回第一個 error 和傳回所有子任務 error 的例子）。在例子中，如果想得到每一個子任務的執行結果或 error，則需要額外提供一個 result 切片進行收集。而如果使用 gollback 的話，就不需要這些額外的處理了，因為它的方法會把子任務的執行結果和 error 都傳回。

接下來，我們看一下它提供的三個方法，分別是 All、Race 和 Retry。

1. All 方法

All 方法的簽名如下：

```
func All(ctx context.Context, fns ...AsyncFunc) ([]interface{}, []error)
```

該方法會等待所有的非同步函式（AsyncFunc）都執行完成才傳回，而且傳回結果的順序和傳入函式的順序保持一致。第一個參數傳回子任務的執行結果，第二個參數傳回子任務執行時的錯誤資訊。

其中，非同步函式的定義如下：

```
type AsyncFunc func(ctx context.Context) (interface{}, error)
```

可以看到，ctx 會被傳遞給子任務。如果撤銷這個 ctx，則可以取消子任務（如果子任務使用這個 ctx 的話）。

我們來看一個使用 All 方法的例子。

```
package main

import (
```

```
    "context"
    "errors"
    "fmt"
    "github.com/vardius/gollback"
    "time"
)

func main() {
    rs, errs := gollback.All( // 呼叫 All 方法
        context.Background(),
        func(ctx context.Context) (interface{}, error) {
            time.Sleep(3 * time.Second)
            return 1, nil // 第一個任務沒有錯誤，傳回 1
        },
        func(ctx context.Context) (interface{}, error) {
            return nil, errors.New("failed") // 第二個任務傳回一個錯誤
        },
        func(ctx context.Context) (interface{}, error) {
            return 3, nil // 第三個任務沒有錯誤，傳回 3
        },
    )

    fmt.Println(rs) // 輸出子任務的執行結果
    fmt.Println(errs) // 輸出子任務的錯誤資訊
}
```

可以看到，一次可以傳給 All 多個執行函式，有的函式傳回 error，有的函式傳回 nil。當所有的任務都執行完成後，All 方法才傳回，即傳回所有任務的執行結果和 error。

2. Race 方法

Race 方法的簽名如下：

```
func Race(ctx context.Context, fns ...AsyncFunc) (interface{}, error)
```

使用 Race 方法時，只要一個非同步函式的執行結果沒有錯誤，就立即傳回，而不會傳回所有子任務的資訊。如果所有子任務都沒有執行成功，那麼就傳回最後一個 error。

如果有一個正常的子任務的執行結果傳回，Race 就會把傳入其他子任務的 Context 撤銷，這樣子任務就可以中斷自己的執行了。Race 的使用方式與 All 的使用方式類似，這裡就不再舉例說明了，你可以把 All 方法例子中的 All 替換成 Race 測試一下。

3. Retry 方法

Retry 方法的簽名如下：

```
func Retry(ctx context.Context, retires int, fn AsyncFunc) (interface{}, error)
```

Retry 方法不是執行一組子任務，而是執行一個子任務。如果子任務執行失敗，它會嘗試一定的次數；如果一直不成功，則會傳回錯誤資訊；如果執行成功，它會立即傳回。如果 retires 等於 0，它會永遠嘗試，直到成功。

我們來看一個使用 Retry 方法的例子。

```
package main

import (
    "context"
    "errors"
    "fmt"
    "github.com/vardius/gollback"
    "time"
)

func main() {
    ctx, cancel := context.WithTimeout(context.Background(), 5*time.Second)
    defer cancel()

    // 嘗試 5 次，或者逾時傳回
    res, err := gollback.Retry(ctx, 5, func(ctx context.Context) (interface{}, error) {
```

```
        return nil, errors.New("failed")
    })

    fmt.Println(res) // 輸出結果
    fmt.Println(err) // 輸出錯誤資訊
}
```

這裡只是實現了一種簡單的重試機制，更好的重試機制是使用帶有淬火功能（backoff）的重試函式庫，第二次重試等待一段時間，第三次重試等待更長的時間，比如 cenk/backoff、 sethvargo/go-retry 函式庫等。

17.2.3 Hunch

Hunch 提供的功能與 gollback 類似，不過它提供的方法更多。Hunch 定義了執行子任務的函式，與 gollback 的 AyncFunc 一樣，其定義如下：

```
type Executable func(context.Context) (interface{}, error)
```

1. All 方法

All 方法的簽名如下：

```
func All(parentCtx context.Context, execs ...Executable) ([]interface{}, error)
```

該方法會傳入一組可執行的函式（子任務），傳回子任務的執行結果。與 gollback 的 All 方法不一樣的是，一旦一個子任務出現錯誤，它就會傳回錯誤資訊，執行結果（第一個傳回參數）為 nil。

2. Take 方法

Take 方法的簽名如下：

```
func Take(parentCtx context.Context, num int, execs ...Executable)
([]interface{}, error)
```

在該方法中，你可以指定 num 參數，只要有 num 個子任務正常執行而沒有錯誤，Take 方法就會傳回這幾個子任務的執行結果。一旦一個子任務出現錯誤，該方法就會傳回錯誤資訊，執行結果（第一個傳回參數）為 nil。

3.Last 方法

Last 方法的簽名如下：

```
func Last(parentCtx context.Context, num int, execs ...Executable)
([]interface{}, error)
```

該方法只傳回最後 num 個正常執行而沒有錯誤的子任務的執行結果。一旦一個子任務出現錯誤，該方法就會傳回錯誤資訊，執行結果（第一個傳回參數）為 nil。比如 num 等於 1，它只會傳回最後一個沒有錯誤的子任務的執行結果。

4. Retry 方法

Retry 方法的簽名如下：

```
func Retry(parentCtx context.Context, retries int, fn Executable) (interface{}, error)
```

該方法的功能和 gollback 的 Retry 方法的功能一樣，如果子任務執行出錯，它就會不斷嘗試，直到成功或達到重試上限。如果達到重試上限，則會傳回錯誤資訊。如果 retries 等於 0，它就會不斷嘗試。

5. Waterfall 方法

Waterfall 方法的簽名如下：

```
func Waterfall(parentCtx context.Context, execs ...ExecutableInSequence)
(interface{}, error)
```

該方法其實是一個 pipeline 的處理方法，所有的子任務都是串列執行的，上一個子任務的執行結果會被當作參數傳給下一個子任務，直到所有的任務都執行完成，傳回最後的執行結果。一旦一個子任務執行錯誤，它就會傳回錯誤資訊，執行結果（第一個傳回參數）為 nil。

gollback 和 Hunch 是屬於同一類的同步基本操作，對一組子任務的執行結果，可以選擇一個結果或多個結果，這也是現在熱門的微服務常用的服務治理方法。

17.2.4 schedgroup

本節介紹一個與時間相關的用於處理一組 goroutine 的同步基本操作 schedgroup。

schedgroup 是 Matt Layher 開發的 worker 池，可以指定任務在某個時間或某個時間之後執行。Matt Layher 是一個知名的 Gopher，他經常在一些會議上分享 Go 開發經驗，他在 GopherCon Europe 2020 大會上專門介紹了這個同步基本操作：「schedgroup: atimer-based goroutine concurrency primitive」。你可以在網上搜索看一下他的分享，下面介紹一些重點。

schedgroup 包含的方法如下：

```
type Group
    func New(ctx context.Context) *Group
    func (g *Group) Delay(delay time.Duration, fn
    func()) func (g *Group) Schedule(when time.Time, fn func())
    func (g *Group) Wait() error
```

先來說說 Delay 和 Schedule 方法。

這兩個方法的功能其實是一樣的，都是用來指定在某個時間或某個時間之後執行一個函式的。只不過 Delay 方法傳入的是一個 time.Duration 參數，它會在 time.Now()+delay 之後執行函式，而 Schedule 方法可以指定明確的某個時間執行函式。

再來說說 Wait 方法。

Wait 方法呼叫會阻塞呼叫者，直到之前安排的所有子任務都執行完成才傳回。如果 Context 被撤銷，那麼 Wait 方法會傳回這個撤銷 error。在使用 Wait 方法時，需要注意兩點。

- 如果呼叫了 Wait 方法，就不能再呼叫 Delay 和 Schedule 方法了，否則會發生 panic。
- Wait 方法只能被呼叫一次，如果被呼叫了多次，就會發生 panic。

你可能認為，簡單地使用 timer 就可以實現這個功能。其實，如果只有幾個子任務，那麼使用 timer 不是問題；而如果有大量的子任務，而且還要能夠撤銷，那麼使用 timer 的話，CPU 資源消耗就比較大了。所以，schedgroup 在實現時就使用了 container/heap，按照子任務的執行時間進行排序，這樣可以避免使用大量的 timer，從而提高性能。

我們來看一個使用 schedgroup 的例子。下面的程式會依次輸出 1、2、3，這是由所設置的 delay 參數決定的。

```
sg := schedgroup.New(context.Background())

// 設置子任務分別在 100ms、200ms、300ms 之後執行
for i := 0; i < 3; i++ {
    n := i + 1
    sg.Delay(time.Duration(n)*100*time.Millisecond, func() {
        log.Println(n) // 輸出任務編號
    })
}

// 等待所有的子任務執行完成
if err := sg.Wait(); err != nil {
    log.Fatalf("failed to wait: %v", err)
}
```

還有一些其他的函式庫，比如 pieterclaerhout/go-waitgroup，它擴充了標準函式庫 WaitGroup，但是其內部使用固定的執行緒池來處理子任務。此外，新的函式庫會不斷湧現，大家在學完本書後，說不定也會建立一些同步基本操作函式庫。

18 限流

本章內容包括：

- 基於權杖桶實現的限流函式庫
- 基於漏桶實現的限流函式庫
- 分散式限流

快取、降級和限流是高並發保護高可用的手段。比如某個明星在微博上發了一筆動態，短時間內其可能獲得上億次的轉發量，這給微博的伺服器造成了巨大的壓力，甚至有短暫不可用的狀態。解決方法無外乎緊急增加快取，將不常用的特性臨時降級，對資源進行限流，避免將背景服務打爆。

限流是我們常用的在高並發下保護有限資源的手段。現在可能沒有人去搶火車票了，但在 *N* 年前過年的時候，大家都會拼命地搶火車票，以至於把 12306 網站刷得不可用了。12306 透過業務改造，擴充、分片以及排隊等限流手段，降低了對伺服器的壓力，保證了網站可用。

權杖桶和漏桶是常見的限流手段，可以幫助我們處理高並發的請求。

我們首先來認識這兩種常見的限流手段，然後介紹基於它們實現的限流函式庫。當然，限流函式庫不止本章中介紹的這些。

18.1 基於權杖桶實現的限流函式庫

權杖桶演算法是網路流量整形（traffic shaping）和速率限制（rate limiting）中最常使用的一種演算法。它不只是用來處理網路流量，我們在處理任意請求時，也可以使用它來控制處理請求的速率，並允許對一定範圍內的突發請求進行處理。

大小固定的權杖桶以恒定的速率源源不斷地產生權杖，如圖 18.1 所示。如果權杖不被消耗，或權杖被消耗的速率小於其產生的速率，那麼權杖桶中的權杖就會不斷增多，直到把桶填滿。後面新產生的權杖會從權杖桶中溢位，最後權杖桶中可以儲存的最大權杖數永遠不會超過桶的大小。

權杖桶的處理方式如下：

- 假如使用者設定的處理速率為 r，則每隔 $1/r$ 秒就會將一個權杖加入權杖桶中。
- 假設權杖桶最多可以存放 n 個權杖，如果新權杖到達時權杖桶已滿，那麼這個新權杖會被丟棄。

- 當處理一個請求時，就從權杖桶中刪除一個權杖。
- 更廣泛的，可以一次申請多個權杖，這可能是一次要處理多個請求，也可能是請求處理的權重不同，有的請求需要多個權杖。

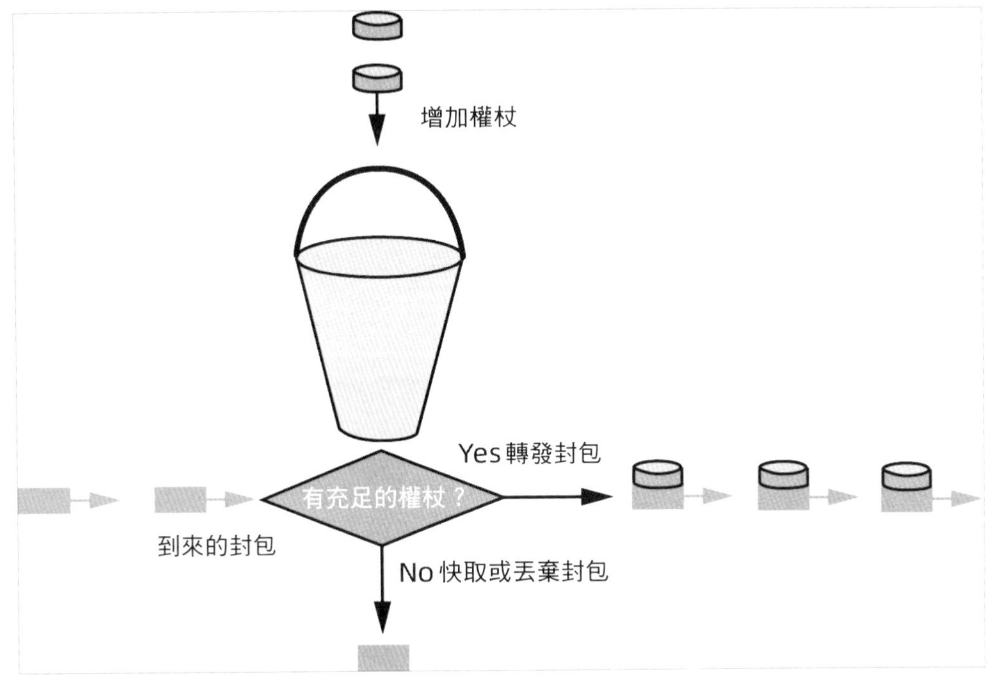

▲ 圖 18.1 權杖桶原理：定時向權杖桶中放入權杖

- 如果當前權杖桶中的權杖少於請求的權杖，則不會刪除權杖，這個請求將被丟棄；或，更好的方式是不丟棄請求，而是將其放入一個佇列中快取起來，以後再處理。不過，這已經不是權杖桶要處理的範圍了。

可以看到，如果某個時間沒有請求要處理的話，那麼權杖桶中的權杖可能會積攢得非常多，甚至權杖桶滿了。這時候，如果有大量突發請求，它們可能都能獲取到權杖，一起被並發地處理。假設在短時間內需要處理大量的請求，在極端情況下，如果突發請求把權杖全取走了，那麼之後即使是很小的並發請求，也獲取不到權杖，它可能會被丟棄或在佇列中等待。這是權杖桶的特點，允許處理突發請求，但是從一個長週期來看，權杖桶的處理速率是恒定的。

18.1.1 x/time/rate

golang.org/x/time/rate 是 Go 官方提供的基於權杖桶實現的限流函式庫。

這個函式庫提供的 Limiter 可以控制事件發生的頻率。假設權杖桶的容量為 *b*，每秒以固定的速率 *r* 填充，並且一開始權杖桶就被填滿了。在很長的一段時間內，Limiter 限制權杖產生的速率是每秒 *r* 個，並且允許有最多 *b* 個突發事件。如果 *b* 是無限大的，那麼它就會被忽略。*b* 既是權杖桶的容量，也是允許一次獲取的最大權杖數。

Limiter 的零值也是有效的值，但是基本上沒什麼意義，因為它表示拒絕所有的事件。

Limiter 有三個主要方法，即 Allow、Reserve、Wait，每個方法都會消耗一個權杖。它們的不同之處在於：

- Allow——如果沒有權杖可用，這個方法將直接傳回 false，不會被阻塞。
- Reserve——如果沒有權杖可用，這個方法將傳回為未來可用權杖保留的物件 Reservation，以及呼叫者要等待的時間。
- Wait——如果沒有權杖可用，這個方法將被阻塞，直到獲取到一個權杖，或 Context 完成（被撤銷）。

如果要獲取多個權杖，則使用 AllowN、ReserveN 和 WaitN 方法。

大部分呼叫者使用 Wait 方法就足夠了。

接下來，讓我們來了解 Limiter 類型的使用方法。

我們可以透過 NewLimiter 建立一個非零值的 Limiter：

```
func NewLimiter(r Limit, b int) *Limiter
```

其中，第一個參數是限流的速率，允許每秒產生多少個權杖。比以下面這行程式設置每秒產生 5 個權杖，勻速地產生：

```
var limit rate.Limit = 5
```

我們也可以使用輔助方法 Every，指定權杖產生的時間間隔。下面這一行程式和上面一行等價：

```
var limit = rate.Every(200 * time.Millisecond)
```

下面舉出一個例子。

```
package main

import (
    "context"
    "log"
    "time"

    "golang.org/x/time/rate"
)

func main() {
    log.SetFlags(log.Ldate | log.Ltime | log.Lmicroseconds)

    var limit = rate.Every(200 * time.Millisecond) // 權杖產生的速率，每 200ms 產生
一個權杖
    var limiter = rate.NewLimiter(limit, 3) // 權杖桶的容量為 3
    for i := 0; i < 15; i++ {
        log.Printf("got #%d, err:%v", i, limiter.Wait(context.Background()))
    }
}
```

這個程式每 200ms 產生一個權杖，如果權杖足夠，那麼最多允許同時獲取 3 個權杖（突發事件）。程式獲取權杖 15 次。

程式執行結果如圖 18.2 所示。圖中開始的三行表示獲取到了初始的三個權杖，之後每 200ms 產生一個權杖。

```
smallnest@birdnest  > > > > > > > x_time_rate  master  go run main.go
2023/02/23 22:24:47.440833 got #0, err:<nil>
2023/02/23 22:24:47.440951 got #1, err:<nil>
2023/02/23 22:24:47.440953 got #2, err:<nil>
2023/02/23 22:24:47.641911 got #3, err:<nil>
2023/02/23 22:24:47.841882 got #4, err:<nil>
2023/02/23 22:24:48.041852 got #5, err:<nil>
2023/02/23 22:24:48.241839 got #6, err:<nil>
2023/02/23 22:24:48.441827 got #7, err:<nil>
2023/02/23 22:24:48.641812 got #8, err:<nil>
2023/02/23 22:24:48.841823 got #9, err:<nil>
2023/02/23 22:24:49.041805 got #10, err:<nil>
2023/02/23 22:24:49.241785 got #11, err:<nil>
2023/02/23 22:24:49.441770 got #12, err:<nil>
2023/02/23 22:24:49.641803 got #13, err:<nil>
2023/02/23 22:24:49.841765 got #14, err:<nil>
smallnest@birdnest  > > > > > > > x_time_rate  master
```

▲ 圖 18.2 x/time/rate 例子的輸出結果

因為一開始 Limiter 是滿的，所以在 440ms 時一下子被取走了 3 個權杖，之後每 200ms 產生一個權杖並被取走。

我們可以使用 SetLimit 方法設置新的限流數值，但是已經保留的權杖可能不會遵守這個新的限制。SetLimit 其實是透過 SetLimitAt(time.Now(),newLimit) 方法實現的，SetLimitAt 方法的簽名如下：

```go
func (lim *Limiter) SetLimitAt(t time.Time, newLimit Limit)
```

雖然 Limiter 是官方的擴充函式庫，但是其中關於這個方法的說明語焉不詳，t 這個參數到底代表什麼意思？是代表在未來某個時間點才使新的限制生效嗎？不是！透過翻閱實現程式，我們才了解了 t 的含義：t 減去最後生成權杖的時間，得到一個值 elapsed（經過的時間），根據 elapsed 這個值，計算按照原來的限制應該產生多少個權杖。把這些權杖放到權杖桶中，如果超過突發事件的數量，那麼權杖桶中最多保留的權杖數量與突發事件數量相同。然後，設置新的限制（newLimit）。可以看到，這個時間影響的只是權杖桶中權杖的數量，權杖還是按照新的速率限制勻速產生的。

如果時間 t 是 last 之前的時間，那麼 t 就被設置成 last，並且不會增加新的權杖。如果將時間設置為 time.Now()，那麼就可能增加一些權杖；如果時間是未來的時間，那麼權杖桶中就可能增加大量的權杖，但不會超過突發事件數量。

下面是一個例子。

```
var limiter = rate.NewLimiter(1, 3)
    for i := 0; i < 3; i++ {
        log.Printf("got #%d, err:%v", i, limiter.Wait(context.Background()))
    }

    log.Println("set new limit at 10s")
    limiter.SetLimitAt(time.Now().Add(10*time.Second), rate.Every(3*time.Second))

    for i := 4; i < 9; i++ {
        log.Printf("got #%d, err:%v", i, limiter.Wait(context.Background()))
    }
```

執行這個程式，設置 SetLimitAt 產生三個權杖並被迅速取走，之後按照設置每 3s 產生一個權杖，如圖 18.3 所示。

```
 smallnest@birdnest  > x_time_rate  master  go run main.go
2023/02/23 23:02:17.024140 got #0, err:<nil>
2023/02/23 23:02:17.024346 got #1, err:<nil>
2023/02/23 23:02:17.024349 got #2, err:<nil>
2023/02/23 23:02:17.024352 set new limit at 10s
2023/02/23 23:02:17.024355 got #4, err:<nil>
2023/02/23 23:02:17.024357 got #5, err:<nil>
2023/02/23 23:02:17.024359 got #6, err:<nil>
2023/02/23 23:02:20.025408 got #7, err:<nil>
2023/02/23 23:02:23.025169 got #8, err:<nil>
 smallnest@birdnest  > x_time_rate  master
```

▲ 圖 18.3 呼叫 SetLimitAt 的例子

在這個例子中，一開始限流速率是每秒產生 1 個權杖，權杖桶的容量是 3。

3s 後，設置的時間是當前時間加上 10s，每 3s 產生一個權杖。這個時候有一個突發事件，一下子獲取了 #4、#5、#6 三個權杖，因為 10s 後產生了足夠多的權杖，所以可以獲取到。然後，就按照每秒 3 個的新速率來產生權杖了。可見，如果使用 SetLimitAt 方法更改了權杖產生的速率，則可能會導致在設置後發生處理突發事件的情況。

使用 SetBurst 方法可以設置新的權杖桶容量和最大突發事件數量，它實際上是透過呼叫 SetBurstAt(time.Now(), newBurst) 實現的。其實現方法和 SetLimitAt 方法相同，只不過它設置的是突發事件。

使用 Limit() 方法可以獲取當前的限速值和容量值。使用 Tokens() 方法可以獲取當前的權杖數量，使用 TokensAt(t time.Time) 方法獲取的是到某個時間的權杖數量，最大不超過突發事件數量，其計算方式和 SetLimitAt 方法的計算方式一樣。

x/time/rate 函式庫還提供了保留權杖的功能，可以為到某個時間保留 *n* 個權杖。Reserve 方法是透過 ReserveN(time.Now(), 1) 實現的，ReserveN 呼叫 reserveN。

```
func (lim *Limiter) ReserveN(t time.Time, n int) *Reservation {
    r := lim.reserveN(t, n, InfDuration)
    return &r
}
```

其實，AllowN 也是透過 reserveN 實現的：

```
func (lim *Limiter) AllowN(t time.Time, n int) bool {
    return lim.reserveN(t, n, 0).ok
}
```

下面是一個使用 ReserveN 的例子。

```
var limiter = rate.NewLimiter(1, 10)
    limiter.WaitN(context.Background(), 10) // 把初始的權杖消耗掉

    r := limiter.ReserveN(time.Now().Add(5), 4)
    log.Printf("ok: %v, delay: %v", r.OK(), r.Delay()) ; // ok: true, delay: 3.9999985s
    r.Cancel()
    r = limiter.ReserveN(time.Now().Add(3), 6)
    log.Printf("ok: %v, delay: %v", r.OK(), r.Delay()) // ok: true, delay: 5.999696833s
    r = limiter.ReserveN(time.Now().Add(3), 100)
    log.Printf("ok: %v, delay: %t", r.OK(), r.Delay() == rate.InfDuration)
// ok: false, delay: true
```

這個權杖桶每秒產生一個權杖，其容量為 10。如果你想保留幾個權杖，則沒有問題；如果你請求了超過突發事件數量的權杖，則無法為你保留。

x/time/rate 這個函式庫官方出品，還是非常優秀的，但是也有兩個缺點：一是突發事件和容量合二為一了。雖然有時候允許有突發事件，但是不允許有那麼大的突發事件。二是幾個方法中的時間參數 t 很難讓人理解，其含義和現實中我們的理解是不一樣的。

18.1.2 juju/ratelimit

juju/ratelimit 是另一個高效的基於權杖桶實現的限流函式庫，不過已經多年沒人維護了。

Bucket 代表一個權杖桶，它提供了多種生成權杖桶的方法：

- func NewBucket(fillInterval time.Duration, capacity int64) *Bucket
- func NewBucketWithClock(fillInterval time.Duration, capacity int64, clockClock) *Bucket
- func NewBucketWithQuantum(fillInterval time.Duration, capacity ,quantum int64) *Bucket
- func NewBucketWithQuantumAndClock(fillInterval time.Duration, capacity, quantum int64, clock Clock) *Bucket
- func NewBucketWithRate(rate float64, capacity int64) *Bucket
- func NewBucketWithRateAndClock(rate float64, capacity int64, clock Clock) *Bucket

在這些方法中，最簡單的是第一個方法 NewBucket，其中參數 fillInterval 用於設置生成權杖的時間間隔，也就是限流的速率；capacity 用於設置權杖桶的容量。權杖桶初始是滿的。

clock 是方便測試用的時鐘；quantum 是 Go 官方擴充函式庫所沒有的亮點，它可以在每次生成權杖時，不止生成一個權杖，而是生成 quantum 個。

也可以透過指定 rate 的方式來建立權杖桶，rate 是產生權杖的速率。

權杖桶天然支援突發事件，只要權杖桶中有權杖，就允許突發事件一次性把權杖取走。

接下來，讓我們來了解 Bucket 的使用方法。

Available、Capacity、Rate：這三個方法傳回權杖桶的狀態，它們分別傳回權杖桶中當前可用的權杖、權杖桶的容量以及權杖桶限流的速率，其中 Rate 方法傳回的是每秒產生多少個權杖。

Take(count int64)time.Duration：從權杖桶中獲取 count 個權杖，該方法不會被阻塞。如果沒有足夠的權杖，該方法會傳回需要等待多少時間才有可能獲取到足夠的權杖。

TakeAvailable(count int64) int64：也是從權杖桶中獲取權杖，但是它知足常樂，即使權杖不夠 count 個，它也接受，有多少算多少。該方法也不會被阻塞。

TakeMaxDuration(count int64, maxWaittime. Duration)(time. Duration, bool)：類似於 Take 方法，但是它提供了一個最長的等待時間（maxWait），如果這個時間超過了獲取 count 個權杖的時間，則傳回 false，獲取不到權杖；不然傳回 true。

Wait(count int64)：這是我們最常用的方法，等待獲取 count 個權杖。如果沒有足夠的權杖，呼叫者就會被阻塞，直到有足夠的權杖被獲取到。

WaitMaxDuration(count int64, maxWait time. Duration) bool：類似於 Wait 方法，不過加上了一個最長的等待時間。如果在這個時間內有足夠的權杖可取，那麼就等待獲取；不然直接傳回 false。

Bucket 還為 io.Reader、io.Writer 提供了遍歷方法，並為它們提供了 I/O 限流的能力，每個權杖代表一個位元組：

- func Reader(r io.Reader, bucket *Bucket) io.Reader
- func Writer(w io.Writer, bucket *Bucket) io.Writer

下面是一個使用 juju/ratelimit 函式庫的簡單例子。

```go
package main

import (
    "log"
    "time"

    "github.com/juju/ratelimit"
)

func main() {
    var bucket = ratelimit.NewBucket(time.Second, 3)
    for i := 0; i < 10; i++ {
        bucket.Wait(1)
        log.Printf("got #%d", i)
    }
}
```

執行程式，結果如圖 18.4 所示。可以看到初始的三個權杖被迅速取走，之後每秒產生一個權杖。

```
 smallnest@birdnest  > > > > > > > juju  master  go run main.go
2023/02/24 07:47:22 got #0
2023/02/24 07:47:22 got #1
2023/02/24 07:47:22 got #2
2023/02/24 07:47:23 got #3
2023/02/24 07:47:24 got #4
2023/02/24 07:47:25 got #5
2023/02/24 07:47:26 got #6
2023/02/24 07:47:27 got #7
2023/02/24 07:47:28 got #8
2023/02/24 07:47:29 got #9
 smallnest@birdnest  > > > > > > > juju  master 
```

▲ 圖 18.4 juju/ratelimit 例子的輸出結果

因為初始時權杖桶是滿的，所以一開始就可以獲取到三個權杖，之後每秒產生一個權杖。

如果你不想初始時權杖桶是滿的，則可以在建立好權杖桶後取走桶中所有的權杖。Go 擴充函式庫也可以採用這種方法。

這裡建議使用權杖桶，就簡單地使用 Wait 方法，儘量不要使用非阻塞的方法；不然程式設計起來複雜，而且容易出錯。我們還是規規矩矩地隨選索取，沒有權杖就耐心等待。

18.2 基於漏桶實現的限流函式庫

漏桶（leaky bucket）演算法也是網路流量整形（traffic shaping）或速率限制（rate limiting）中經常使用的一種演算法，如圖 18.5 所示。它的主要目的是控制將資料注入網路的速率，平滑網路上的突發流量，突發流量可以被整形成穩定的流量。因為它可以保持一個常數的輸出速率，所以可以用來進行限流，並且因為使用了 buffer 快取，所以可以平滑處理突發請求。

漏桶可以被看作一個帶有常數服務時間的單伺服器佇列。如果漏桶（快取的請求）滿了，那麼後續請求會被丟棄。

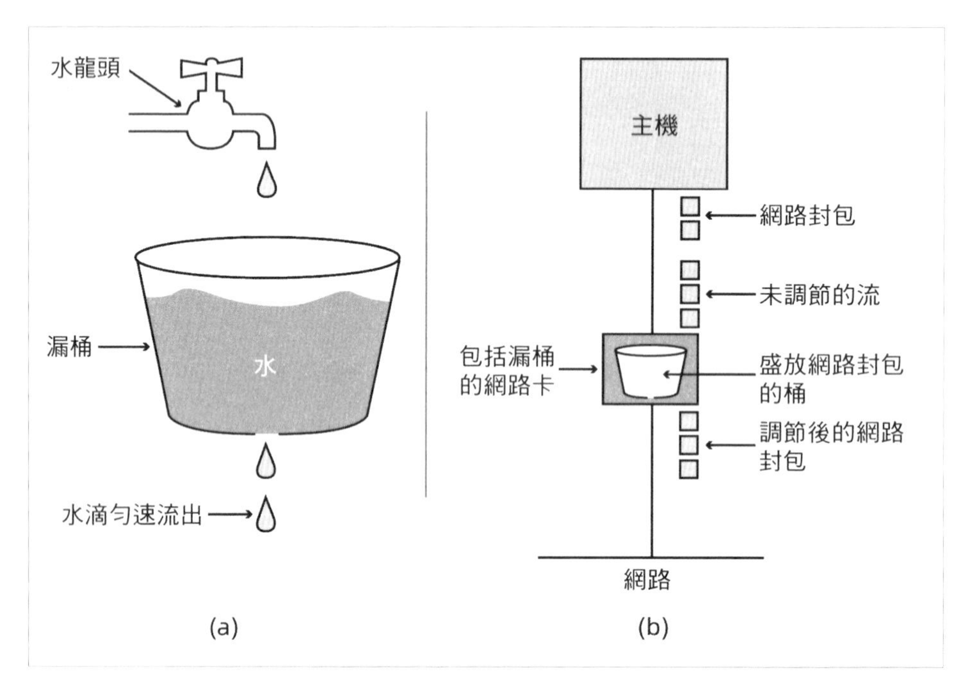

▲ 圖 18.5 漏桶示意圖

你可以把漏桶看成一個水桶，漏桶有一定的容量，底部有孔，並且以固定的速率處理請求（水以一定的流出速度流出）。呼叫者以隨機的速率向漏桶中放入請求（水龍頭以不確定的流入速度源源不斷地將水流入水桶），流入速度可能小於流出速度，也可能大於流出速度，還可能在某個時刻突然有一個很大的流入速度，我們稱之為突發事件。漏桶的處理方式如下：

- 如果漏桶已滿，那麼新的請求會被丟棄。我們稱之為「漏桶溢位」。
- 如果流入速度總是小於流出速度，漏桶總是處於不滿的狀態，則不會有請求被丟棄。
- 如果流入速度總是大於流出速度，漏桶在某個時間點後總是處於滿的狀態，那麼後續請求會部分地被丟棄。
- 如果有突發請求，漏桶有一定的快取作用，那麼快取滿了才會丟棄請求。所以，在一定情況下可以削峰填穀，平滑請求的處理。

本質上，漏桶是以固定的速率處理請求且帶有快取的佇列。

由此可以看到，漏桶和權杖桶還是有很大的區別的：

- 漏桶演算法能夠強行限制請求的處理速率，任何突發請求都會被平滑處理。
- 權杖桶演算法能夠在限制請求處理速率的同時允許某種程度的突發請求。

至於突發請求被平滑處理是好事還是壞事則很難說。如果像漏桶那樣，任何突發請求都被平滑處理，那麼對後端處理請求的模組來說，處理速率是恒定的，容易評估和把控模組的實現，但是有可能不會充分利用後端處理能力。在大部分情況下，漏桶的流出速度是在後端處理能力滿載的基礎上打個折扣，或後端處理能力不是恒定的，不好評估，使用漏桶也可能會造成處理資源空閒。

權杖桶的處理能力雖然有限制，但是在這個限制的基礎上允許有波動，尤其是處理突發請求，允許它在短時間內處理大量請求，充分利用系統的處理能力。但是有多少突發請求是合適的，能夠處理過來，這是不好評估的，尤其是當突發請求的數量超過設定值時，請求就會被丟棄，沒有快取的機會。在某種情況下，直接丟棄請求是不合適的。

那麼，我們在做限流時到底選擇哪種限流方法呢？漏桶和權杖桶兩種方法各有優缺點。如果對處理速率有很強的需求，對資源使用率要求不高，那麼選擇漏桶。如果系統經常有突發流量，對資源使用率有很高的要求，那麼選擇權杖桶。我們需要根據實際情況進行選擇，在複雜的情況下可以採用兩者結合的方式。

uber-go/ratelimit 就是一個被廣泛使用的基於漏桶技術實現的單機的限流函式庫。它是基於請求之間流逝的時間來填充漏桶的，而不像權杖桶那樣基於時間來計算是否應該放入權杖。

該函式庫就提供了一個 Take 方法，該方法獲取一個權杖，如果沒有權杖可用，它就會被阻塞。如果獲取權杖成功，則傳回獲取到權杖的時間（感覺這個傳回值的意義不大）。

```
type Limiter interface {
    Take() time.Time
}
```

建立漏桶有兩個方法，其中一個是 NewUnlimited() Limiter，建立無限流功能的漏桶，不常用；另一個是 New(rate int, opts ...Option) Limiter，它是常用的建立漏桶的方法，限流的速率就是透過 Option 設置的。這是 Go 語言中初始化常用的函式式選項（Functional Options）設計模式。以下是這個函式庫提供的三種建立 Option 的方法。

- func Per(per time.Duration) Option：設置時間視窗，預設時間視窗是 1s，New(100) 表示每秒產生 100 個權杖，New(2, ratelimit.Per(time.Minute)) 則表示每分鐘產生 2 個權杖。
- func WithClock(clock Clock) Option：設置一個可選的時鐘，方便測試時使用。

- func WithSlack(slack int) Option：設置一個寬鬆值，允許限流器累積一定數量的權杖，允許一定大小的突發流量。這個方法比較好，採用漏桶技術，還支援突發請求。

在下面的例子中，我們建立了每秒產生一個權杖的限流器，並且寬鬆值為 3。在 i==3 時，程式休眠 5s，這個時候會累積一些權杖，但最多累積 3 個權杖。如果不想支持突發流量，就不要設置寬鬆值。

```
package main

import (
    "log"
    "time"

    "go.uber.org/ratelimit"
)

func main() {
    rl := ratelimit.New(1, ratelimit.WithSlack(3)) // 每秒產生一個權杖；寬鬆值為 3

    for i := 0; i < 10; i++ {
        rl.Take()
        log.Printf("got #%d", i)
        if i == 3 {
            time.Sleep(5 * time.Second)
        }
    }

}
```

執行這個程式，結果如圖 18.6 所示。開始時每秒產生一個權杖，如果在某個時間段內未取走權杖，則會導致權杖多餘。如果這時有突發請求，突發請求就可以獲得權杖（08:22:41 時）。

```
 smallnest@birdnest  ⌂ > 🗁 > 🗁 > 🗁 > 🗁 > 🗁 > 🗁 > uber  master  go run main.go
2023/02/24 08:22:33 got #0
2023/02/24 08:22:34 got #1
2023/02/24 08:22:35 got #2
2023/02/24 08:22:36 got #3
2023/02/24 08:22:41 got #4
2023/02/24 08:22:41 got #5
2023/02/24 08:22:41 got #6
2023/02/24 08:22:41 got #7
2023/02/24 08:22:42 got #8
2023/02/24 08:22:43 got #9
 smallnest@birdnest  ⌂ > 🗁 > 🗁 > 🗁 > 🗁 > 🗁 > 🗁 > uber  master
```

▲ 圖 18.6 uber-go/ratelimit 例子的輸出結果

可以看到，輸出 #3 後，程式短暫休眠 5s，之後在 08:22:41 時連續列印了 #4、#5、#6 和 #7，包括三個寬鬆值和一個正常產生的權杖。接下來還是每秒產生一個權杖。

18.3 分散式限流

在微服務被廣泛應用的今天，單機的限流已經不能滿足我們對分散式呼叫的需求了。雖然單一微服務節點可以通超出範圍串流防止自己被打爆，但是如何從所有微服務節點呼叫的總量上限制某個使用者的呼叫速率呢？這就需要從分散式的角度來設計限流了。

很顯然，我們無法透過在單一節點上設置速率的方式來限制使用者的呼叫。假設有 10 個微服務節點，給使用者 a 的呼叫 QPS 配額是 1000 次。如果在每個節點上都設置給使用者的呼叫 QPS 配額是 100 次，將使用者的呼叫平均分配到每個節點上，那麼提供給使用者服務是沒有問題的。但是我們很難將使用者的請求平均分配到每個節點上，通常是一個節點 120 次請求，另一個節點 80 次請求，每個節點的呼叫速率可能在 100 次請求左右浮動。這就帶來一個問題：如果節點為這個使用者設定的是 100 次，那麼就會導致使用者的呼叫失敗。但實際上，節點完全可以滿足使用者的呼叫需求，我們期望整體上，將使用者的請求速率控制在 1000 次請求 / 秒就好。所以，我們需要一種分散式限流方案，使用者在請求時，檢查請求數是否達到了限額。

分散式限流，一方面限制了資源被過多地使用；另一方面可以針對不同使用者的購買情況，分配不同的限額。

分散式限流方案有很多，這裡介紹一種基於 Redis 的分散式限流方案。毋庸置疑，Redis 是一個性能優異的快取系統，使用它並不會對正常呼叫的性能產生太大的影響。

go-redis/redis_rate 提供了一種成熟的基於 Redis 的分散式限流方案，採用漏桶技術，還支援突發請求。

go-redis/redis_rate 底層使用 redis/go-redis 函式庫來實現存取 Redis，並且使用 Lua 指令稿的方式在 Redis 服務端計算是否有充足的權杖。

接下來，讓我們來了解這個函式庫的使用方法。

使用 func NewLimiter(rdb rediser)*Limiter 建立一個基於 Redis 的限流器。有趣的是，go-redis/redis_rate 這個函式庫並不是在建立這個限流器時設定限流的速率和容量的，而是在請求時傳入限流的參數的。下面 Limiter 的三個限流方法都需要傳入 limit 這個限流參數。

- func (l Limiter) Allow(ctx context.Context, key string, limit Limit) (*Result, error)
- func (l Limiter) AllowAtMost(ctx context. Context, key string, limit Limit, n int) (*Result,error)
- func (l Limiter) AllowN(ctx context.Context, key string, limit Limit, n int) (*Result, error)

Allow(ctx,key,limit) 的功能和 AllowN(ctx,key,limit,1) 的功能有一樣的效果，你需要指定 key，限流針對的是 key，所以 key 相同的節點使用同一個限流的配額。AllowN 可以請求 *n* 個權杖，不是成功，就是失敗，不會傳回部分權杖。AllowAtMost 則最多獲取 *n* 個權杖，即使權杖不夠，也可以滿足它的需求。

呼叫 Reset 獲取一個權杖，並重置所有的限制以及之前的請求統計。

下面是一個使用 go-redis/redis_rate 函式庫實現限流的例子，你可以把它應用在處理 HTTP 請求的限流上，對同一個 token 進行分散式限流。不過，在這個例子中，我們使用兩個 goroutine 來模擬兩個節點並發請求同一個 key 的權杖。

```go
package main

import (
    "context"
    "log"
    "sync"
    "time"

    "github.com/go-redis/redis_rate/v10"
    "github.com/redis/go-redis/v9"
)

func main() {
    log.SetFlags(log.Ldate | log.Ltime | log.Lmicroseconds)

    var wg sync.WaitGroup
    wg.Add(2)

    for i := 0; i < 2; i++ {
        i := i
        go func() {
            defer wg.Done()

            ctx := context.Background()
            rdb := redis.NewClient(&redis.Options{
                Addr: "localhost:6379",
            })
            _ = rdb.FlushDB(ctx).Err()

            limiter := redis_rate.NewLimiter(rdb)
            for j := 0; j < 10; j++ {
                res, err := limiter.Allow(ctx, "token:123", redis_rate.PerSecond(5))
                if err != nil {
                    panic(err)
                }
```

```
            log.Println(i, "allowed", res.Allowed, "remaining",
res.Remaining, "retry after", res.RetryAfter)
            if res.Allowed == 0 {
                time.Sleep(res.RetryAfter)
            }
        }
    }()

}

wg.Wait()
}
```

執行這個程式，結果如圖 18.7 所示。輸出結果的每一行顯示了每一個 goroutine 獲取的權杖數和剩餘的權杖數。如果沒有獲取到權杖，則顯示需要等待多長時間再來獲取權杖。

```
 smallnest@birdnest  redis  master  go run  main.go
2023/02/24 21:24:02.150597 0 allowed 1 remaining 4 retry after -1ns
2023/02/24 21:24:02.150610 1 allowed 1 remaining 3 retry after -1ns
2023/02/24 21:24:02.150925 0 allowed 1 remaining 2 retry after -1ns
2023/02/24 21:24:02.151005 1 allowed 1 remaining 1 retry after -1ns
2023/02/24 21:24:02.151084 0 allowed 1 remaining 0 retry after -1ns
2023/02/24 21:24:02.151158 1 allowed 0 remaining 0 retry after 199.205935ms
2023/02/24 21:24:02.151257 0 allowed 0 remaining 0 retry after 199.117928ms
2023/02/24 21:24:02.351971 0 allowed 1 remaining 0 retry after -1ns
2023/02/24 21:24:02.352060 1 allowed 0 remaining 0 retry after 198.379904ms
2023/02/24 21:24:02.352254 0 allowed 0 remaining 0 retry after 198.153913ms
2023/02/24 21:24:02.551996 0 allowed 1 remaining 0 retry after -1ns
2023/02/24 21:24:02.552081 1 allowed 0 remaining 0 retry after 198.344886ms
2023/02/24 21:24:02.552264 0 allowed 0 remaining 0 retry after 198.136895ms
2023/02/24 21:24:02.752179 1 allowed 1 remaining 0 retry after -1ns
2023/02/24 21:24:02.752180 0 allowed 0 remaining 0 retry after 198.36989ms
2023/02/24 21:24:02.752467 1 allowed 0 remaining 0 retry after 197.949886ms
2023/02/24 21:24:02.952080 0 allowed 1 remaining 0 retry after -1ns
2023/02/24 21:24:02.952137 1 allowed 0 remaining 0 retry after 198.26889ms
2023/02/24 21:24:03.152071 1 allowed 1 remaining 0 retry after -1ns
2023/02/24 21:24:03.152369 1 allowed 0 remaining 0 retry after 198.087871ms
 smallnest@birdnest  redis  master
```

▲ 圖 18.7 分散式限流例子的輸出結果

在這個程式中，對於相同的 key（token:123），允許每秒產生 5 個權杖，突發請求最多允許 5 個。漏桶初始化時 5 個權杖就填滿了。兩個 goroutine 都去搶這些權杖，最初的權杖，0 號 goroutine 搶了 3 個，1 號 goroutine 搶了 2 個，之後再搶的時候發現沒有權杖了，並且傳回結果告訴它們需要等待多長時間才能產生下一個權杖。兩個 goroutine 休眠相應的時間後再去搶，遺憾的是只產生一個權杖，兩者只有一個才能獲取到，所以權杖可能被兩個 goroutine 交替地獲取到。

透過使用相同的 key，實現了多個節點分散式限流的策略。在很多場景中，這是一種簡單的限流方法。比以下面的方法為 HTTP 請求提供了限流策略，你可以把它應用在 Web 中介軟體上。

```
func rateLimit(next http.Handler) h http.Handler {
    return http.HandlerFunc(func(w http.ResponseWriter, req *http.Request) error {
        res, err := limiter.Allow(req.Context(), "token:123", redis_rate.
PerSecond(100))
        if err != nil {
            return err
        }

        h := w.Header()
        h.Set("RateLimit-Remaining", strconv.Itoa(res.Remaining))

        if res.Allowed == 0 { // 沒有獲取到權杖
            seconds := int(res.RetryAfter / time.Second)
            h.Set("RateLimit-RetryAfter", strconv.Itoa(seconds))
            // 停止處理並傳回錯誤
            return ErrRateLimited
        }

        // 獲取到權杖
        return next.ServeHTTP(w, req)
    }
}
```

在實際使用時，對於 key 相同的節點，我們會使用相同的限制，這是符合分散式應用場景的。如果使用了不同的限制，那麼各個節點就會出現不一致的情況，每個節點的限流就錯亂了。我們肯定不想這麼做。

19 Go 並發程式設計和排程器

本章內容包括：

- Leader 選舉
- 鎖、互斥鎖和讀寫鎖
- 分散式佇列和優先順序佇列
- 分散式屏障
- 計數型屏障
- 軟體事務記憶體

在前面的章節中，我們學習的同步基本操作都是在處理程序內使用的，也就是一個執行程式為了控制分享資源、實現任務編排和進行訊息傳遞而提供的控制類型。在接下來的章節中，我們要介紹的是幾種分散式同步基本操作，它們控制的資源或編排的任務分佈在不同的處理程序、不同的機器上。

分散式同步基本操作的實現更加複雜，因為在分散式環境中，網路狀況、服務狀態等都是不可控的。還好，有相應的軟體系統來做這些事情，這些軟體系統會專門處理節點之間的協調和異常情況，並保證資料的一致性。我們要做的就是在它們的基礎上實現業務。

通常用來做協調工作的軟體系統有 Zookeeper、Consul、etcd 等，其中 Zookeeper 為 Java 生態群提供了豐富的分散式同步基本操作（透過 Curator 函式庫），但是缺少與 Go 相關的同步基本操作函式庫；Consul 在提供分散式同步基本操作這件事上不是很積極；etcd 則提供了非常好的分散式同步基本操作，比如分散式互斥鎖、分散式讀寫鎖、Leader 選舉等。所以，本章就以 etcd 為基礎，介紹幾種分散式同步基本操作。

既然依賴 etcd，那麼在生產環境中就要有一個 etcd 叢集，而且應該保證這個 etcd 叢集是 7×24 小時工作的。在學習過程中，你可以使用一個 etcd 節點進行測試。

19.1 Leader 選舉

Leader 選舉常常被應用在主從架構的系統中。主從架構中的服務節點分為主（Leader、Master）和從（Follower、Slave）兩種角色，實際節點包括 1 主 n 從，一共是 $n + 1$ 個節點。

主節點常常執行寫入操作，從節點常常執行讀取操作。如果讀 / 寫都在主節點上，從節點只是提供一個備份功能，那麼主從架構就會退化成主備模式架構。

在主從架構中，最重要的是如何確定節點的角色，也就是到底哪個節點是主節點，哪個節點是從節點？

在同一時刻，系統中不能有兩個主節點；如果有兩個主節點，它們都執行寫入操作，就有可能出現資料不一致的情況。所以，我們需要一種選主機制，選擇一個節點作為主節點，這個過程就是 Leader 選舉。

當主節點當機或不可用時，就需要進行新一輪的選舉，從其他的從節點中選擇一個節點，讓它作為新的主節點，當機的原主節點恢復後，可以變為從節點，或被摘掉。

我們可以透過 etcd 基礎服務來實現 Leader 選舉。具體來說，就是將 Leader 選舉的邏輯交給 etcd 基礎服務，我們只需要把重心放在業務開發上。etcd 基礎服務可以透過多節點的方式保證 7×24 小時服務，所以我們也不用擔心 Leader 選舉不可用的問題，如圖 19.1 所示。

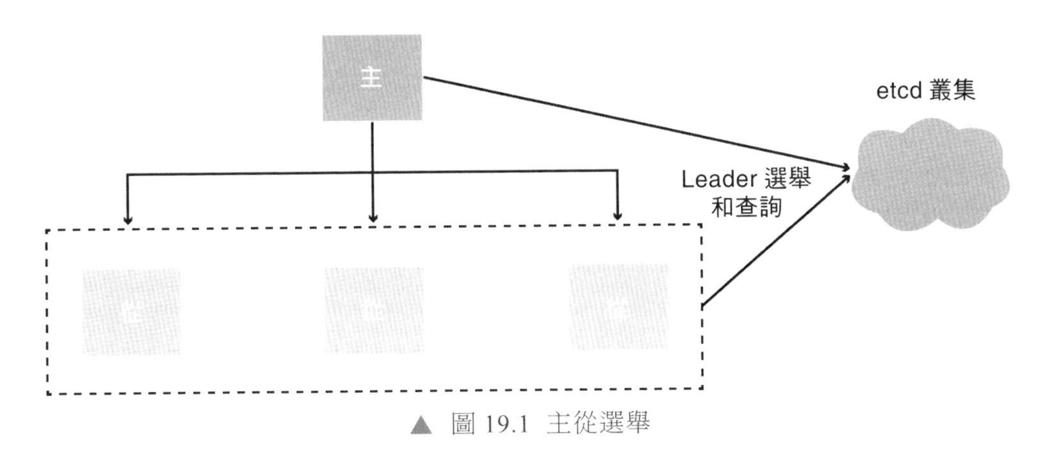

▲ 圖 19.1 主從選舉

接下來，我們將介紹在業務開發中與 Leader 選舉相關的選舉、查詢、主節點變化監控等功能。

這裡需要提醒的是，如果你想執行下面的測試程式，則要先部署一個 etcd 叢集，或部署一個 etcd 節點做測試。

我們先來實現一個測試分散式程式的框架：它會先從命令列讀取命令，然後執行相應的命令。

打開兩個視窗，模擬不同的節點，分別執行不同的命令。測試程式如下：

```
package main

import (
    "bufio"
    "context"
    "flag"
    "fmt"
    "log"
    "os"
    "strings"

    clientv3 "go.etcd.io/etcd/client/v3"
    "go.etcd.io/etcd/client/v3/concurrency"
)

var (
    nodeID      = flag.Int("id", 0, "node ID")
    addr        = flag.String("addr", "http://127.0.0.1:2379", "etcd addresses")
    electName   = flag.String("name", "my-test-elect", "election name")
)

func main() {
    flag.Parse()

    // etcd 的位址
    endpoints := strings.Split(*addr, ",")
    // 創建一個 etcd 的 client
    cli, err := clientv3.New(clientv3.Config{Endpoints: endpoints})
    if err != nil {
        log.Fatal(err)
    }
    defer cli.Close()

    // 創建一個併發 session
    session, err := concurrency.NewSession(cli)
    defer session.Close()

    // 得到選舉同步基本操作
```

```
    e1 := concurrency.NewElection(session, *electName)

    consolescanner := bufio.NewScanner(os.Stdin)
    for consolescanner.Scan() { // 從命令列讀取命令，執行不同的操作
        action := consolescanner.Text()
        switch action {
        case "elect": // 啟動選舉
            go elect(e1, *electName)
        case "proclaim": // 宣告，只是設置主節點的值
            proclaim(e1, *electName)
        case "resign": // 放棄主
            resign(e1, *electName)
        case "watch": // 監聽主從變化事件
            go watch(e1, *electName)
        case "query": // 主動查詢
            query(e1, *electName)
        case "rev": // 查看版本編號
            rev(e1, *electName)
        default:
            fmt.Println("unknown action")
        }
    }
}
```

這個程式建立了一個 etcd 的 client，並基於它建立了 concurrency.Session，代表和 Redis 的階段，然後在這個階段的基礎上建立了 Election。

Election 從命令列接收命令，並執行相應的分散式選舉命令，比如競選主節點、退出主節點，監控主節點的變化、查詢當前的主節點等命令，每個命令對應一個方法。接下來就透過 Election 的功能介紹這些方法。

19.1.1 選舉

如果你的業務叢集中還沒有主節點，或主節點當機了，那麼就需要發起新一輪的選主操作，主要會用到 Campaign 和 Proclaim 方法。如果你需要主節點放棄主的角色，讓其他從節點有機會成為主節點，那麼就可以呼叫 Resign 方法。這裡提到了三個與選主相關的方法，下面分別介紹它們的用法。

第一個方法是 Campaign，其作用是把一個節點選擇為主節點，並且設置一個值。該方法的簽名如下：

```
func (e *Election) Campaign(ctx context.Context, val string) error
```

需要注意的是，這是一個阻塞方法，在呼叫它的時候會被阻塞，直到滿足下面的三個條件之一，才會取消阻塞：

- 成功當選為主節點。
- 此方法傳回錯誤。
- ctx 被撤銷。

注意，一個節點成為主節點時可以設置一個值，在節點收到選主的訊息後，可以讀取這個值。在有些場景中，這個值還是很有用的，它是最新的主節點設置的。

第二個方法是 Proclaim，其功能是重新設置主節點的值，但是不會重新選主。這個方法會傳回新值設置成功或失敗的資訊。該方法的簽名如下：

```
func (e *Election) Proclaim(ctx context.Context, val string) error
```

第三個方法是 Resign，其功能是當前的主節點辭去作為主的江湖盟主的地位，開始新一輪選舉。這個方法會傳回選舉成功或失敗的資訊。該方法的簽名如下：

```
func (e *Election) Resign(ctx context.Context) (err error)
```

這三個方法的測試程式如下所示。你可以使用測試程式進行測試，具體做法是啟動兩個節點，執行與這三個方法相關的命令。

```
var count int
// 選主
func elect(e1 *concurrency.Election, electName string) {
    log.Println("acampaigning for ID:", *nodeID)
    // 呼叫 Campaign 方法選主，主節點的值為 value-< 主節點 ID>-<count>
```

```
    if err := e1.Campaign(context.Background(), fmt.Sprintf("value-%d-%d",
*nodeID, count)); err != nil {
        log.Println(err)
    }
    log.Println("campaigned for ID:", *nodeID)
    count++
}
// 為主節點設置新值
func proclaim(e1 *concurrency.Election, electName string) {
    log.Println("proclaiming for ID:", *nodeID)
    // 呼叫 Proclaim 方法設置新值，新值為 value-< 主節點 ID>-<count>
    if err := e1.Proclaim(context.Background(), fmt.Sprintf("value-%d-%d", *nodeID,
count)); err != nil {
        log.Println(err)
    }
    log.Println("proclaimed for ID:", *nodeID)
    count++
}
// 重新選主，有可能另一個節點被選為主節點
func resign(e1 *concurrency.Election, electName string) {
    log.Println("resigning for ID:", *nodeID)
    // 呼叫 Resign 方法重新選主
    if err := e1.Resign(context.TODO()); err != nil {
        log.Println(err)
    }
    log.Println("resigned for ID:", *nodeID)
}
```

19.1.2 查詢

除了 Leader 選舉，程式在啟動的過程中或在執行的時候，還有可能需要查詢當前的主節點是哪一個節點、主節點的值是什麼、版本是多少。此外，在分散式系統中，其他一些節點也需要知道叢集中的哪一個節點是主節點，哪一個節點是從節點，這樣它們才能把讀 / 寫請求分別發往相應的主從節點上。

etcd 提供了查詢當前主節點的方法 Leader。如果當前沒有主節點，該方法將傳回一個錯誤。你可以使用這個方法來查詢主節點的資訊。這個方法的簽名如下：

```
func (e *Election) Leader(ctx context.Context) (*v3.GetResponse, error)
```

每次主節點發生變化時都會生成一個新的版本編號，你也可以查詢版本資訊（使用 Rev 方法），了解主節點的變化情況：

```
func (e *Election) Rev() int64
```

你可以在測試完選主命令後，測試查詢命令（使用 query、rev 方法），程式如下：

```
// 查詢主節點的資訊
func query(e1 *concurrency.Election, electName string) {
    // 呼叫 Leader 方法傳回主節點的資訊，包括 key 和 value 等資訊
    resp, err := e1.Leader(context.Background())
    if err != nil {
        log.Printf("failed to get the current leader: %v", err)
    }
    log.Println("current leader:", string(resp.Kvs[0].Key), string(resp.
Kvs[0].Value))
}
// 可以直接查詢主節點的版本資訊
func rev(e1 *concurrency.Election, electName string) {
    rev := e1.Rev()
    log.Println("current rev:", rev)

}
```

19.1.3 監控

有了選舉和查詢方法，我們還需要一個監控方法。因為：如果主節點發生了變化，我們需要得到最新的主節點資訊。我們可以透過 Observe 方法來監控主節點的變化，它的簽名如下：

```
func (e *Election) Observe(ctx context.Context) <-chan v3.GetResponse
```

該方法會傳回一個 chan，顯示主節點的變化資訊。需要注意的是，它不會傳回主節點的全部歷史變化資訊，只會傳回最近的一筆變化資訊以及之後的變化資訊。它的測試程式如下：

```
func watch(e1 *concurrency.Election, electName string) {
    ch := e1.Observe(context.TODO())

    log.Println("start to watch for ID:", *nodeID)
    for i := 0; i < 10; i++ {
        resp := <-ch
        log.Println("leader changed to", string(resp.Kvs[0].Key), string(resp.
Kvs[0].Value))
    }
}
```

etcd 提供了選主邏輯，而我們要做的就是利用這些方法，讓它們為我們的業務服務。在這些方法的使用過程中，我們還需要做一些額外的設置，比如查詢當前的主節點、啟動一個 goroutine 阻塞呼叫 Campaign 方法等。雖然需要做一些額外的工作，但是跟自己實現分散式的選主邏輯相比，工作量大大減少了。

接下來，我們繼續介紹 etcd 提供的分散式同步基本操作：互斥鎖。

19.2 鎖 Locker

互斥鎖是非常常用的一種同步基本操作，本書介紹的第一個同步基本操作就是 Mutex，重點介紹了互斥鎖的功能、原理和易錯場景。不過，前面講的互斥鎖都是用來保護同一處理程序內的分享資源的，而這裡我們要掌握的是分散式環境中的互斥鎖。這裡將重點介紹分佈在不同機器上、不同處理程序內的 goroutine，是如何利用分散式互斥鎖來保護分享資源的。互斥鎖的應用場景和主從架構的應用場景不太一樣。使用互斥鎖的不同節點是沒有主從這樣的角色的，所有的節點都是一樣的，只不過在同一時刻，只允許其中的節點持有鎖。下面我們就來介紹與互斥鎖相關的兩個基本操作，即 Locker 和 Mutex。

本節來介紹 Locker。

etcd 提供了一個簡單的 Locker 同步基本操作，它類似於 Go 標準函式庫中的 sync.Locker 介面，也提供了 Lock/UnLock 的機制：

```
func NewLocker(s *Session, pfx string) sync.Locker
```

可以看到，建立分散式 Locker 使用的是 NewLocker 方法，它的傳回值是一個 sync.Locker。因為我們對 Go 標準函式庫中的 Locker 已經非常了解，而且它只有 Lock/Unlock 兩個方法，所以使用它就非常容易了。下面是一個使用 Locker 同步基本操作的例子。

```
package main

import (
    "flag"
    "log"
    "math/rand"
    "strings"
    "time"

    clientv3 "go.etcd.io/etcd/client/v3"
    "go.etcd.io/etcd/client/v3/concurrency"
)

var (
    addr        = flag.String("addr", "http://127.0.0.1:2379", "etcd addresses")
    lockName    = flag.String("name", "my-test-lock", "lock name")
)

func main() {
    flag.Parse()

    rand.Seed(time.Now().UnixNano())

    // etcd 位址
    endpoints := strings.Split(*addr, ",")
    // 創建 etcd 的 client
    cli, err := clientv3.New(clientv3.Config{Endpoints: endpoints})
```

```
    if err != nil {
        log.Fatal(err)
    }
    defer cli.Close()

    useLock(cli)
}

func useLock(cli *clientv3.Client) {
    // 為鎖生成 session
    s1, err := concurrency.NewSession(cli)
    if err != nil {
        log.Fatal(err)
    }
    defer s1.Close()
    locker := concurrency.NewLocker(s1, *lockName)

    // 請求鎖
    log.Println("acquiring lock")
    locker.Lock()
    log.Println("acquired lock")

    // 等待一段時間
    time.Sleep(time.Duration(rand.Intn(30)) * time.Second)
    locker.Unlock()

    log.Println("released lock")
}
```

每個鎖都有名稱以便進行區分，我們可以在兩個終端同時執行這個測試程式。從圖 19.2 可以看到，它們獲得鎖是有先後順序的，從時間點上看，右邊的終端釋放了鎖之後，左邊的終端才能獲取到這個分散式鎖。

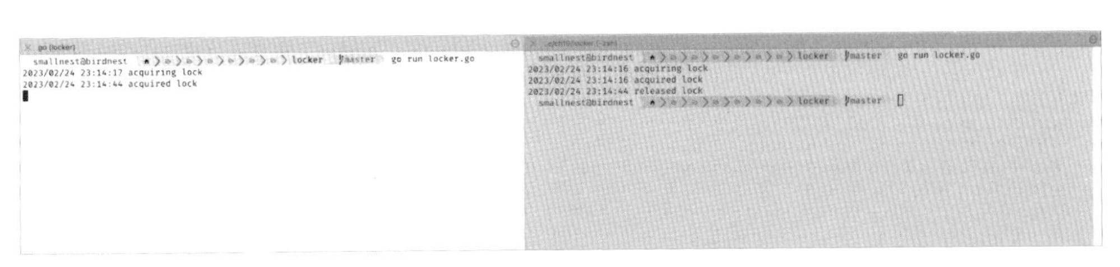

▲ 圖 19.2 分散式鎖的例子

19.3 互斥鎖 Mutex

事實上，上面介紹的 Locker 是基於 Mutex 實現的，只不過 Mutex 還提供了查詢 key 資訊的功能。測試程式如下：

```
func useMutex(cli *clientv3.Client) {
    // 為鎖生成 session
    s1, err := concurrency.NewSession(cli)
    if err != nil {
        log.Fatal(err)
    }
    defer s1.Close()
    m1 := concurrency.NewMutex(s1, *lockName)

    // 在請求鎖之前查詢 key
    log.Printf("before acquiring. key: %s", m1.Key())
    // 請求鎖
    log.Println("acquiring lock")
    if err := m1.Lock(context.TODO()); err != nil {
        log.Fatal(err)
    }
    log.Printf("acquired lock. key: %s", m1.Key())

    // 等待一段時間
    time.Sleep(time.Duration(rand.Intn(30)) * time.Second)

    // 釋放鎖
    if err := m1.Unlock(context.TODO()); err != nil {
        log.Fatal(err)
    }
    log.Println("released lock")
}
```

可以看到，Mutex 並沒有實現 sync.Locker 介面，它的 Lock/Unlock 方法需要提供一個 context.Context 實例做參數，這也就表示在請求鎖的時候，我們可以設置逾時時間，或主動撤銷請求。

Mutex 同樣也是有名字的，用來區分不同的 Mutex。

請求鎖呼叫 Lock 方法，釋放鎖呼叫 Unlock 方法，透過 Key 方法獲取 Mutex 的值，工作皆如預期。但是，如果持有鎖的那台機器崩潰了呢？這個鎖是否永遠不能被釋放了？

我們把程式改造一下，讓第一個節點首先獲取到鎖，等待一個隨機的秒數後直接崩潰，還沒來得及釋放鎖，看看第二個節點是否能獲取到鎖。

```
func useMutex(cli *clientv3.Client) {
    // 為鎖生成 session
    s1, err := concurrency.NewSession(cli)
    if err != nil {
        log.Fatal(err)
    }
    defer s1.Close()
    m1 := concurrency.NewMutex(s1, *lockName)

    log.Printf("before acquiring. key: %s", m1.Key())
    // 請求鎖
    log.Println("acquiring lock")
    if err := m1.Lock(context.TODO()); err != nil {
        log.Fatal(err)
    }
    log.Printf("acquired lock. key: %s", m1.Key())

    time.Sleep(time.Duration(rand.Intn(30)) * time.Second)
    if *crash { // 如果節點崩潰，程式直接退出，雖然還持有鎖
        log.Println("crashing")
        os.Exit(1)
    }

    if err := m1.Unlock(context.TODO()); err != nil {
        log.Fatal(err)
    }
    log.Println("released lock")
}
```

執行這個程式，耐心等待，分散式鎖最終會被釋放，如圖 19.3 所示。右邊是第一個節點，左邊是第二個節點。第一個節點在 23:29:16 時獲取到鎖，23:29:39 時崩潰，第二個節點在 23:30:25 時獲取到鎖，最後釋放鎖。

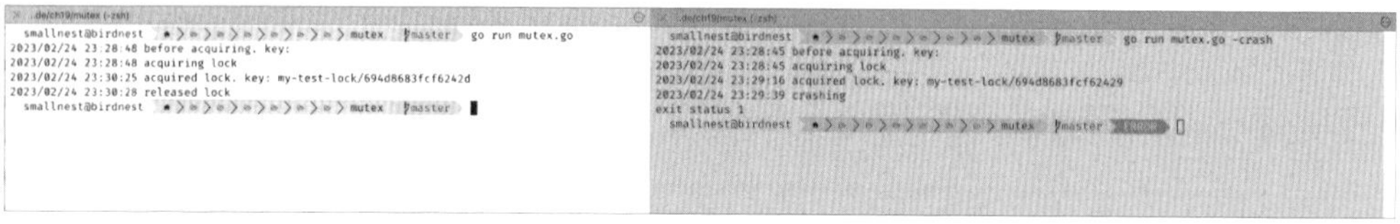

▲ 圖 19.3 在持有 Mutex 鎖的情況下，節點崩潰，逾時後會自動釋放鎖

由此可知，持有鎖的節點崩潰後，鎖在未來也會被釋放；不然多個節點在搶鎖時，如果持有鎖的節點崩潰而不釋放鎖，則有可能導致其他節點永遠被阻塞在請求鎖的地方，永遠無法獲取到鎖。

但是多久才釋放鎖呢？預設是 60s，但是我們可以控制這個時間，這個時間就是 TTL，在建立 session 時可以設置它，比如設置成 30s：

```
// 為鎖生成 session
s1, err := concurrency.NewSession(cli, concurrency.WithTTL(30))
if err != nil {
    log.Fatal(err)
}
```

19.4 讀寫鎖 RWMutex

在介紹完分散式的鎖 Locker 和互斥鎖 Mutex 後，你肯定會想到讀寫鎖 RWMutex。etcd 也提供了分散式的讀寫鎖。不過，互斥鎖 Mutex 是在 go.etcd.io/etcd/client/v3/concurrency 套件中提供的，讀寫鎖 RWMutex 則是在 go.etcd.io/etcd/client/v3/experimental/recipes 套件中提供的。

如果使用的是早期的 etcd 版本，那麼互斥鎖 Mutex 是在 github.com/coreos/etcd/clientv3/concurrency 套件中提供的，讀寫鎖 RWMutex 則是在 github.com/coreos/etcd/contrib/recipes 套件中提供的。

讀寫鎖可以在分散式環境中的不同節點上使用，它提供的方法和 Go 標準函式庫中的讀寫鎖提供的方法一致，即提供了 RLock/RUnlock、Lock/Unlock 方法。下面的程式是使用讀寫鎖的例子，它從命令列讀取命令，執行讀寫鎖的操作。

```
package main

import (
    "bufio"
    "flag"
    "fmt"
    "log"
    "math/rand"
    "os"
    "strings"
    "time"

    "github.com/coreos/etcd/clientv3"
    "github.com/coreos/etcd/clientv3/concurrency"
    recipe "github.com/coreos/etcd/contrib/recipes"
)

var (
    addr      = flag.String("addr", "http://127.0.0.1:2379", "etcd addresses")
    lockName  = flag.String("name", "my-test-lock", "lock name")
    action    = flag.String("rw", "w", "r means acquiring read lock, w means
acquiring write lock")
)

func main() {
    flag.Parse()
    rand.Seed(time.Now().UnixNano())

    // 解析 etcd 位址
    endpoints := strings.Split(*addr, ",")

    // 創建 etcd 的 client
    cli, err := clientv3.New(clientv3.Config{Endpoints: endpoints})
    if err != nil {
        log.Fatal(err)
    }
```

```
	defer cli.Close()
	// 創建 session
	s1, err := concurrency.NewSession(cli)
	if err != nil {
		log.Fatal(err)
	}
	defer s1.Close()
	m1 := recipe.NewRWMutex(s1, *lockName)

	// 從命令列中讀取命令
	consolescanner := bufio.NewScanner(os.Stdin)
	for consolescanner.Scan() {
		action := consolescanner.Text()
		switch action {
		case "w": // 請求寫入鎖
			testWriteLocker(m1)
		case "r": // 請求讀取鎖
			testReadLocker(m1)
		default:
			fmt.Println("unknown action")
		}
	}
}

func testWriteLocker(m1 *recipe.RWMutex) {
	// 請求寫入鎖
	log.Println("acquiring write lock")
	if err := m1.Lock(); err != nil {
		log.Fatal(err)
	}
	log.Println("acquired write lock")

	// 等待一段時間
	time.Sleep(time.Duration(rand.Intn(10)) * time.Second)

	// 釋放寫入鎖
	if err := m1.Unlock(); err != nil {
		log.Fatal(err)
	}
```

```
    log.Println("released write lock")
}

func testReadLocker(m1 *recipe.RWMutex) {
    // 請求讀取鎖
    log.Println("acquiring read lock")
    if err := m1.RLock(); err != nil {
        log.Fatal(err)
    }
    log.Println("acquired read lock")

    // 等待一段時間
    time.Sleep(time.Duration(rand.Intn(10)) * time.Second)

    // 釋放讀取鎖
    if err := m1.RUnlock(); err != nil {
        log.Fatal(err)
    }
    log.Println("released read lock")
}
```

這個程式執行後，從命令列可以接收 r、w 命令，分別執行請求讀取鎖和請求寫入鎖的命令。

在下面的場景中，我們需要知道讀寫鎖的等待順序：

- 當寫入鎖被持有時，對讀取鎖和寫入鎖的請求會等待寫入鎖的釋放。
- 當讀取鎖被持有時，對寫入鎖的請求會等待讀取鎖的釋放，對讀取鎖的請求可以直接獲得鎖。
- 當讀取鎖被持有時，這時候如果有一個節點請求寫入鎖，則會等待前面的讀取鎖釋放；如果此時再有對讀取鎖的請求，則會被阻塞，直到前面的寫入鎖釋放。這個阻塞行為和標準函式庫中 RWMutex 的行為是一樣的。

19.5 分散式佇列和優先順序佇列

只要學過與電腦演算法和資料結構相關的知識，對佇列這種資料結構就一定不陌生。佇列是一種先進先出的類型，有出佇列（dequeue）和加入佇列（enqueue）兩種操作。本書第 10 章還專門介紹了一種 lock-free 佇列。佇列常常被應用在單機的應用程式中，但是在分散式環境中，多節點如何並發地執行加入佇列和出佇列的操作呢？這一節我們就來介紹基於 etcd 實現的分散式佇列。

我們不是從零開始實現一個分散式佇列的，而是站在 etcd 的肩膀上，利用 etcd 提供的功能來實現分散式佇列。etcd 叢集的可用性由 etcd 叢集的維護者來保證，我們不用擔心網路磁碟分割、節點當機等問題—這些通通由 etcd 的運行維護人員來處理，我們把關注點放在使用上。

下面我們來了解一下 etcd 提供的分散式佇列。etcd 透過 go.etcd.io/etcd/client/v3/experimental/recipes 套件提供了分散式佇列這種資料結構。建立分散式佇列的方法非常簡單，就是使用 NewQueue 方法，只需要傳入 etcd 的 client 和這個佇列的名稱就可以了。這個方法的簽名如下：

```
func NewQueue(client *v3.Client, keyPrefix string) *Queue
```

這個佇列只有兩個方法，分別是 Enqueue 和 Dequeue，佇列中的元素是字串類型。這兩個方法的簽名如下：

```
// 加入佇列
func (q *Queue) Enqueue(val string) error
// 出佇列
func (q *Queue) Dequeue() (string, error)
```

需要注意的是，如果這個分散式佇列當前為空，呼叫 Dequeue 方法的話，則會被阻塞，直到有元素可以出佇列才傳回。

既然是分散式佇列，那麼就表示可以在一個節點上將元素放入佇列中，在另一個節點上把它取出。

在接下來的例子中，我們就可以啟動兩個節點，其中一個節點向佇列中放入元素，另一個節點從佇列中取出元素。etcd 的分散式佇列是一種多讀多寫的佇列，因此也可以啟動多個寫入節點和多個讀取節點。

下面我們透過程式來看看如何實現分散式佇列。

首先啟動以下程式，它會從命令列讀取命令，然後執行。你可以輸入 push，將一個元素加入佇列；輸入 pop，將一個元素彈出。另外，你也可以使用這個程式啟動多個實例，用來模擬分散式環境。

```
package main

import (
    "bufio"
    "flag"
    "fmt"
    "log"
    "os"
    "strings"

    clientv3 "go.etcd.io/etcd/client/v3"
    recipe "go.etcd.io/etcd/client/v3/experimental/recipes"
)

var (
    addr      = flag.String("addr", "http://127.0.0.1:2379", "etcd addresses")
    queueName = flag.String("name", "my-test-queue", "queue name")
)

func main() {
    flag.Parse()

    // 解析 etcd 位址
    endpoints := strings.Split(*addr, ",")

    // 創建 etcd 的 client
    cli, err := clientv3.New(clientv3.Config{Endpoints: endpoints})
    if err != nil {
        log.Fatal(err)
```

```
    }
    defer cli.Close()

    // 創建 / 獲取佇列
    q := recipe.NewQueue(cli, *queueName)

    // 從命令列讀取命令
    consolescanner := bufio.NewScanner(os.Stdin)
    for consolescanner.Scan() {
        action := consolescanner.Text()
        items := strings.Split(action, " ")
        switch items[0] {
        case "push": // 加入佇列
            if len(items) != 2 {
                fmt.Println("must set value to push")
                continue
            }
            q.Enqueue(items[1]) // 加入佇列
        case "pop": // 從佇列中彈出
            v, err := q.Dequeue() // 出佇列
            if err != nil {
                log.Fatal(err)
            }
            fmt.Println(v) // 輸出出佇列的元素
        case "quit", "exit": // 退出
            return
        default:
            fmt.Println("unknown action")
        }
    }
}
```

我們可以打開兩個終端，分別執行這個程式。如圖 19.4 所示，在第一個終端執行加入佇列操作，在第二個終端執行出佇列操作，並且觀察加入佇列、出佇列是否正常。

▲ 圖 19.4 分散式佇列的例子

除了分散式佇列，etcd 還提供了優先順序佇列（PriorityQueue）。它的用法和分散式佇列類似，也提供了加入佇列和出佇列的操作，只不過在加入佇列時，除了需要把一個值加入佇列中，還需要提供一個 uint16 類型的整數作為此值的優先順序，優先順序高的元素會優先出佇列。優先順序佇列的測試程式如下所示。你可以在一個節點上輸入一些優先順序不同的元素，在另一個節點上讀取出來，看看它們是不是按照優先順序的高低彈出的。

```
......
    // 創建 / 獲取佇列
    q := recipe.NewPriorityQueue(cli, *queueName)

    // 從命令列讀取命令
    consolescanner := bufio.NewScanner(os.Stdin)
    for consolescanner.Scan() {
        action := consolescanner.Text()
        items := strings.Split(action, " ")
        switch items[0] {
        case "push": // 加入佇列
            if len(items) != 3 {
                fmt.Println("must set value and priority to push")
                continue
            }
            pr, err := strconv.Atoi(items[2]) // 讀取優先順序
            if err != nil {
                fmt.Println("must set uint16 as priority")
                continue
            }
            q.Enqueue(items[1], uint16(pr)) // 加入佇列
        case "pop": // 從佇列中彈出
            v, err := q.Dequeue() // 出佇列
            if err != nil {
```

```
                log.Fatal(err)
            }
            fmt.Println(v) // 輸出出佇列的元素
        case "quit", "exit": // 退出
            return
        default:
            fmt.Println("unknown action")
        }
    }
......
```

執行這個程式，我們在第一個節點上輸入 a、b、c 三個元素，它們的優先順序分別是 100、1、1000，在另一個節點上讀取這三個元素，分別是 b、a、c。從圖 19.5 中可以看到，優先順序越高的元素，越先被彈出。

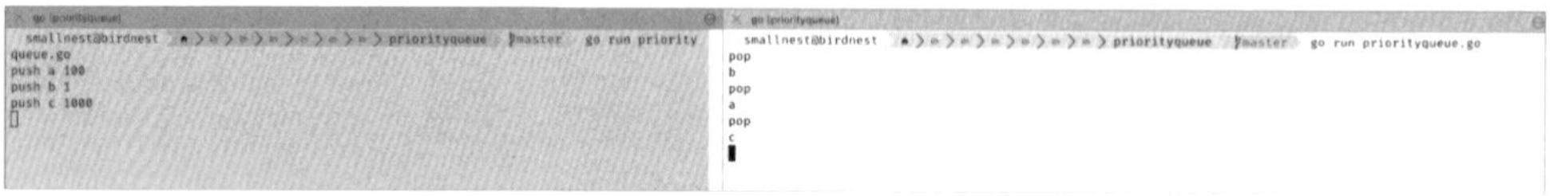

▲ 圖 19.5 優先順序佇列：優先順序越高的元素，越先被彈出

不過，在使用分散式同步基本操作時，除了需要考慮可用性和資料一致性，還需要考慮分散式設計所帶來的性能損耗問題。所以，在實際專案中使用分散式佇列之前，一定要做好性能評估。

19.6 分散式屏障

在第 16 章中，我們介紹了 CyclicBarrier（循環屏障），它和 Go 標準函式庫中的 WaitGroup 本質上是同一類同步基本操作，都是等待一組 goroutine 同時執行，或等待一組 goroutine 全部完成。在分散式環境中，我們也會遇到這樣的場景：一組節點協作工作，共同等待一個訊號，在訊號出現前，這些節點會被阻塞，而一旦訊號出現，這些被阻塞的節點就會同時開始繼續執行下一步的任務。

etcd 也提供了相應的分散式同步基本操作 Barrier，即分散式屏障。如果持有 Barrier 的節點釋放了它，那麼所有等待這個 Barrier 的節點就不再被阻塞了，而是會繼續執行。

分散式 Barrier 的建立很簡單，使用 NewBarrier 方法，只需要提供 etcd 的 client 和 Barrier 的名稱就可以了。這個方法的簽名如下：

```
func NewBarrier(client *v3.Client, key string) *Barrier
```

Barrier 提供了三個方法，分別是 Hold、Release 和 Wait：

```
func (b *Barrier) Hold() error
func (b *Barrier) Release() error
func (b *Barrier) Wait() error
```

- Hold 方法用於建立一個 Barrier，實際上會建立一個 key。Barrier 已經建立若有節點呼叫它的 Wait 方法，就會被阻塞。
- Release 方法用於釋放這個 Barrier，也就是強制打開屏障，實際上是刪除 key。如果呼叫了這個方法，那麼所有發生阻塞的節點都會被放行，繼續執行。
- Wait 方法用於阻塞當前的呼叫者，直到這個 Barrier 被釋放。如果這個屏障不存在，則假定 Barrier 已經被釋放了，呼叫者不會被阻塞，而是會繼續執行。

建立和釋放 Barrier 可以在不同的節點上進行。

學習同步基本操作最好的方式就是使用它。下面我們透過一個例子來學習 Barrier 的用法。

我們在一個終端執行這個程式，執行 hold 和 release 命令，模擬對 Barrier 的持有和釋放。在另外兩個終端執行這個程式，執行 wait 命令，看看是否發生了阻塞。在第四個終端執行 release 命令，看看被阻塞的節點是否可以繼續執行了。

```
package main
```

```
import (
    "bufio"
    "flag"
    "fmt"
    "log"
    "os"
    "strings"

    clientv3 "go.etcd.io/etcd/client/v3"
    recipe "go.etcd.io/etcd/client/v3/experimental/recipes"
)

var (
    addr        = flag.String("addr", "http://127.0.0.1:2379", "etcd addresses")
    barrierName = flag.String("name", "my-test-queue", "barrier name")
)

func main() {
    flag.Parse()

    // 解析 etcd 位址
    endpoints := strings.Split(*addr, ",")

    // 建立 etcd 的 client
    cli, err := clientv3.New(clientv3.Config{Endpoints: endpoints})
    if err != nil {
        log.Fatal(err)
    }
    defer cli.Close()

    // 建立 / 獲取 Barrier
    b := recipe.NewBarrier(cli, *barrierName)

    // 從命令列讀取命令
    consolescanner := bufio.NewScanner(os.Stdin)
    for consolescanner.Scan() {
        action := consolescanner.Text()
        items := strings.Split(action, " ")
```

```
        switch items[0] {
        case "hold": // 持有這個 Barrier
            b.Hold()
            fmt.Println("hold")
        case "release": // 釋放這個 Barrier
            b.Release()
            fmt.Println("released")
        case "wait": // 等待 Barrier 被釋放
            b.Wait()
            fmt.Println("after wait")
        case "quit", "exit": // 退出
            return
        default:
            fmt.Println("unknown action")
        }
    }
}
```

如圖 19.6 所示，在第一個視窗中建立了一個屏障，然後前三個視窗中的節點都在等待屏障打開，第四個視窗中的節點釋放這個屏障後，前三個視窗中的節點都繼續往下執行了。

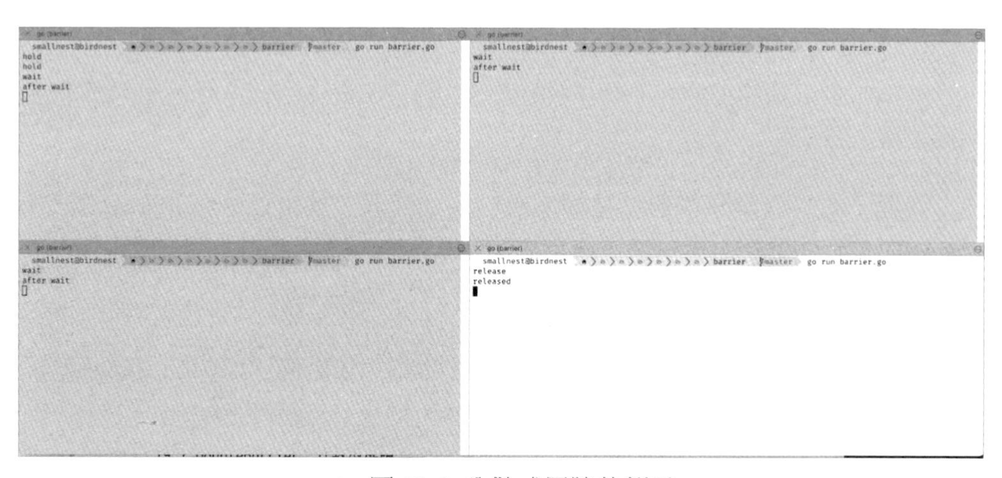

▲ 圖 19.6 分散式屏障的例子

19.7 計數型屏障

etcd 還提供了另一種屏障，叫作 DoubleBarrier，這也是一種非常有用的屏障。DoubleBarrier 提供了兩個屏障，就像一個羊圈一樣，晚上一群羊在羊圈的門口屏障前等待進入（Enter），等羊齊了以後打開屏障，第二天早晨，這群羊又聚集在門口屏障前準備離開（Leave），等屏障打開後一起出去吃草，這就相當於這個同步基本操作提供了兩階段的屏障。DoubleBarrier 在初始化時需要提供一個參數 count，表示參與者數量，所以我們也稱它為計數型屏障。建立一個 DoubleBarrier 的函式如下：

```
func NewDoubleBarrier(s *concurrency.Session, key string, count int) *DoubleBarrier
```

同時，DoubleBarrier 還提供了兩個方法，分別是 Enter 和 Leave：

```
func (b *DoubleBarrier) Enter() error
func (b *DoubleBarrier) Leave() error
```

這兩個方法的作用如下：

當呼叫者呼叫 Enter 方法時，會被阻塞，直到有 count（初始化 DoubleBarrier 時設置的值）個節點呼叫了 Enter 方法，這些被阻塞的節點才能繼續執行。所以，我們可以利用 DoubleBarrier 編排一組節點，讓這些節點在同一時刻開始執行任務。

同理，如果想讓一組節點在同一時刻完成任務，就可以呼叫 Leave 方法。當一個節點呼叫 Leave 方法時，會被阻塞，直到有 count 個節點都呼叫了 Leave 方法，這些節點才能繼續執行。

下面是一個使用 DoubleBarrier 的例子。我們可以啟動兩個節點，同時執行 Enter 方法，看看這兩個節點是不是先被阻塞，然後又繼續執行的。接下來，執行 Leave 方法，看看是否也如此。

```
package main

import (
    "bufio"
    "flag"
    "fmt"
    "log"
    "os"
    "strings"

    clientv3 "go.etcd.io/etcd/client/v3"
    "go.etcd.io/etcd/client/v3/concurrency"
    recipe "go.etcd.io/etcd/client/v3/experimental/recipes"
)

var (
    addr        = flag.String("addr", "http://127.0.0.1:2379", "etcd addresses")
    barrierName = flag.String("name", "my-test-doublebarrier", "barrier name")
    count       = flag.Int("c", 2, "")
)

func main() {
    flag.Parse()

    // 解析 etcd 位址
    endpoints := strings.Split(*addr, ",")

    // 創建 etcd 的 client
    cli, err := clientv3.New(clientv3.Config{Endpoints: endpoints})
    if err != nil {
        log.Fatal(err)
    }
    defer cli.Close()
    // 創建 session
    s1, err := concurrency.NewSession(cli)
    if err != nil {
        log.Fatal(err)
    }
    defer s1.Close()
```

```
    // 創建 / 獲取 DoubleBarrier
    b := recipe.NewDoubleBarrier(s1, *barrierName, *count)

    // 從命令列讀取命令
    consolescanner := bufio.NewScanner(os.Stdin)
    for consolescanner.Scan() {
        action := consolescanner.Text()
        items := strings.Split(action, " ")
        switch items[0] {
        case "enter": // 持有這個 DoubleBarrier
            b.Enter()
            fmt.Println("enter")
        case "leave": // 釋放這個 DoubleBarrier
            b.Leave()
            fmt.Println("leave")
        case "quit", "exit": // 退出
            return
        default:
            fmt.Println("unknown action")
        }
    }
}
```

簡單總結一下。第 16 章中介紹的 CyclicBarrier，控制的是同一個處理程序中不同 goroutine 的執行，而 Barrier 和 DoubleBarrier 控制的是不同節點、不同處理程序的執行。當需要協調一組分散式節點在某個時間點同時執行時期，可以考慮 etcd 提供的這組同步基本操作。

19.8 軟體事務記憶體

軟體事務記憶體（Software Transactional Memory，STM）是一種並發程式設計模型，用於解決多執行緒存取分享記憶體時可能產生的資料競爭和並發性問題。提到事務，你肯定不陌生。在開發基於資料庫的應用程式時，我們經常用到事務。事務就是要保證一組操作不是全部成功，就是全部失敗。事務記憶體（TM）基於事務的概念，它允許程式設計師將一系列記憶體存取操作（讀和

寫）封裝成一個原子事務，類似於資料庫中的事務。在一個事務中，所有的記憶體存取操作不是全部成功執行，就是全部失敗導回，就像一個原子操作一樣。STM 還提供了對事務衝突的檢測和解決機制，以確保事務的正確性和一致性。

在介紹 STM 之前，我們先要了解一下 etcd 的事務以及它的問題。

etcd 提供了在一個事務中對多個 key 更新的功能，這一組 key 的操作不是全部成功，就是全部失敗。etcd 的事務實現方式是基於 CAS 方式的，融合了 Get、Put 和 Delete 操作。

etcd 的事務操作如下所示，分為條件區段、成功區塊和失敗區塊，其中條件區段用來檢測事務是否成功，如果成功，則執行 Then(...)；不然就執行 Else(...)。

```
Txn().If(cond1, cond2, ...).Then(op1, op2, ...,).Else(op1', op2', …)
```

我們來看一個利用 etcd 的事務實現轉帳的例子。我們從帳戶 from 向帳戶 to 轉帳 amount，程式如下：

```
func doTxnXfer(etcd *v3.Client, from, to string, amount uint) (bool, error) {
    // 一個查詢事務
    getresp, err := etcd.Txn(ctx.TODO()).Then(OpGet(from), OpGet(to)).Commit()
    if err != nil {
        return false, err
    }
    // 獲取轉帳帳戶的值
    fromKV := getresp.Responses[0].GetRangeResponse().Kvs[0]
    toKV := getresp.Responses[1].GetRangeResponse().Kvs[1]
    fromV, toV := toUInt64(fromKV.Value), toUint64(toKV.Value)
    if fromV < amount {
        return false, fmt.Errorf("insufficient value")
    }
    // 轉帳事務
    // 條件區塊
    txn := etcd.Txn(ctx.TODO()).If( v3.Compare(
        v3.ModRevision(from), "=", fromKV.ModRevision),
        v3.Compare(v3.ModRevision(to), "=", toKV.ModRevision))
```

```
    // 成功區塊
    txn = txn.Then(
        OpPut(from, fromUint64(fromV - amount)),
        OpPut(to, fromUint64(toV + amount))
    // 提交事務
    putresp, err := txn.Commit()
    // 檢查事務的執行結果
    if err != nil {
        return false, err
    }
    return putresp.Succeeded, nil
}
```

從這段程式中可以看到，雖然可以利用 etcd 實現事務操作，但邏輯還是比較複雜的。

因為事務使用起來非常麻煩，所以 etcd 又在這些基礎的 API 上進行了封裝，新增了一種叫作 STM 的操作，提供了更加便利的方法。下面我們來看一看 STM 怎麼用。要使用 STM，需要先撰寫一個 apply 函式，這個函式是在一個事務之中執行的：

```
apply func(STM) error
```

這個函式包含一個 STM 類型的參數，它提供了對 key 值的讀 / 寫操作。STM 提供了 4 個方法，分別是 Get、Put、Rev 和 Del：

```
type STM interface {
    Get(key ...string) string
    Put(key, val string, opts ...v3.OpOption)
    Rev(key string) int64
    Del(key string)
}
```

使用 etcdSTM 時，只需要定義一個 apply 函式，比如轉帳函式 exchange，然後透過 concurrency.NewSTM(cli,exchange) 就可以進行轉帳事務的執行了。

那 STM 怎麼用呢？

我們還是透過例子來講解。下面的例子建立了 5 個銀行帳號，然後隨機選擇一些帳號兩兩轉帳。在轉帳時，要把來源帳號一半的錢轉給目的帳號。這個例子啟動了 10 個 goroutine 來執行這些事務，每個 goroutine 要完成 100 個事務。

為了確認事務是否出錯，最後要驗證每個帳號的錢數和總錢數。總錢數不變，就代表事務執行成功了。程式如下：

```
package main

import (
    "context"
    "flag"
    "fmt"
    "log"
    "math/rand"
    "strings"
    "sync"

    clientv3 "go.etcd.io/etcd/client/v3"
    "go.etcd.io/etcd/client/v3/concurrency"
)

var (
    addr = flag.String("addr", "http://127.0.0.1:2379", "etcd addresses")
)

func main() {
    flag.Parse()

    // 解析 etcd 位址
    endpoints := strings.Split(*addr, ",")

    cli, err := clientv3.New(clientv3.Config{Endpoints: endpoints})
    if err != nil {
        log.Fatal(err)
    }
    defer cli.Close()

    // 設置 5 個帳戶，每個帳號都有 100 元，總共 500 元
```

```
    totalAccounts := 5
    for i := 0; i < totalAccounts; i++ {
        k := fmt.Sprintf("accts/%d", i)
        if _, err = cli.Put(context.TODO(), k, "100"); err != nil {
            log.Fatal(err)
    }
}

// STM 的應用函式，主要的事務邏輯
exchange := func(stm concurrency.STM) error {
    // 隨機得到兩個轉帳帳號
    from, to := rand.Intn(totalAccounts), rand.Intn(totalAccounts)
    if from == to {
        // 自己不和自己轉帳
        return nil
    }
    // 讀取帳號的值
    fromK, toK := fmt.Sprintf("accts/%d", from), fmt.Sprintf("accts/%d", to)
    fromV, toV := stm.Get(fromK), stm.Get(toK)
    fromInt, toInt := 0, 0
    fmt.Sscanf(fromV, "%d", &fromInt)
    fmt.Sscanf(toV, "%d", &toInt)

    // 把來源帳號一半的錢轉給目的帳號
    xfer := fromInt / 2
    fromInt, toInt = fromInt-xfer, toInt+xfer

    // 把轉帳後的值寫回
    stm.Put(fromK, fmt.Sprintf("%d", fromInt))
    stm.Put(toK, fmt.Sprintf("%d", toInt))
    return nil
}

// 啟動 10 個 goroutine 進行轉帳操作
var wg sync.WaitGroup
wg.Add(10)
for i := 0; i < 10; i++ {
    go func() {
        defer wg.Done()
        for j := 0; j < 100; j++ {
```

```
            if _, serr := concurrency.NewSTM(cli, exchange); serr != nil {
                log.Fatal(serr)
            }
        }
    }()
}
wg.Wait()

    // 檢查帳號最後的錢數
    sum := 0
    accts, err := cli.Get(context.TODO(), "accts/", clientv3.WithPrefix())
    // 得到所有帳號
    if err != nil {
        log.Fatal(err)
    }
    for _, kv := range accts.Kvs { // 遍歷帳號的值
        v := 0
        fmt.Sscanf(string(kv.Value), "%d", &v)
        sum += v
        log.Printf("account %s: %d", kv.Key, v)
    }

    log.Println("account sum is", sum) // 總錢數
}
```

總結：當利用 etcd 做儲存時，是可以利用 STM 實現事務操作的，一個事務可以包含多個帳號的資料更改操作，事務能夠保證這些更改不是全部成功，就是全部失敗。

20 並發模式

本章內容包括：

- 並發模式概述
- 半非同步 / 半同步模式
- 活動物件模式
- 斷路器模式
- 截止時間和逾時模式
- 回避模式
- 雙重檢查模式
- 保護式暫停模式
- 核子反應模式
- 排程器模式
- 反應器模式
- Proactor 模式
- percpu 模式
- 多處理程序模式

Go 的同步基本操作使實現高效的並發程式成為可能，並且選擇合適的同步基本操作和並發模式可以更加容易地實現並發的可能，減少錯誤的發生。通俗地講，這裡談論的並發模式是只在 Go 語言中常見的並發的「策略」，一種可解決某一類通用場景和問題的慣用法，並沒有嚴格遵循 23 種設計模式的定義方法，況且 Go 語言的大佬對設計模式也不感興趣。

Go 官方的工程師曾經做過兩個關於 Go 並發模式的演講。

- 「Go Concurrency Patterns」：Robe Pike 的演講，介紹了 channel 的一些應用模式，比如 generator、FanIn、chan in chan、Select、quit（Or-Done）模式等。
- 「Advanced Go Concurrency Patterns」：Sameer Ajmani 的演講，以實現 feed reader 的例子講解了 Go 語言的同步基本操作，主要是 channel、select 等。

「Go Concurrency Patterns：Pipelines and cancellation」則是 Sameer Ajmani 所寫的 blog，主要介紹使用 channel 實現管道模式和取消模式。

還有一些通用的並發模式，我們也會在本章中介紹。

20.1 並發模式概述

我們先來回顧一下前面所介紹的各種同步基本操作以及它們所解決的問題。

- Mutex：解決分享變數或臨界區的並發存取問題。
- RWMutex：解決在多讀寫少的場景下互斥鎖的並發性能問題。
- WaitGroup：解決等待一組子任務完成的問題。
- Cond：解決條件滿足後通知的問題，單一通知或全部通知。
- Once：解決單次初始化的問題。
- sync.Map：實現執行緒安全（goroutine 並發存取安全）的 map 物件。

- Pool：池化物件，重用物件，如果物件的建立和銷毀太消耗資源，那麼使用池化技術可以極佳地解決問題。
- Context：提供上下文傳遞、撤銷以及逾時的功能，控制子 goroutine。
- atomic：物件的原子操作。
- channel：包括多種模式——資訊交流、資料傳遞、訊號通知（或廣播）、任務編排和互斥鎖，其中任務編排具體包括 Or-Done 模式、扇入模式、扇出模式、Stream 模式、管道模式、map-reduce 模式等。
- 訊號量：對 *n* 個資源的同步保護。
- SingleFlight：對統一資源並發存取的控制，通常用於解決快取擊穿等問題。
- CyclicBarrier：在循環屏障的使用場景中，參與者需要相互等待。單一屏障可以使用 WaitGroup 或 channel 實現。
- 分組操作：解決處理一組任務時的同步問題。
- 限流：解決單一處理程序或分散式呼叫的限流問題，一般採用漏桶或權杖桶實現限流。
- 分散式同步基本操作：主要介紹基於 etcd 實現的同步基本操作，包括選舉、鎖、佇列、屏障、STM 等。

另外，在其他程式語言如 JavaScript 中，會有 Future 和 Promise 同步基本操作，但是在 Go 語言中它們並不流行，因為在 Go 語言中實現它們太簡單了，使用 channel 就行，不用再創造新的概念了。所以，本書中不會對 Future 和 Promise 介紹。

從學習的角度來理解這些同步基本操作，已知它們的應用場景沒有問題，但是反過來想，當遇到一個並發場景時，該如何選擇同步基本操作，或說使用哪種同步基本操作更合適？有時候，使用單一同步基本操作並不能解決問題，還需要使用同步基本操作的組合。第 21 章將透過實際的例子，介紹使用同步基本操作的組合來解決問題。本章將介紹幾種更複雜的並發模式。

20.2 半非同步 / 半同步模式

半非同步 / 半同步（Half-Async/Half-Sync）模式是一種用於處理非同步和同步操作的並發模式，它結合了兩種並發模型的優點，以便在非同步作業和同步操作之間平衡。這種模式通常被用來開發網路應用程式，以及其他需要同時處理非同步和同步操作的程式。

在半非同步 / 半同步模式中，程式會分成兩個部分，其中一部分用於處理非同步事件，另一部分則用於處理同步事件。非同步事件通常在單獨的執行緒池中處理，以確保非同步作業不會阻塞主執行緒；同步事件則由主執行緒或獨立執行緒池中的執行緒。

這種模式的優點在於，程式設計師可以利用非同步作業的高性能和高輸送量能力，同時也可以利用同步操作的簡單性和好用性。假設有一個網路應用程式，需要處理大量的傳入和傳出的資料，同時還需要回應使用者的同步請求，舉例來說，使用者在使用者端介面上點擊某個按鈕。在這種情況下，可以使用半非同步 / 半同步模式來平衡非同步作業和同步操作的處理。

在這個例子中，程式可以建立一個非同步執行緒池，用於處理所有的傳入和傳出的資料。當傳入資料時，程式會將其放入非同步佇列中，然後非同步執行緒池會從佇列中取出資料並進行非同步作業，如解析資料、執行計算或將其儲存到資料庫中。在這個過程中，主執行緒可以繼續回應其他的同步請求。

同時，程式還可以在主執行緒中建立一個同步事件處理常式，用於回應使用者的同步請求。舉例來說，當使用者在使用者端介面上點擊某個按鈕時，程式會將該事件放入同步佇列中，然後同步事件處理常式會從佇列中取出事件並執行相關操作，如更新介面、執行計算或發送請求。

透過這種方式，程式可以同時利用非同步作業和同步操作的優點，以獲得更高的性能和更好的使用者體驗。

但是，半非同步 / 半同步模式也有一些缺點。舉例來說，它需要更複雜的程式設計模型和更多的執行緒管理，容易導致競爭狀態條件和鎖死等並發問題。

因此，開發人員需要仔細考慮並發模型和執行緒管理，以確保程式的正確性和性能。

Go 標準函式庫中的 RPC（Remote Procedure Call）使用者端實現就採用了半非同步 / 半同步並發模式。

在 Go 的 RPC 使用者端中，程式將請求封裝成 Call 物件，並呼叫 client.send 發送給服務端，Call 物件也會被放入等待佇列中。

RPC 使用者端有兩種處理方式。在呼叫 Go 方法時，呼叫者不會被阻塞，它可以做其他事情。要想獲得 RPC 呼叫是否完成的資訊，只需要抽空檢查 Call 物件就行了。這是非同步呼叫的方式。

```
func (client *Client) Go(serviceMethod string, args any, reply any, done chan
*Call) *Call {
    call := new(Call)
    call.ServiceMethod = serviceMethod
    call.Args = args
    call.Reply = reply
    if done == nil {
        done = make(chan *Call, 10) // 如果 done 為空，則創建 10 個 buffer 的 channel
    } else {
        // 必須保證 done 有充足的 buffer，否則將導致 panic
        if cap(done) == 0 {
            log.Panic("rpc: done channel is unbuffered")
        }
    }
    call.Done = done
    client.send(call)
    return call
}
```

當然，RPC 使用者端還提供了一個 Call 方法，實現呼叫端的同步，也就實現了半非同步 / 半同步並發模式。

```
func (client *Client) Call(serviceMethod string, args any, reply any) error {
    call := <-client.Go(serviceMethod, args, reply, make(chan *Call, 1)).Done
    return call.Error
}
```

一個 goroutine 負責一直讀取服務端的回應並解碼成對應的回應，找到對應的請求，喚醒等待的呼叫者 goroutine。

```
func NewClientWithCodec(codec ClientCodec) *Client {
    client := &Client{
        codec:  codec,
        pending: make(map[uint64]*Call),
    }
    go client.input()
    return client
}
```

Go 中的網路函式庫就是透過這種模式實現的。

我們知道，Go 大大簡化了並發程式設計的複雜性，透過我們所熟悉的傳統的同步程式設計方式來實現同步處理方式，底層實現了基於 epoll 的非同步程式設計方式。

為了高效率地處理底層的網路 I/O，Go 採用多工的方式（Linux epoll、Windows IOCP、FreeBSD/darwin kqueue、Solaris Event Port）處理網路 I/O 事件。

Go 的網路程式設計也提供了同步介面，如 net.Conn 和 net.Listener 等，這些同步介面提供了同步的方式來處理網路連接和資料傳輸。程式可以使用這些同步介面來實現同步操作，如讀取或寫入資料、等待連接請求等。

因此，Go 的網路程式設計採用了半非同步 / 半同步並發模式，平衡了非同步 I/O 和同步 I/O 的處理，兼顧高性能的網路處理和更好的使用者體驗。同時，Go 的網路程式設計也實現了執行緒安全和並發控制，以確保程式的正確性和可靠性。

20.3 活動物件模式

活動物件（Active Object）模式解耦了方法的呼叫和執行，使它們在不同的執行緒（或纖程、goroutine，後面不再註明）之中。它引入了非同步方法呼叫，允許應用程式並發地處理多個使用者端的請求，透過排程器呼叫並發方法的執行，提供了並發執行方法的能力。

有時候，活動物件模式也被稱作並發物件（Concurrency Object）、Actor 設計模式。

很多程式會使用並發物件來提高它們的性能，舉例來說，並發處理使用者端的請求，方法的呼叫和執行都在每個使用者端的執行緒之中，並發物件也就存在於各個使用者端的執行緒之中。因為並發物件需要在各個執行緒之間分享，免不了使用鎖等同步方式來控制對並發物件的存取，所以為了保證服務的品質，要求我們在設計程式時需要滿足：

- 對並發物件的方法呼叫不應該阻塞完整的處理流程。
- 同步存取並發物件應該設計簡單。
- 應用程式應該透明地使用軟硬體的並發能力。

雖然活動物件模式解耦了方法的呼叫和執行，但是使用者端執行緒還像呼叫普通方法一樣，方法呼叫被自動轉換成方法請求，交給另一個處理執行緒，然後這個方法請求會在該執行緒中被呼叫。

活動物件模式包含 6 個組件。

- proxy：定義了使用者端要呼叫的活動物件介面。當使用者端呼叫它的方法時，方法呼叫被轉換成方法請求，放入 scheduler 的 activation queue 之中。
- method request：用來封裝方法呼叫的上下文。
- activation queue：待處理的方法請求佇列。
- scheduler：一個獨立的執行緒，管理 activation queue，排程方法的執行。
- servant：活動物件的方法執行的具體實現。
- future：當使用者端呼叫方法時，一個 future 物件會立即傳回，允許使用者端獲取傳回結果。

一些正式的實現，比如 Java 程式的實現，可以嚴格地按照這些元件實現對應的類別，而對 Go 語言來說，可能在實現形式上略有不同。因為 Go 並不是嚴格意義上的物件導向的程式語言，而且 Go 語言的設計目標很簡單，所以在實現活動物件這種並發模式時，有時候不必使用物件導向的設計，使用函式、方法的形式更簡潔。而且這種並發模式也有一些變種，比如使用 callback 代替 future，或在不需要傳回值的情況下省略 future。

下面透過一個例子來介紹這種並發模式的實現。

我們先來看一個簡單的例子，然後詳細分析一個 Go 標準函式庫中使用活動物件的例子。

```
type Service struct {
    v int
}
func (s *Service) Incr() {
    s.v++
}
func (s *Service) Decr() {
    s.v--
}
```

上面例子中的 Service 物件並不是執行緒安全的，當多個 goroutine 並發呼叫該物件時會存在資料競爭。當然，你可以透過增加 sync.Mutex 的方式來保證同步。對這個例子來說，使用 Mutex 保護比較簡單；但是對複雜的業務來說，並發控制將變得很難，並且對性能的影響也會非常大。我們可以使用活動物件模式來實現。

```
type MethodRequest int
const (
    Incr MethodRequest = iota
    Decr
)
type Service struct {
    queue chan MethodRequest
    v  int
}
```

```go
func New(buffer int) *Service {
    s := &Service{
        queue: make(chan MethodRequest, buffer),
    }
    go s.schedule()
    return s
}
func (s *Service) schedule() {
    for r := range s.queue {
        if r == Incr {
            s.v++
        } else {
            s.v--
        }
    }
}
func (s *Service) Incr() {
    s.queue <- Incr
}
func (s *Service) Decr() {
    s.queue <- Decr
}
```

在這個例子中，你可以大致找到活動物件對應的元件。MethodRequest 對應 method request，Service 對應 proxy，schedule 對應 scheduler，s.queue 對應 activation queue，因為不需要傳回值，所以沒有實現 future。這裡的 Service 也對應 servant。不像有些語言，為了保證物件導向的設計，以及介面和實現的分離，會定義很多的介面和物件。Go 語言不一樣，它以簡單為主，一個 Service 類型實現了多種角色，這也簡化了活動物件模式的實現。

20.4 斷路器模式

斷路器（Circuit-Breaker）是一種在分散式系統中常用的故障保護機制。它是一種設計模式，用於防止在服務呼叫過程中出現故障，從而保護系統的穩定性和可靠性。

斷路器的工作原理類似於電路斷路器。當服務出現故障時，斷路器會自動打開，阻止對該服務的進一步呼叫，並直接傳回一個預先設定的錯誤響應。這樣可以快速地發現和處理故障，防止故障擴散，並保護系統的其他部分不受影響。

同時，斷路器還可以實現自我修復。在故障發生後一段時間內，斷路器會嘗試重新連接服務，並檢查服務是否已經恢復正常。如果服務已經恢復正常，斷路器將自動關閉，並恢復對該服務的呼叫。

在微服務架構中，如果服務端的某個節點出現了負載過大的問題，則可能會導致回應很慢，請求大量堆積在處理佇列中，伺服器的壓力很大。這時如果沒有斷路器的保護，後續請求還是被源源不斷地發給這個節點，可以想像伺服器的壓力多麼大，伺服器都有可能崩潰。

同時，使用者端並不知道伺服器的壓力大，並且有可能崩潰，依然在發送請求。使用者端發送給服務端的請求，長時間得不到回應，則可能造成業務堆積，處理變慢。然後，整個系統的上下游很多節點的處理都可能慢下來。

這一切都是因為缺少斷路器。如果有斷路器對這個節點進行保護，出問題後暫時不允許將新的請求發送給它，讓它有喘息的機會，問題就可能被控制住，避免擴大。

在分散式系統中，斷路器得到廣泛應用，它可以保護系統的穩定性和可靠性，並防止故障擴散。在微服務架構中，斷路器是一個必不可少的元件，可以輔助應用程式有效地處理故障和異常情況，並提高系統的穩定性和可靠性。

程式中的斷路器有三種狀態，狀態轉換如圖 20.1 所示。斷路器處於閉合（Closed）狀態時，所有的請求都會執行，但是一旦請求失敗，且失敗次數或比例達到設定值，斷路器就進入斷開（Open）狀態。在斷開狀態下，所有的請求都不會被處理，立即傳回 error。因為斷路器不能一直處於斷開狀態，所以會有一個過期時間，等時間到了，斷路器就會進入半開（Half-Open）狀態，嘗試處理請求。如果處理的請求成功次數或比例達到設定值，則認為狀態已經恢復，斷路器進入閉合狀態。但是，如果成功次數太少，則認為當前還是有問題的，就又進入了斷開狀態。

我們可以把斷路器想像成家裡的空氣開關，空氣開關平常都是處於閉合狀態的，用電很順暢。如果家裡的電器短路或用電負荷太大，那麼空氣開關就會斷開，也就是我們所說的跳閘了。但總不能不用電，我們會嘗試把它閉合，並且觀察一小段時間，在這段時間內空氣開關處於半開狀態。這時如果用電負荷降下來了，空氣開關就會處於閉合狀態；如果某個電器還是短路，空氣開關就又進入了斷開狀態，又跳閘了。

微軟網站上有一篇文章，極佳地介紹了這種模式：Circuit Breaker Pattern | Microsoft Learn。

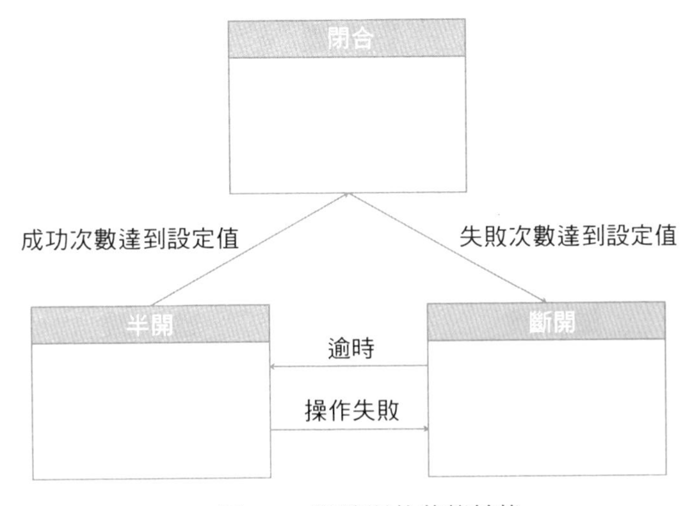

▲ 圖 20.1 斷路器的狀態轉換

而索尼的工程師根據這個原理實現了一個對應的函式庫：sony/gobreaker。

建立斷路器使用下面的方法，需要傳入斷路器的參數：

```
func NewCircuitBreaker(st Settings) *CircuitBreaker
```

參數的定義如下：

```
type Settings struct {
    Name         string
    MaxRequests uint32
```

```
    Interval    time.Duration
    Timeout        time.Duration
    ReadyToTrip    func(counts Counts) bool
    OnStateChange  func(name string, from State, to State)
    IsSuccessful   func(err error) bool
}
```

對各項解釋如下。

- Name：斷路器的名稱。
- MaxRequests：在半開狀態下允許通過的最大請求數。如果其值為 0，則最多允許一個請求嘗試通過。
- Interval：斷路器在閉合狀態下清除它的計數 Counts 的週期。如果 Interval 的值為 0，則表示不清除 Counts。
- Timeout：斷路器處於斷開狀態下的時間，之後就會進入半開狀態。如果 Timeout 的值為 0，則表示斷路器的過期時間為 1 分鐘。
- ReadyToTrip：斷路器在閉合狀態下，一個請求失敗後，這個方法就會被呼叫，並傳入 Counts 的副本。如果 ReadyToTrip 傳回 true，那麼斷路器進入斷開狀態。如果傳回的值為 nil，斷路器會使用預設的 ReadyToTrip 方法——當請求連續失敗超過 5 次後，就傳回 true。
- OnStateChange：當斷路器的狀態發生改變時，這個方法會被呼叫。
- IsSuccessful：當使用者的請求傳回 error 時，這個方法就會被呼叫，其參數是請求傳回的 error 結果（可能為 nil）。如果 IsSuccessful 傳回 true，那麼這個 error 實際被標記為成功，否則被標記為失敗。如果沒有設置這一項，則使用預設的 IsSuccessful 方法——對於任意的非 nil 的 error，都傳回 false。

Counts 資料結構用來計數請求，以及請求的成功次數和失敗次數：

```
type Counts struct {
    Requests             uint32 // 請求數
    TotalSuccesses       uint32 // 總成功次數
    TotalFailures        uint32 // 總失敗次數
```

```
    ConsecutiveSuccesses uint32 // 連續成功次數
    ConsecutiveFailures  uint32 // 連續失敗次數
}
```

當斷路器的狀態發生改變或斷路器處於閉合狀態時，清除這個計數，就像電影《黑衣人》中的記憶清除棒一樣，清除後 Counts 就不記得之前的計數了。

斷路器使用 Execute 方法包裝請求的執行，請求依照自己的狀態，可能真的執行，也可能不執行，立即傳回 error。

```
func (cb *CircuitBreaker) Execute(req func() (interface{}, error)) (interface{}, error)
```

下面是一個使用斷路器的例子。首先初始化一個斷路器，在一個週期內，如果請求數大於或等於 3，並且失敗比例大於或等於 60%，斷路器就會進入斷開狀態。

```
var cb *gobreaker.CircuitBreaker

// 初始化函式
func init() {
    var st gobreaker.Settings // 創建一個設置變數
    st.Name = "HTTP GET" // 斷路器的名稱
    // 判斷是否要斷開斷路器
    st.ReadyToTrip = func(counts gobreaker.Counts) bool {
        // 計算失敗比例
        failureRatio := float64(counts.TotalFailures) / float64(counts.Requests)
        // 如果請求數大於或等於 3，並且失敗比例大於或等於 60%，則斷開斷路器
        return counts.Requests >= 3 && failureRatio >= 0.6
    }

    cb = gobreaker.NewCircuitBreaker(st)
}
```

使用斷路器時呼叫 Execute 方法，這樣程式邏輯就受到斷路器的保護了。

```
// 請求 URL 時使用斷路器
func Get(url string) ([]byte, error) {
    // 使用斷路器
```

```
    body, err := cb.Execute(func() (interface{}, error) {
        // 這個函式是標準的 HTTP GET 請求處理方式
        resp, err := http.Get(url)
        if err != nil {
            return nil, err
        }
        // 讀取回應
        defer resp.Body.Close()
        body, err := ioutil.ReadAll(resp.Body)
        if err != nil {
            return nil, err
        }

        return body, nil
    })
    if err != nil {
        return nil, err
    }

    return body.([]byte), nil
}
```

sony/gobreaker 這個函式庫還是很清爽的，或許是因為有微軟網站上那篇文章的加持，理解這個函式庫很容易。

mercari/go-circuitbreaker 是另一個斷路器函式庫，其功能設計參考了微軟網站上的那篇文章。這個函式庫我以前也使用過，後來改成 sony/gobreaker 函式庫了。我個人感覺 mercari/go-circuitbreaker 函式庫的 API 設計有些不自然。首先，在建立這個函式庫時使用了函式可選參數模式（Optional Function Parameter Pattern），這種模式在很多函式庫中被濫用了，反而沒有 sony/gobreaker 函式庫的設置清爽。其次，整個處理和微軟網站上的那篇文章或說斷路器的狀態流轉極佳地結合起來，功能都有，但是用起來多多少少有些不自然。當然，如果你對這個函式庫很熟悉，感覺這個函式庫很好用，那也沒有問題，畢竟每個人的喜好不一樣。

20.5 截止時間和逾時模式

一般來說我們在處理業務時需要有一個時間限制，不允許無限制長時間地等待業務的處理，比如與一個 TCP 伺服器建立連接、從一個連接中讀取資料或寫入資料、在資料庫中執行一個查詢、在進行 I/O 操作時設置一個截止時間等。Go 標準函式庫中有很多這方面的應用，在第 9 章中也提到了一些，比如 database/sql 套件中 Conn 和 DB 的很多方法，下面只列舉幾個，其實很多方法都由 Context 控制。

```
func (c *Conn) BeginTx(ctx context.Context, opts *TxOptions) (*Tx, error)
func (c *Conn) ExecContext(ctx context.Context, query string, args ...any)
(Result, error)
func (c *Conn) PingContext(ctx context.Context) error
func (c *Conn) PrepareContext(ctx context.Context, query string) (*Stmt, error)
func (c *Conn) QueryContext(ctx context.Context, query string, args ...any)
(*Rows, error)
func (c *Conn) QueryRowContext(ctx context.Context, query string, args ...any)
*Row
func (db *DB) BeginTx(ctx context.Context, opts *TxOptions) (*Tx, error)
func (db *DB) PrepareContext(ctx context.Context, query string) (*Stmt, error)
func (db *DB) QueryContext(ctx context.Context, query string, args ...any)
(*Rows, error)
func (db *DB) QueryRowContext(ctx context.Context, query string, args ...any)
*Row
```

net 套件中也有一些使用 Context 的方法，例如：

```
func (d *Dialer) DialContext(ctx context.Context, network, address string)
(Conn, error)
func (lc *ListenConfig) Listen(ctx context.Context, network, address string)
(Listener, error)
func (lc *ListenConfig) ListenPacket(ctx context.Context, network, address string)
(PacketConn, error)
func (r *Resolver) LookupAddr(ctx context.Context, addr string) ([]string, error)
func (r *Resolver) LookupCNAME(ctx context.Context, host string) (string, error)
func (r *Resolver) LookupHost(ctx context.Context, host string) (addrs []
string, err error)
```

在第 9 章中我們了解到，Context 支援逾時和截止時間的設置——設置一個截止時間，超過截止時間，這個 Context 就會被完成（撤銷）。所以，我們可以設置一個最長的等待期限，傳給這些方法。

有讀者可能會提出疑問：傳入一個附帶截止時間的 Context 就能控制方法呼叫的完成時間嗎？如果方法不吃這一套，直接忽略傳入的 Context，那麼不管設置的期限有多長都不會起作用。上面列出的方法肯定是在業務中使用了 Context.Done，才能實現逾時控制。

一般來說，我們會使用 Context.Done+Select 的方式，把業務處理的 channel 黏合在一起，一旦逾時，就不再進行業務處理了。

還有一個設置逾時的方法是使用 time.Timer，例如：

```
func handleTimeout(readCh chan int, maxTime time.Duration) {
    timer := time.NewTimer(maxTime)
    defer timer.Stop()

    for {
        select {
        case <-timer.C: // 逾時
            println("timeout")
            return
        case count := <-readCh:
            if count == 100 {
                println("done")
            }
        }
    }
}
```

也有人在一些場景中使用 time.After，例如：

```
func handleTimeout(readCh chan int, maxTime time.Duration) {
    for {
        select {
        case <-timer.C: // 逾時
            println("timeout")
```

```
            return
        case count := <-readCh:
            if count == 100 {
                println("done")
            }
        }
    }
}
```

這是有問題的，風險很大。因為 time.After 每次迭代時都會建立一個 Timer， 這個 Timer 在過期之前不會被釋放。如果業務處理得很快，則可能會建立非常多的 Timer，但又不能及時進行垃圾回收，就會導致記憶體洩漏。

在網路程式設計中還有一個設置截止時間的地方，比如 TCPConn、UDPConn，還有 UnicConn 等：

```
func (c *TCPConn) SetDeadline(t time.Time) error
func (c *TCPConn) SetReadDeadline(t time.Time) error
func (c *TCPConn) SetWriteDeadline(t time.Time) error
func (c *UDPConn) SetDeadline(t time.Time) error
func (c *UDPConn) SetReadDeadline(t time.Time) error
func (c *UDPConn) SetWriteDeadline(t time.Time) error
```

它們可以分別對讀 / 寫設置截止時間，也可以對讀 / 寫設置同一個截止時間（使用 SetDeadline 方法）。

或建立連接時逾時，或設置 HTTPClient 逾時：

```
conn, err := net.DialTimeout("tcp", "127.0.0.1", time.Second)

httpClient := &http.Client{
    Timeout: time.Second,
}
```

20.6 回避模式

回避（Balking）模式是一種設計模式，用於處理在某些條件下，物件應該停止執行某些操作的情況。具體來說，當一個物件嘗試執行某個操作時，如果發現當前的狀態不適合執行該操作，它會停止執行，而非繼續執行下去。

回避模式可被應用在許多場景中，例如：

- 在多執行緒程式設計中，如果某個執行緒發現分享變數的狀態已經發生改變，那麼它可能需要停止執行某個操作，以避免出現競爭狀態條件。
- 在撰寫網路應用程式時，如果使用者端向伺服器發送請求時發現網路連接已經中斷，那麼它可以立即停止發送請求，而非等待網路連接重新建立後再嘗試發送請求。

回避模式通常用於解決並發程式設計中的一些常見問題，如鎖死、競爭狀態條件等。該模式可以確保多個執行緒之間的同步操作，從而提高程式的可靠性和性能。

在下面的例子中，我們使用 flag 標識來指示當前是否有 goroutine 在執行某個特定的任務，使用一個 atomic.Bool 值就夠了。當然，你也可以使用 Mutex 的 TryLock 來實現。

goroutine 在執行業務邏輯之前，首先透過 CAS 檢查 flag 標識是否為 false，如果不是，則說明有 goroutine 捷足先登了，回避，不去執行業務邏輯了。這種透過 flag 標識進行檢查的回避模式經常會被用到。

```
package main

import (
    "sync"
    "sync/atomic"
    "time"
)
```

```go
func main() {
    var flag atomic.Bool

    var wg sync.WaitGroup
    wg.Add(10)
    for i := 0; i < 10; i++ {
        go func() {
            defer wg.Done()

            for j := 0; j < 100; j++ {
                if !flag.CompareAndSwap(false, true) { // 已經有 goroutine 在執行了，回避
                    time.Sleep(time.Second)
                    continue
                }

                // 這裡執行一些業務邏輯，只有一個 goroutine 能進來執行

                flag.Store(false)
            }
        }()
    }

    wg.Wait()
}
```

20.7 雙重檢查模式

在前面的章節中，至少有兩個地方提到了雙重檢查機制：一是在 Once 的實現中，二是在 sync.Map 的實現中。

對於雙重檢查機制，如果你平時使用的程式語言是 Java，則一定很清楚，它幾乎是面試必考題；如果你使用的是 Go 語言，不清楚，則可以看看下面的 Once 的程式。

```go
func (o *Once) Do(f func()) {
    if atomic.LoadUint32(&o.done) == 0 { // ①
        o.doSlow(f)
```

```
    }
}

func (o *Once) doSlow(f func()) {
    o.m.Lock()
    defer o.m.Unlock()
    if o.done == 0 { // ②
        defer atomic.StoreUint32(&o.done, 1)
        f()
    }
}
```

對於零值的 Once，如果同時有兩個 goroutine 執行到了①，那麼它們會依次進入②，所以應該在②處再做一次檢查，避免兩次執行函式 f。

20.8 保護式暫停模式

保護式暫停（Guarded Suspension）是一種在並發程式設計中使用的同步技術，確保一個執行緒在繼續執行前等待某個特定的條件變為真。

在保護式暫停中，一個執行緒在繼續執行任務之前，會檢查一個特定條件是否為真。如果條件為假，那麼執行緒會被暫停或被阻塞，直到條件變為真。在通常情況下，條件在一個循環中，以便執行緒反覆檢查條件，直到它變為真為止。

這種技術在一個執行緒需要等待另一個執行緒完成任務或更新分享資源後才能繼續執行的情況下非常有用。如果沒有使用保護式暫停技術，等待中的執行緒可能會浪費 CPU 週期，反覆檢查條件則會浪費系統資源。保護式暫停可以讓執行緒在條件變為真之前進入休眠狀態，以避免浪費系統資源。

Go 標準函式庫中 rpc 的 client 實現的就是保護式暫停。client 發送請求後，會得到一個 Call 物件，從 Call 物件的 Done 這個 channel 中讀取最終的結果。在結果傳回前，這個呼叫會被阻塞。

另一個 goroutine 處理結果，在結果傳回後，就可以透過 Call.Done 通知呼叫者，在通知之前，呼叫者一直處於保護式暫停的狀態。

```
func (client *Client) Call(serviceMethod string, args any, reply any) error {
    call := <-client.Go(serviceMethod, args, reply, make(chan *Call, 1)).Done
    return call.Error
}
```

在下面的例子中，Guard 方法提供了對函式 fn 的保護，保護功能是透過鎖 sync.Locker 實現的。如果沒有獲取到鎖，呼叫者就會被阻塞暫停，一旦條件成熟，呼叫者獲取到鎖，它就可以安全地執行函式 fn 了。

```
func Guard(lock sync.Locker, fn func()) {
    lock.Lock() // 使用鎖保護函式 fn 的執行
    defer lock.Unlock()
    fn()
}
```

下面的方法提供了一種 recover 保護機制，你可以在可能發生 panic 的函式中加上一句：defer Guard(&err)，就可以捕捉到 panic，並設置 err：

```
func Guard(err *error) {
    if r := recover(); r != nil { // 使用 recover 方法捕捉函式 panic
        if re, ok := r.(error); ok {
            *err = re
        } else {
            *err = fmt.Errorf("panic: %v", r)
        }
    }
}
```

更通用的是，我們可以使用 Guard 方法保護任意可能發生 panic 的函式：

```
func Guard(fn func()) { // 避免函式 fn 發生 panic，導致程式崩潰
    defer func() {
        recover()
    }()
```

```
    fn()
}

func TestGuard(t *testing.T) {
    Guard(func() {
        panic("panic in guard")
    })
}
```

我們知道 channel 是一個很好的工具，但是也容易出錯，channel 的類型以及是否初始化、從 channel 中接收資料、向 channel 中發送資料、關閉 channel，都可能有不同的行為。在第 11 章中介紹 channel 時提到，有三種情況會導致 channel 的操作發生 panic：向一個已經關閉的 channel 中發送資料、關閉一個值為 nil 的 channel，以及關閉一個已經關閉的 channel。關鍵是，我們沒有辦法查詢一個 channel 是否已經關閉。向已經關閉的 channel 中發送資料，或關閉已經關閉的 channel，都有可能導致程式崩潰，怎麼辦呢？我們需要增加一層保護，一種方法就是使用 Once，保證只關閉一次。但是，這種方法沒有辦法保護向一個已經關閉的 channel 中發送資料，因為我們會嘗試多次發送資料。另一種方法就是使用 Guard，它提供了保護 channel 操作時避免發生 panic 的方法。

```
func GuardClose[T any](ch chan T) { // 避免關閉已經關閉的 channel
    defer func() {
        recover()
    }()

    close(ch)
}

func GuardSend[T any](ch chan T, v T) { // 避免向已經關閉的 channel 中發送資料
    defer func() {
        recover()
    }()

    ch <- v
}

func TestGuardClose(t *testing.T) {
```

```
    ch := make(chan int) // 測試安全關閉 channel
    close(ch)
    GuardClose(ch)

    ch = nil
    GuardClose(ch) // 測試安全關閉 channel

    ch = make(chan int, 1)
    close(ch)
    GuardSend(ch, 100) // 測試向已經關閉的 channel 中發送資料
}
```

20.9 核子反應模式

核子反應（Nuclear Reaction）模式是一種並發模式，用於實現資料的多路合併（Multiway Merge）和排序。這種模式得名於核子反應中的核融合現象，因為它涉及將多個資料流程合併成一個更大的串流，或核子反應中的核分裂現象，將一個大的串流分解成多個小的資料流程。

在並發程式設計中，核子反應模式通常用於將多個有序的輸入串流（舉例來說，已排序的檔案或資料庫資料表）合併成一個有序的輸出串流。

該模式的核心思想是將輸入資料分成多個小塊，然後將這些小塊分配給多個執行緒平行處理，以減少整體處理時間。每個執行緒都會對分配給它的資料區塊進行排序，然後將其與其他執行緒排序後的資料區塊進行合併操作。這個過程會不斷重複，直到所有的輸入資料被完全合併成一個有序的輸出串流。

與其他並發模式類似，核子反應模式的實現需要解決一些並發程式設計的問題，如執行緒同步和資料一致性。但是，一旦實現完成，該模式在處理大量資料時就可以顯著提高程式的性能和回應速度。

在本書 1.4 節中，我們介紹了一種並發的快速排序演算法，那就是核子反應模式，它能夠充分利用電腦的多核能力，提升排序的速度。

舉例來說，我們想實現一個爬取網站的功能，從首頁開始爬取，獲取首頁的連結，然後啟動 *n* 個 goroutine 爬取這些連結，得到二級連結，再啟動 *m* 個 goroutine 爬取三級連結。當然，我們要實現可控的「核融合」和「核分裂」，所以整體的 goroutine 數量要控制住，否則程式就被撐爆了。

20.10 排程器模式

排程器（Scheduler）模式是一種常見的並發模式，用於管理和排程多個並發任務。在電腦系統中，排程器負責將多個任務分配給不同的處理器和執行緒，並按照一定的優先順序和演算法來確定任務的執行順序與時間切片。

該模式的核心思想是將排程器作為一個獨立的元件，負責管理任務的執行和資源的分配。排程器可以接收來自不同任務的請求，並根據任務的優先順序和執行狀態來進行決策。它還可以監控任務的執行時間和資源使用情況，並根據需要進行調整。

排程器模式通常用於並發程式設計中，尤其是在多執行緒和分散式系統中。透過使用該模式，可以更有效地利用電腦資源，提高系統的回應速度和性能。

實現排程器模式需要考慮許多問題，如任務的排程演算法、執行緒同步、任務佇列管理等。同時，排程器還需要具備一定的容錯性和可伸縮性，以應對不同的系統負載和任務需求。

總之，排程器模式是一種非常有用的並發模式，可以幫助開發人員更進一步地管理和排程多個並發任務，提高系統的並發性能和穩定性。

排程器模式最經典的例子就是 Go 執行時期對 goroutine 的排程。這是一個非常複雜的排程演算法，涉及單一 P 的處理、盜取演算法、Timer、被系統呼叫阻塞的 goroutine、被 I/O 阻塞的 goroutine 等。

最簡單的排程器就是 dispatcher，它負責接收使用者的請求，然後把請求發送給後端的 worker，可以隨機選擇，也可以根據各種負載平衡演算法更進一步地分配任務。說它簡單，是因為它基本不負責排程 worker 的執行，退化成分發任務。

20.11 反應器模式

反應器（Reactor）模式允許事件驅動應用程式解重複使用並同步分發請求。當請求抵達後，服務處理常式使用解多路分配策略，然後同步地派發這些請求至相關的請求處理常式。它常常用於處理大量的並發 I/O 操作，並透過事件通知機制來提高系統的回應速度和並發性能。

該模式的核心思想是將 I/O 操作封裝成事件，然後將事件和處理器註冊到反應器中。反應器負責監聽所有事件，並根據事件類型呼叫相應的事件處理器（Event Handler）。事件處理器可以是一個回呼函式，用於處理特定的 I/O 事件，例如讀取資料、寫入資料、關閉連接等。當事件發生時，反應器會呼叫相應的事件處理器，並將事件傳遞給它進行處理。

反應器模式的優點在於，它能夠高效率地處理大量的並發 I/O 操作，同時減小執行緒的銷耗和系統資源的佔用。它也可以提供更好的可擴充性和容錯性，因為它將 I/O 操作和事件處理分離開來，使得系統可以根據需求動態地調整處理器和事件。

實現反應器模式需要考慮許多問題，例如事件的註冊和處理、反應器的設計和實現、處理器的呼叫和回呼函式等。同時，反應器還需要具備一定的容錯性和可伸縮性，以應對不同的系統負載和 I/O 需求。

我們還可以實現多級的反應器，比如主反應器負責處理連接的接受和關閉，子反應器實現資料的讀取、處理和寫回。

圖 20.2 展示了一個反應器，它負責處理連接的接受，以及資料的讀取、處理和寫回等。

反應器模式經常被應用在網路處理中，比如 Java 中的 netty、字節跳動團隊實現的 Netpoll 等。一般來說，我們實現的都是兩級的反應器：主反應器（Main Reactor）和工作執行緒反應器（Worker Thread Reactor）。

主反應器主要負責監聽連接事件，並將連接請求分配給工作執行緒反應器。它使用輪詢機制（poll 或 epoll）來監聽連接請求，並根據請求的類型將其分發給不同的工作執行緒反應器。

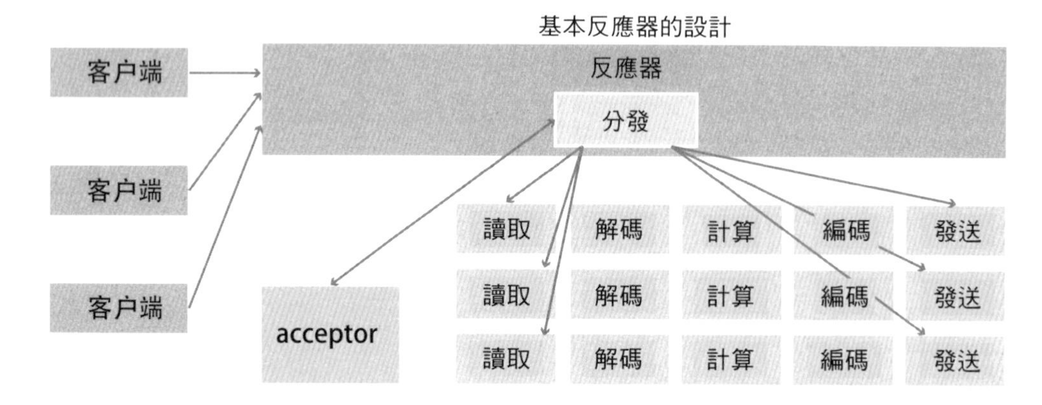

▲ 圖 20.2 事件處理場景：反應器模式

工作執行緒反應器則負責處理具體的 I/O 事件，例如讀 / 寫資料、關閉連接等。每個工作執行緒反應器都有一個獨立的事件迴圈，用於監聽和處理 I/O 事件。它使用輪詢機制來監聽檔案描述符號上的 I/O 事件，並根據事件類型呼叫相應的處理器進行處理。

Go 的 net 套件中提供的網路函式庫可以被看成一種輕量級的反應器模式，用來處理並發的 I/O 操作。它透過 epoll 的方式處理網路事件（連接、有資料讀取、有資料要寫入、關閉），然後把事件交給對應的 goroutine 來處理（在 Java 中是交給一個執行緒池來處理）。

20.12 Proactor 模式

Proactor 模式是一種用於處理非同步 I/O 操作的設計模式，允許事件驅動應用程式解重複使用並非同步分發請求。它的目的是提供一種高效的 I/O 操作處理方式，同時避免 I/O 操作對應用程式的阻塞。

Proactor 模式的核心思想是使用一組非同步作業（如非同步讀取、寫入等），當操作完成時會觸發一個事件通知，應用程式可以在事件通知中處理完成的 I/O 操作結果。Proactor 模式的關鍵在於對 I/O 操作的處理是在非同步作業完成後進行的，這樣就可以避免 I/O 操作對應用程式的阻塞。

Proactor 模式通常由以下幾個元件組成。

- 非同步作業：Proactor 模式中的核心元件，用於處理非同步 I/O 操作，例如非同步讀取、寫入等。非同步作業通常會向作業系統發送 I/O 請求，並立即傳回，而不會阻塞應用程式的執行。
- 事件處理器：用於處理非同步作業完成後的事件通知。當非同步作業完成時，作業系統會通知應用程式並呼叫對應的事件處理器進行事件處理。事件處理器通常會對完成的 I/O 操作結果進行處理，例如讀取資料、寫入資料等。
- 事件驅動器（Event Demultiplexer）：用於監聽多個非同步作業的完成事件，並將事件通知傳遞給相應的事件處理器。事件驅動器通常使用事件輪詢機制來監聽非同步作業完成事件，並根據事件類型將事件通知傳遞給相應的事件處理器。

Proactor 模式的優點在於，它可以高效率地處理大量的並發 I/O 操作，並且避免了 I/O 操作對應用程式的阻塞。它適用於需要高性能、高並發的應用程式場景，例如網路通訊、資料庫存取等。

需要注意的是，Proactor 模式和反應器模式類似，但是它們的核心思想有所不同。反應器模式使用一組同步 I/O 操作來處理並發的 I/O 請求，而 Proactor 模式使用一組非同步 I/O 操作來處理並發的 I/O 請求。

因為非同步 I/O 的方式使用得比較少，所以 Proactor 模式的應用也不是很廣泛。

xtaci/gaio 這個專案的文件中提到了 Proactor 模式，如果你對這種模式感興趣，則可以關注一下。在它的程式中，將 I/O 事件剝離，只需要實現業務程式（事件處理器）即可：

```
func echoServer(w *gaio.Watcher) {
    for {
        // 迴圈等待 I/O 事件
        results, err := w.WaitIO()
        if err != nil {
            log.Println(err)
```

```
            return
        }

        for _, res := range results {
            switch res.Operation {
                case gaio.OpRead: // 讀完成事件
                if res.Error == nil {
                    w.Write(nil, res.Conn, res.Buffer[:res.Size])
                }
                case gaio.OpWrite: // 寫完成事件
                if res.Error == nil {
                    // 寫已經完成，開始讀
                    w.Read(nil, res.Conn, res.Buffer[:cap(res.Buffer)])
                }
            }
        }
    }
}
```

20.13 percpu 模式

Go 語言中還有一種高性能的並發模式，就是 percpu 模式。那什麼是 percpu 模式呢？

Go 語言中的 percpu 模式是一種將工作負載分配到不同 CPU 核心上的設計方法。

具體來說，Go 語言的 percpu 模式包含以下幾個方面。

- 多個 P（processor）：Go 執行時期會建立多個 P，每個 P 都代表一個處理器，可以分配 goroutine 執行。在預設情況下，Go 語言會建立與 CPU 核心數量相等的 P。
- G（goroutine）：goroutine 是 Go 語言中的輕量級執行緒，可以並發執行。在 percpu 模式下，Go 執行時期會將多個 goroutine 分配到不同的 P 上執行，從而實現並發執行。同一個 P 上的 goroutine 不存在資料競爭的問題。

- M（machine）：M 代表 Go 語言中的執行緒，它可以在 P 和 G 之間進行協調。每個 P 都連結著一個 M。

透過使用 percpu 模式，Go 語言可以將多個 goroutine 分配到不同的 CPU 核心上執行，從而實現高效的並發執行。該模式透過分片到每一個 P，保證了 P 之間的 goroutine 沒有資料競爭；又因為同一個 P 上只能執行一個 goroutine，所以透過霸佔執行緒的方式（runtime.LockOSThread），避免同一個 P 上的 goroutine 存在資料競爭的問題，實現了性能的最佳化。實際上，實現並發的終極最佳化就是無數據競爭，Go 標準函式庫中的 sync.Pool 以及後來的 Timer 也是這種設計。

能不能把 Go 標準函式庫的這個設計暴露為一個並發基本操作供大家使用？這個需求討論了將近 10 年，但是 Go 並不支持實現，或說並不想把這個實現暴露出來。不過沒關係，cespare/percpu 提供了這個功能，我們可以透過一個 counter 程式測試，和 atomic、Mutex 並發基本操作相比，percpu 函式庫的性能好得簡直不能再如圖 20.3 所示。

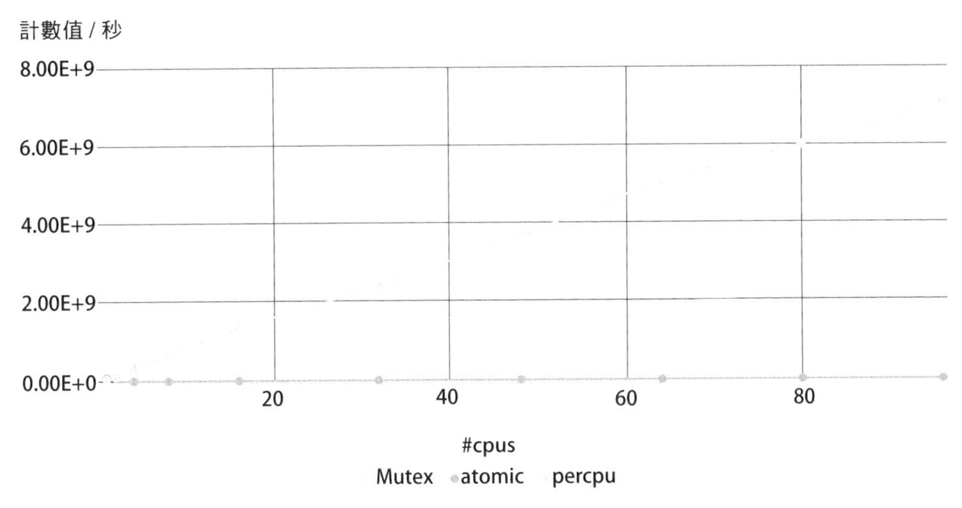

▲ 圖 20.3 在高並發場景中，percpu 模式帶來巨大的性能提升

20.14 多處理程序模式

雖然一個處理程序中有多個執行緒可以充分利用 CPU 多核心的能力，但是執行緒可能在不同的 CPU 間排程，不能充分利用 CPU 的親和性（Affinity），又因為要避免資料競爭，所以執行緒之間還得使用同步基本操作，進一步降低了程式的性能。

有時候，我們實現一個沒有資料競爭的程式，在單 CPU 上執行反而非低級設計。程式沒有資料競爭，減少了同步的性能損耗；透過每個處理程序綁定一個 CPU 核心，又能利用 CPU 的親和性，就像 Redis 設計那樣高效。

當然，你可以使用指令稿等方式在一台機器上啟動一個程式的多個處理程序，也可以透過一個程式啟動後，再啟動指定數量的子處理程序這種方式，其好處就是管理起來方便。下面的程式在主處理程序中啟動了 10 個子處理程序，然後大家都在監聽 8972 通訊埠。注意，這裡並沒有使用 SO_REUSEPORT 這種分享通訊埠的技術，而是和子處理程序分享所監聽的 Socket（檔案）。

```
package main

import (
    "flag"
    "io"
    "log"
    "net"
    "os"
    "os/exec"
)

var (
    c       = flag.Int("c", 10, "concurrency")
    prefork = flag.Bool("prefork", false, "use prefork")
    child   = flag.Bool("child", false, "is child proc")
)

func main() {
    flag.Parse()
```

```
    var ln net.Listener
    var err error

    if *prefork { // 如果要啟動子處理程序模式
        ln = doPrefork(*c)
    } else { // 單處理程序模式，簡單啟動一個 TCP Server 即可
        ln, err = net.Listen("tcp", ":8972")
        if err != nil {
            panic(err)
        }
    }

    start(ln) // 處理 net.Listener
}

func start(ln net.Listener) {
    log.Println("started")
    for {
        conn, e := ln.Accept()
        if e != nil {
            if ne, ok := e.(net.Error); ok && ne.Temporary() {
                log.Printf("accept temp err: %v", ne)
                continue
            }

            log.Printf("accept err: %v", e)
            return
        }

        go io.Copy(conn, conn) // 實現 echo 協定，將收到的東西原樣傳回
    }
}

// 多處理程序模式
func doPrefork(c int) net.Listener {
    var listener net.Listener
    if !*child { // 主處理程序
        // 先啟動一個 TCP Server
```

```
        addr, err := net.ResolveTCPAddr("tcp", ":8972")
        if err != nil {
            log.Fatal(err)
        }
        tcplistener, err := net.ListenTCP("tcp", addr)
        if err != nil {
            log.Fatal(err)
        }
        // 得到這個控制碼
        fl, err := tcplistener.File()
        if err != nil {
            log.Fatal(err)
        }

        // 啟動指定數量的子處理程序
        children := make([]*exec.Cmd, c)
        for i := range children {
            children[i] = exec.Command(os.Args[0], "-prefork", "-child")
            // 傳入參數
            children[i].Stdout = os.Stdout
            children[i].Stderr = os.Stderr
            children[i].ExtraFiles = []*os.File{fl} // 把主處理程序監聽的 Socket 傳給
子處理程序，它們分享同一個 Socket
            err = children[i].Start()
            if err != nil {
                log.Fatalf("failed to start child: %v", err)
            }
        }
        for _, ch := range children {
            if err := ch.Wait(); err != nil {
                log.Printf("failed to wait child's starting: %v", err)
            }
        }
        os.Exit(0)
    } else { // 如果是子處理程序，則恢復主處理程序傳入的 Socket
        var err error
        listener, err = net.FileListener(os.NewFile(3, ""))
        if err != nil {
            log.Fatal(err)
```

```
        }
    }
    return listener
}
```

當主處理程序退出時，子處理程序也會退出。執行這個程式，結果如圖 20.4 所示。可以看到，上面的終端視窗顯示啟動了 10 個子處理程序；下面的終端視窗顯示了主處理程序和子處理程序，而且使用 nc 工具連接伺服器發送一個「hello」字串，也能正常傳回這個字串。這個傳回結果可能來自主處理程序，也可能來自子處理程序。

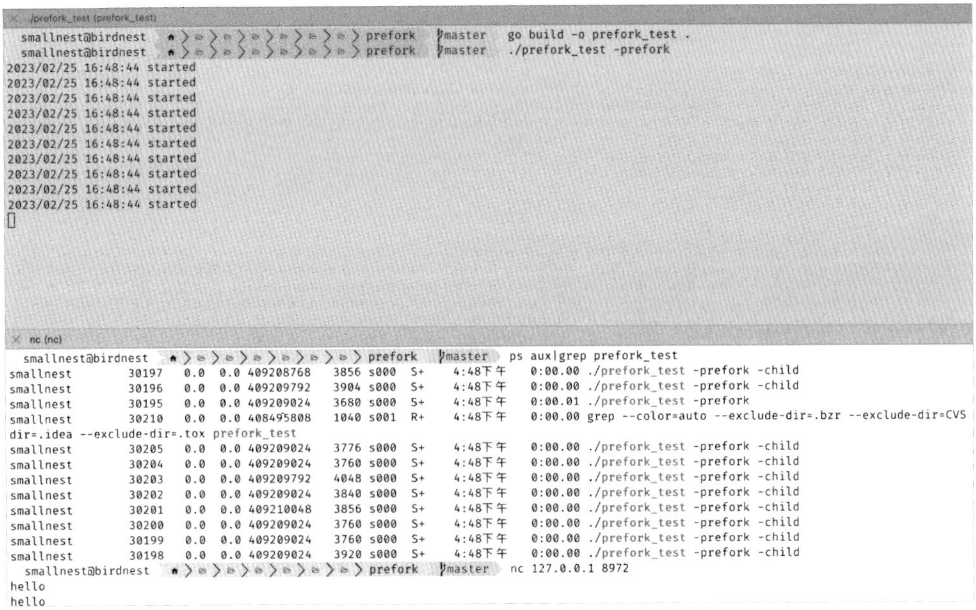

```
./prefork_test (prefork_test)
  smallnest@birdnest  prefork  master  go build -o prefork_test .
  smallnest@birdnest  prefork  master  ./prefork_test -prefork
2023/02/25 16:48:44 started
2023/02/25 16:48:44 started
2023/02/25 16:48:44 started
2023/02/25 16:48:44 started
2023/02/25 16:48:44 started
2023/02/25 16:48:44 started
2023/02/25 16:48:44 started
2023/02/25 16:48:44 started
2023/02/25 16:48:44 started
2023/02/25 16:48:44 started

nc (nc)
  smallnest@birdnest  prefork  master  ps aux|grep prefork_test
smallnest        30197   0.0  0.0 409208768   3856 s000  S+     4:48下午   0:00.00 ./prefork_test -prefork -child
smallnest        30196   0.0  0.0 409209792   3904 s000  S+     4:48下午   0:00.00 ./prefork_test -prefork -child
smallnest        30195   0.0  0.0 409209024   3680 s000  S+     4:48下午   0:00.01 ./prefork_test -prefork
smallnest        30210   0.0  0.0 408495808   1040 s001  R+     4:48下午   0:00.00 grep --color=auto --exclude-dir=.bzr --exclude-dir=CVS
dir=.idea --exclude-dir=.tox prefork_test
smallnest        30205   0.0  0.0 409209024   3776 s000  S+     4:48下午   0:00.00 ./prefork_test -prefork -child
smallnest        30204   0.0  0.0 409209024   3760 s000  S+     4:48下午   0:00.00 ./prefork_test -prefork -child
smallnest        30203   0.0  0.0 409209792   4048 s000  S+     4:48下午   0:00.00 ./prefork_test -prefork -child
smallnest        30202   0.0  0.0 409209024   3840 s000  S+     4:48下午   0:00.00 ./prefork_test -prefork -child
smallnest        30201   0.0  0.0 409210048   3856 s000  S+     4:48下午   0:00.00 ./prefork_test -prefork -child
smallnest        30200   0.0  0.0 409209024   3760 s000  S+     4:48下午   0:00.00 ./prefork_test -prefork -child
smallnest        30199   0.0  0.0 409209024   3760 s000  S+     4:48下午   0:00.00 ./prefork_test -prefork -child
smallnest        30198   0.0  0.0 409209024   3920 s000  S+     4:48下午   0:00.00 ./prefork_test -prefork -child
  smallnest@birdnest  prefork  master  nc 127.0.0.1 8972
hello
hello
```

▲ 圖 20.4 主處理程序和子處理程序的列表

當然，也可以在主處理程序中去掉對 net.Listener 的監聽和處理，只讓子處理程序來監聽和處理。這些子處理程序也被稱作 worker。這裡的 worker 是獨立的子處理程序，而不像先前講的 worker 池，它的並發單元是 goroutine。

21 經典並發問題解析

本章內容包括：

- 哲學家就餐問題
- 理髮師問題
- 水工廠問題
- fizz buzz 問題

前面講了那麼多，又是各種同步基本操作，又是各種並發模式，知識儲備沒有任何問題，是時候面對真實的問題了，使用我們所學的知識來解決複雜的並發問題。

本章將介紹幾十年來大家總結的幾個經典問題，這些問題可以極佳地驗證我們處理並發的能力。

21.1 哲學家就餐問題

哲學家就餐問題是一個非常經典的問題，也是一個非常通用的研究並發程式設計中鎖死現象的問題。

1971 年，著名的電腦科學家 Edsger Dijkstra 提出了一個同步問題，即假設有五台電腦都試圖存取五份分享的磁帶驅動器。隨後，這個問題被 Tony Hoare 重新表述為哲學家就餐問題。這個問題可以用來解釋鎖死和資源耗盡的情況。

哲學家就餐問題可以這樣表述：假設有五位哲學家圍坐在一張圓形餐桌旁，餐桌上有無盡的可口的飯菜，但是只有五根筷子，每根筷子都位於兩位哲學家之間。哲學家吃飯時，必須拿起自己左右兩邊的兩根筷子，吃完飯後再放回筷子，這樣其他哲學家也可以拿起筷子吃飯了。

這些哲學家不斷地冥想或吃飯。餓了就開始嘗試拿起筷子吃飯，吃完飯後就放下筷子開始冥想。冥想一段時間又餓了，就又開始吃飯。所以，他們總是處於冥想—餓了—吃飯—冥想這樣的狀態中。

哲學家就餐問題極佳地模擬了電腦並發程式設計中一定數量的資源和一定數量的持有者的並發問題，也就是常見的鎖死問題。

如果五位哲學家同時餓了，同時拿起左手邊的那根筷子，你就會發現，當他們去拿右手邊的筷子時，都沒有辦法拿到，因為右手邊的那根筷子被旁邊的哲學家拿走了，所有的哲學家都處於等候狀態而沒有辦法吃飯。對程式來說，就是程式發生阻塞了，沒有辦法繼續處理。

> 如果這五位哲學家同時發現沒有右手邊的筷子可用，於是他們同時放下左手邊的筷子，冥想 5 分鐘後再同時吃飯，你就會發現，程式似乎還在執行，但是哲學家依然沒有辦法吃飯。這種現象叫作活鎖。在分散式一致性演算法中，在選主的時候也會有類似的現象，有些演算法是透過隨機休眠一定的時間，避免各個節點同時請求來實現選主的。

如果系統中只有一個執行緒，則不會發生鎖死。如果每個執行緒僅需要一種並發資源，當然也不會發生鎖死。不過，這只是理想狀態，在現實中是可遇不可求的。如果你搜索 Go 官方專案中的 issue，則可以看到幾百個關於鎖死的 issue，這足以表明鎖死是一個常見且並不容易處理的 bug。形成鎖死的四個條件如下。

- 禁止先佔（No Preemption）：系統資源不能被強制地從一個執行緒中退出。如果哲學家可以搶奪，那麼大家都去搶別人的筷子，也會打破鎖死的局面。但這是有風險的，因為可能一位哲學家還沒吃飯就被另一位哲學家搶走了筷子。如果系統資源不是主動釋放的，而是被搶奪了，則有可能出現意想不到的情況。
- 持有和等待（Hold and Wait）：一個執行緒在等待時持有並發資源。持有並發資源的執行緒還在等待其他資源，也就是吃著碗裡的望著鍋裡的。
- 互斥（Mutual Exclusion）：資源在同一時刻只能被分配給一個執行緒，無法實現多個執行緒分享。資源具有排他性，也就是不允許兩位哲學家一起拿著一根筷子同時吃飯。
- 循環等待（Circular Waiting）：一系列執行緒相互持有其他執行緒所需要的資源。執行緒之間必須有一個循環依賴的關係。

只有上述四個條件同時滿足時才會發生鎖死，防止鎖死必須至少破壞其中一個條件。

21.1.1 模擬哲學家就餐問題

本節我們透過程式模擬哲學家就餐問題，看看程式在執行時期是不是會產生鎖死問題。

首先定義筷子物件和哲學家物件。其中，筷子是並發資源，具有排他性，所以它包含一個鎖，用來實現互斥，並且禁止先佔（不持有這根筷子的哲學家不能呼叫 Unlock 方法，只有持有這根筷子的哲學家才能呼叫 Unlock 方法）。

每位哲學家都需要左手邊的筷子和右手邊的筷子，status 代表哲學家的狀態（冥想、餓了、吃飯）。哲學家還有一種狀態，就是持有一根筷子並請求另一根筷子。

```
// Chopstick 代表筷子
type Chopstick struct{ sync.Mutex }
// Philosopher 代表哲學家
type Philosopher struct {
    // 哲學家的名字
    name string
    // 左手邊一根筷子和右手邊一根筷子
    leftChopstick, rightChopstick *Chopstick
    status      string
}
```

哲學家就是不斷地冥想、吃飯、冥想、吃飯……

```
// 無休止地吃飯和冥想
// 吃完飯冥想，冥想完吃飯
// 可以透過調整吃飯和冥想的時間來增加或者減少搶奪筷子的機會
func (p *Philosopher) dine() {
    for {

        mark(p, " 冥想 ")
        randomPause(10)
        mark(p, " 餓了 ")
        p.leftChopstick.Lock() // 先嘗試拿起左手邊的筷子
        mark(p, " 拿起左手邊的筷子 ")
        randomPause(100)
        p.rightChopstick.Lock() // 再嘗試拿起右手邊的筷子
        mark(p, " 吃飯 ")
        randomPause(10)
        p.rightChopstick.Unlock() // 先嘗試放下右手邊的筷子
        p.leftChopstick.Unlock() // 再嘗試放下左手邊的筷子
    }
```

```
}
// 隨機暫停一段時間
func randomPause(max int) {
    time.Sleep(time.Millisecond * time.Duration(rand.Intn(max)))
}
// 顯示此哲學家的狀態
func mark(p *Philosopher, action string) {
    fmt.Printf("%s 開始 %s\n", p.name, action)
    p.status = fmt.Sprintf("%s 開始 %s\n", p.name, action)
}
```

這裡的 mark 用來在主控台輸出此哲學家的狀態，便於我們觀察。

最後一步就是實現 main 函式，分配五根筷子和五位哲學家，讓程式執行起來。

```
func main() {
    go http.ListenAndServe("localhost:8972", nil)
    // 哲學家的數量
    count := 5
    // 創建五根筷子
    chopsticks := make([]*Chopstick, count)
    for i := 0; i < count; i++ {
        chopsticks[i] = new(Chopstick)
    }

    names := []string{color.RedString(" 哲學家 1"), color.MagentaString(" 哲學家 2"),
    color.CyanString(" 哲學家 3"), color.GreenString(" 哲學家 4"), color.WhiteString
    (" 哲學家 5")}
    // 創建哲學家，給他們分配左右兩邊的筷子
    philosophers := make([]*Philosopher, count)
    for i := 0; i < count; i++ {
        philosophers[i] = &Philosopher{
            name: names[i], leftChopstick: chopsticks[i], rightChopstick:
            chopsticks[(i+1)%count],
        }
        go philosophers[i].dine()
    }
    sigs := make(chan os.Signal, 1)
```

```
    signal.Notify(sigs, syscall.SIGINT, syscall.SIGTERM)
    <-sigs
    fmt.Println(" 退出中…每位哲學家的狀態 :")
    for _, p := range philosophers {
        fmt.Print(p.status)
    }
}
```

執行程式，你很快就會發現這個程式發生了阻塞，每位哲學家都處於拿起左手邊的筷子並等待右手邊的筷子的狀態（這裡為了便於觀察鎖死現象，故意在拿起左手邊的筷子後暫停了一段時間，如圖 21.1 所示）。

```
  smallnest@birdnest  > > > > > > > dining_philosophers_problem0  master  go run main.go
哲学家2 開始冥想
        開始冥想
哲学家1 開始冥想
哲学家3 開始冥想
哲学家4 開始冥想
哲学家1 開始餓了
哲学家1 開始拿起左手邊的筷子
        開始餓了
        開始拿起左手邊的筷子
哲学家4 開始餓了
哲学家4 開始拿起左手邊的筷子
哲学家3 開始餓了
哲学家3 開始拿起左手邊的筷子
哲学家1 開始用膳
哲学家2 開始餓了
哲学家2 開始拿起左手邊的筷子
哲学家1 開始冥想
哲学家1 開始餓了
哲学家1 開始拿起左手邊的筷子
```

▲ 圖 21.1 哲學家就餐問題導致鎖死

在實際應用中，鎖死問題並不是這麼容易就被發現的，很可能在一些非常特定的場景（也稱為極端情況）中才會被觸發和發現。

執行程式，你可能會發現，五位哲學家都拿起了左手邊的筷子，餐桌上已經沒有筷子了，可是他們又不願意放下自己手中的筷子，導致相互等待而發生鎖死，誰也沒有辦法吃飯。

21.1.2 解法一：限制就餐人數

我們知道，解決鎖死問題，破壞形成鎖死的四個條件之一就行。一般來說，禁止先佔和互斥是必需的條件，所以其他兩個條件是我們重點突破的點。

針對哲學家就餐問題，如果限制最多允許四位哲學家同時就餐，就可以破壞循環依賴這個條件。因為按照抽屜原理，總會有一位哲學家可以拿到兩根筷子，所以程式可以執行下去。

假定最後一位哲學家因為需要處理其他事情，沒有辦法和其他四位哲學家一起就餐，所以餐桌旁就剩下四位哲學家了，這個時候就不會出現鎖死問題（但有可能出現饑餓問題）。將上面的程式改動如下，把這位哲學家排除在就餐的哲學家之外：

```
// 創建哲學家 , 給他們分配左右兩邊的筷子
philosophers := make([]*Philosopher, count)
for i := 0; i < count; i++ {
    philosophers[i] = &Philosopher{
        name: names[i], leftChopstick: chopsticks[i], rightChopstick:
        chopsticks[(i+1)%count],
    }
    if i < count-1 { // 最後一位哲學家不參與就餐
        go philosophers[i].dine()
    }
}
```

還有一種解法，就是使用容量為 4 的訊號量，五位哲學家都可以參與就餐，但是只有四個資源（就餐券）可以同時使用，所以同時就餐的哲學家也就被限制為最多四位。這也可以解決鎖死問題。

21.1.3 解法二：交錯處理方法

我們給每一位哲學家編號，從 1 到 5，如果規定奇數號的哲學家先拿起左手邊的筷子，再拿起右手邊的筷子，偶數號的哲學家先拿起右手邊的筷子，再拿起左手邊的筷子，放下筷子時按照相反的順序，則可以避免出現迴圈依賴的情況。

```
// 無休止地吃飯和冥想
// 吃完飯冥想，冥想完吃飯
// 可以透過調整吃飯和冥想的時間來增加或者減少搶奪筷子的機會
func (p *Philosopher) dine() {
```

```
    for {
        mark(p, " 冥想 ")
        randomPause(10)
        mark(p, " 餓了 ")
        if p.ID%2 == 1 { // 奇數
            p.leftChopstick.Lock() // 先嘗試拿起左手邊的筷子
            mark(p, " 拿起左手邊的筷子 ")
            p.rightChopstick.Lock() // 再嘗試拿起右手邊的筷子
            mark(p, " 吃飯 ")
            randomPause(10)
            p.rightChopstick.Unlock() // 先嘗試放下右手邊的筷子
            p.leftChopstick.Unlock() // 再嘗試放下左手邊的筷子
        } else {
            p.rightChopstick.Lock() // 先嘗試拿起右手邊的筷子
            mark(p, " 拿起右手邊的筷子 ")
            p.leftChopstick.Lock() // 再嘗試拿起左手邊的筷子
            mark(p, " 吃飯 ")
            randomPause(10)
            p.leftChopstick.Unlock() // 先嘗試放下左手邊的筷子
            p.rightChopstick.Unlock() // 再嘗試放下右手邊的筷子
        }
    }
}
```

奇數號的哲學家先拿起左手邊的筷子，偶數號的哲學家先拿起右手邊的筷子，這樣就避免了迴圈依賴的問題。執行程式，你可以看到各位哲學家就餐正常，沒有出現鎖死現象。

21.1.4 解法三：資源分級

這種解法是為資源（這裡是筷子）建立一個偏序或分級的關係，並約定所有資源都按照這種順序被獲取，按照相反順序被釋放，而且保證不會有兩個無關資源同時被同一項工作所需要的情況。在哲學家就餐問題中，筷子按照某種規則被編號為 1 ～ 5，每一個工作單元（哲學家）總是先拿起左右兩邊編號較低的筷子，再拿起編號較高的筷子。用完筷子後，他們總是先放下編號較高的筷子，再放下編號較低的筷子。在這種情況下，當四位哲學家同時拿起他們手邊編號較低的筷子時，只有編號最高的筷子留在桌子上，從而使得第五位哲學家就不能使用任何一根筷子了。而且，只有一位哲學家能使用編號最高的筷子，所以他能使用兩根筷子吃飯。吃完飯後，他會先放下編號最高的筷子，再放下編號較低的筷子，從而讓另一位哲學家拿起後放下的這根筷子開始吃飯。

將程式修改如下：

```
// 無休止地吃飯和冥想
// 吃完飯冥想，冥想完吃飯
// 可以透過調整吃飯和冥想的時間來增加或者減少搶奪筷子的機會
func (p *Philosopher) dine() {
    for {
        mark(p, " 冥想 ")
        randomPause(10)
        mark(p, " 餓了 ")
        if p.ID == 5 { //
            p.rightChopstick.Lock() // 先嘗試拿起第 1 根筷子
            mark(p, " 拿起左手邊的筷子 ")
            p.leftChopstick.Lock() // 再嘗試拿起第 5 根筷子
            mark(p, " 吃飯 ")
            randomPause(10)
            p.leftChopstick.Unlock() // 先嘗試放下第 5 根筷子
            p.rightChopstick.Unlock() // 再嘗試放下第 1 根筷子
        } else {
            p.leftChopstick.Lock() // 先嘗試拿起左手邊的筷子 ( 第 n 根 )
            mark(p, " 拿起右手邊的筷子 ")
            p.rightChopstick.Lock() // 再嘗試拿起右手邊的筷子 ( 第 n+1 根 )
            mark(p, " 吃飯 ")
            randomPause(10)
            p.rightChopstick.Unlock() // 先嘗試放下右手邊的筷子
            p.leftChopstick.Unlock() // 再嘗試放下左手邊的筷子
        }
    }
}
```

如果將筷子標注好等級，第一位哲學家左手邊的筷子等級是 1，第二位哲學家左手邊的筷子等級是 2……最後一位哲學家左手邊的筷子等級是 5，但是右手邊筷子的等級是 1。這樣除了最後一位哲學家是先拿起右手邊的筷子（等級低），再拿起左手邊的筷子，其他哲學家都是先拿起左手邊的筷子，再拿起右手邊的筷子。

這樣就解決了迴圈依賴的問題，執行程式也不會出現鎖死。

21.1.5 解法四：引入服務生

如果引入一個服務生來負責分配筷子，那麼就可以將拿左手邊的筷子和右手邊的筷子看成一個原子操作，不是拿到筷子，就是等待，這就破壞了形成鎖死的持有和等待條件。

```
type Philosopher struct {
    // 哲學家的名字
    name string
    // 左手邊的一根筷子和右手邊的一根筷子
    leftChopstick, rightChopstick *Chopstick
    status      string
    mu *sync.Mutex
}
// 無休止地吃飯和冥想
// 吃完飯冥想，冥想完吃飯
// 可以透過調整吃飯和冥想的時間來增加或者減少搶奪筷子的機會
func (p *Philosopher) dine() {
    for {
        mark(p, " 冥想 ")
        randomPause(10)
        mark(p, " 餓了 ")
        p.mu.Lock() // 服務生控制
        p.leftChopstick.Lock() // 先嘗試拿起左手邊的筷子
        mark(p, " 拿起左手邊的筷子 ")
        p.rightChopstick.Lock() // 再嘗試拿起右手邊的筷子
        p.mu.Unlock()
        mark(p, " 吃飯 ")
        randomPause(10)
        p.rightChopstick.Unlock() // 先嘗試放下右手邊的筷子
        p.leftChopstick.Unlock() // 再嘗試放下左手邊的筷子
    }
}
```

21.2 理髮師問題

理髮師問題是一個經典的 goroutine 互動和並發控制的問題，可以極佳地用來演示多寫多讀的並發問題。

理髮師問題最早是由電腦科學先驅 Edsger Dijkstra 在 1965 年提出的，在 Silberschatz、Galvin 和 Gagne 的 *Operating System Concepts* 一書中有此問題的變種。這個問題是這樣的：有一個理髮店，店中有一個理髮師和幾個座位。

- 如果沒有顧客，這個理髮師就躺在理髮椅上睡覺。
- 顧客必須喚醒理髮師，讓他開始理髮。
- 如果有一位顧客到來，理髮師正在理髮：

  ＊如果還有空閒的座位，則此顧客坐下。

  ＊如果座位都坐滿了，則此顧客離開。
- 理髮師理完發後，需要檢查是否有等待的顧客。

  ＊如果有，則請一位顧客起來開始理髮。

  ＊如果沒有，理髮師則去睡覺。

雖然條件有很多，但是我們可以把它想像成一個並發佇列。在當前的問題下，有多個並發寫入（Multiple Writer，顧客）和一個並發讀取（Single Reader，理髮師）。

21.2.1 使用 sync.Cond 解決理髮師問題

一般情況下，處理並發佇列使用 sync.Cond 同步基本操作（在 Java 語言中，一般使用 wait/notify）。

首先定義一個 Locker 和一個 Cond，並定義座位數。

如果有一位顧客到來，則座位數加 1；如果理髮師叫起一位等待的顧客開始理髮，則座位數減 1。

```
var (
    seatsLock sync.Mutex
    seats       int
    cond = sync.NewCond(&seatsLock)
)
```

理髮師不斷地檢查是否有顧客等待，如果有，就叫起一位顧客開始理髮。理髮耗時是隨機的，理完發後再叫起下一位顧客。如果沒有顧客，理髮師就會被阻塞（開始睡覺）。

逐一整理 Cond 的使用方法，在 Wait 方法之後需要使用 for 迴圈檢查條件是否滿足，並且在 Wait 方法呼叫的前後都會有對 Locker 的使用。

```
// 理髮師
func barber() {
    for {
        // 等待一位顧客
        log.Println("Tony 老師嘗試請求一位顧客 ")
        seatsLock.Lock()
        for seats == 0 {
            cond.Wait()
        }
        seats--
        seatsLock.Unlock()
        log.Println("Tony 老師叫起一位顧客，開始理髮 ")
        randomPause(2000)
    }
}
```

customers 模擬顧客陸續到來：

```
func customers() {
    for {
        randomPause(1000)
        go customer()
    }
}
```

顧客到來之後，先請求 seatsLock，避免多位顧客同時到來發生並發競爭。然後檢查是否有空閒的座位，如果有，則顧客坐下並通知理髮師。此時，如果理髮師正在睡覺，則會被喚醒；如果正在理髮，則會忽略。

如果沒有空閒的座位，則顧客離開。

```
func customer() {
    seatsLock.Lock()
    defer seatsLock.Unlock()
    if seats == 3 {
        log.Println(" 沒有空閒的座位，一位顧客離開了 ")
        return
    }
    seats++
    cond.Broadcast()
    log.Println(" 一位顧客開始坐下排隊理髮 ")
}
```

這裡的 seats 代表空閒的座位。實際上，在處理這樣的場景時，可能會使用一個 slice 作為佇列。

這個實現本身還是很簡單的，但是 Cond+Locker 的方式還是讓人有點不放心，因為 Cond 這個同步基本操作我們用得很少，缺乏經驗。事實上，很多這樣的場景都可以使用 channel 來實現。

21.2.2 使用 channel 實現訊號量

本節使用 channel 來實現一個訊號量，還要實現一個 TryAcquire 方法。

```
type Semaphore chan struct{}
func (s Semaphore) Acquire() {
    s <- struct{}{}
}
func (s Semaphore) TryAcquire() bool {
    select {
    case s <- struct{}{}: // 還有空閒的座位
        return true
```

```
    default: // 沒有空閒的座位了，顧客離開
        return false
    }
}
func (s Semaphore) Release() {
    <-s
}
```

有了訊號量這個同步基本操作，我們就容易解決理髮師問題了。注意，這裡實現了 TryAcquire 方法，就是為了在顧客到來時檢查有沒有空閒的座位。

這裡為什麼不使用 Go 官方擴充的 semaphore.Weighted 同步基本操作呢？因為 semaphore.Weighted 有一個問題，就是在 Acquire 之前呼叫 Release 方法會發生 panic。

我們定義了有三個空閒座位的訊號量。理髮師先呼叫 Release 方法，也就是想叫起一位顧客過來理髮，以便空出一個座位。如果沒有顧客，理髮師就會等待和睡覺。

```
var seats = make(Semaphore, 3)
// 理髮師
func barber() {
    for {
        // 等待一位顧客
        log.Println("Tony 老師嘗試請求一位顧客 ")
        seats.Release()
        log.Println("Tony 老師叫起一位顧客，開始理髮 ")
        randomPause(2000)
    }
}
```

對顧客的檢查也很簡單：

```
// 模擬顧客陸續到來
func customers() {
    for {
        randomPause(1000)
        go customer()
```

```
    }
}
// 顧客
func customer() {
    if ok := seats.TryAcquire(); ok {
        log.Println(" 一位顧客開始坐下排隊理髮 ")
    } else {
        log.Println(" 沒有空閒的座位，一位顧客離開了 ")
    }
}
```

可以看到，如果使用自訂的訊號量，則程式變得更加簡單。

那麼，使用 channel 實現的訊號量有什麼缺陷嗎？如果佇列太長，channel 的容量就會很大。不過，如果將顧客類型設置為 struct{}，就會節省很多記憶體，所以一般不會有什麼問題。雖然這比使用 Go 官方擴充的 semaphore.Weighted 多佔用一些空間，但是所佔用的空間還是有限的。

21.2.3 有多個理髮師的情況

更進一步，我們考慮有多個理髮師的情況。

有多個理髮師的問題其實就演變成了多寫多讀的場景。

假設有三個理髮師並發理髮，同時理髮店的規模也擴大了，有 10 個座位。

在有多個理髮師和只有一個理髮師的場景中，基於 channel 實現的訊號量的解決方案是一樣的。

```
func main() {
    // 三個理髮師
    go barber("Tony")
    go barber("Kevin")
    go barber("Allen")
    go customers()
    sigs := make(chan os.Signal, 1)
    signal.Notify(sigs, syscall.SIGINT, syscall.SIGTERM)
    <-sigs
```

```
}
func randomPause(max int) {
    time.Sleep(time.Millisecond * time.Duration(rand.Intn(max)))
}
// 理髮師
func barber(name string) {
    for {
        // 等待一位顧客
        log.Println(name + " 老師嘗試請求一位顧客 ")
        seats.Release()
        log.Println(name + " 老師叫起一位顧客，開始理髮 ")
        randomPause(2000)
    }
}
// 模擬顧客陸續到來
func customers() {
    for {
        randomPause(1000)
        go customer()
    }
}
// 顧客
func customer() {
    if ok := seats.TryAcquire(); ok {
        log.Println(" 一位顧客開始坐下排隊理髮 ")
    } else {
        log.Println(" 沒有空閒的座位，一位顧客離開了 ")
    }
}
```

21.3 水工廠問題

一氧化二氫這種化學物質充斥在江河湖海中，甚至空氣中也大量含有，它是酸雨的重要成分，腐蝕著鐵質物品，但是誰又能離開它呢？畢竟水是萬物之源。

一氧化二氫（水）分子是由一個氧原子和兩個氫原子化合而成的，那麼問題描述如下：

利用兩個氫原子和一個氧原子生成一氧化二氫。

有 oxygen（氧）和 hydrogen（氫）兩個執行緒，我們的目標是把它們分組生成水分子。當然，這裡有一個閘門執行緒，在水分子生成之前不得不等待。oxygen 和 hydrogen 執行緒每三個會被分為一組，包括兩個 hydrogen 執行緒和一個 oxygen 執行緒，它們每一個都會產生一個對應的原子組合成水分子。我們必須保證當前組內的各個執行緒提供的原子組合成一個水分子之後，這些執行緒才能參與產生下一個水分子。

換句話說：

- 假如一個 oxygen 執行緒到達了閘門，而 hydrogen 執行緒還沒來，那麼這個 oxygen 執行緒會一直等待那兩個 hydrogen 執行緒。
- 假如一個 hydrogen 執行緒到達了閘門，而其他的執行緒還沒來，那麼它會等待 oxygen 執行緒和另一個 hydrogen 執行緒。

所以，一個水分子總是由兩個 hydrogen 執行緒和一個 oxygen 執行緒提供。

我們需要撰寫同步程式，保證執行緒能夠按照上面的要求有序地生成水分子。舉幾個例子。

輸入：HOH

輸出：HHO

解釋：HOH 和 OHH 也是合法的答案。

輸入：OOHHHH

輸出：HHOHHO

解釋：HOHHHO、OHHHHO、HHOHOH、HOHHOH、OHHHOH、HHOOHH、HOHOHH 和 OHHOHH 也是合法的答案。

這也是一個經典的並發問題，大概二十年前是加州大學柏克萊分校的作業系統課上的內容，力扣上也有這個問題，解答中有很多類似於正確但還是有些問題的答案。

這個問題非常妙，因為它看起來很簡單，但是做起來並不那麼容易。

首先，它需要三個執行緒的協作，三個執行緒同時等待，一個水分子不能由一個 hydrogen 執行緒提供兩個氫原子，必須是兩個 hydrogen 執行緒分別提供。

其次，三個執行緒生成水分子後，又去準備自己的事情了，周而復始，使用 channel、WaitGroup 等不太容易處理迴圈的情況。

相互等待不就是 Barrier（屏障）要解決的問題嗎？迴圈問題不正好可以使用 CyclicBarrier（循環屏障）來解決嗎？下面我們就嘗試使用它來解決問題。

首先利用訊號量控制要編排的 goroutine 的數量和種類，保證是三個 goroutine，其中兩個是氫原子的，一個是氧原子的。因為 CyclicBarrier 是不區分 goroutine 的種類的，所以我們使用了訊號量這個同步基本操作。

氫原子的訊號量是 2，氧原子的訊號量是 1。

然後使用 CyclicBarrier 來保證三個 goroutine 同時準備好了各自的原子。一旦三個 goroutine 都準備就可以合成一個水分子，最後釋放訊號量來準備下一次的水分子合成。

```
package water
import (
    "context"
    "github.com/marusama/cyclicbarrier"
    "golang.org/x/sync/semaphore"
)
type H2O struct {
    semaH *semaphore.Weighted
    semaO *semaphore.Weighted
    b   cyclicbarrier.CyclicBarrier
}
func New() *H2O {
```

```
    return &H2O{
        semaH: semaphore.NewWeighted(2),
        semaO: semaphore.NewWeighted(1),
        b:  cyclicbarrier.New(3),
    }
}
func (h2o *H2O) hydrogen(releaseHydrogen func()) {
    h2o.semaH.Acquire(context.Background(), 1)
    // releaseHydrogen() 輸出一個 H
    releaseHydrogen()
    h2o.b.Await(context.Background())
    h2o.semaH.Release(1)
}
func (h2o *H2O) oxygen(releaseOxygen func()) {
    h2o.semaO.Acquire(context.Background(), 1)
    // releaseOxygen() 輸出一個 O
    releaseOxygen()
    h2o.b.Await(context.Background())
    h2o.semaO.Release(1)
}
```

撰寫一個程式測試這個實現有沒有問題：

```
func TestWaterFactory(t *testing.T) {
    var ch chan string

    releaseHydrogen1 := func() { // 兩個不同的氫 goroutine，一個輸出大寫的 H，
一個輸出小寫的 h
        ch <- "H"
    }

    releaseHydrogen2 := func() {
        ch <- "h"
    }

    releaseOxygen := func() {
        ch <- "O"
    }
```

```
var N = 100 // 目標：100 個水分子
ch = make(chan string, N*3) // 收集輸出的字元，最後檢查

h2o := New()
var wg sync.WaitGroup
wg.Add(N * 3)
// h1
go func() {
    for i := 0; i < N; i++ {
        time.Sleep(time.Duration(rand.Intn(100)) * time.Millisecond)
        h2o.hydrogen(releaseHydrogen1) // 生產一個氫原子
        wg.Done()
    }
}()

// h2
go func() {
    for i := 0; i < N; i++ {
        time.Sleep(time.Duration(rand.Intn(100)) * time.Millisecond)
        h2o.hydrogen(releaseHydrogen2) // 生產一個氫原子
        wg.Done()
    }
}()

// o
go func() {
    for i := 0; i < N; i++ {
        time.Sleep(time.Duration(rand.Intn(100)) * time.Millisecond)
        h2o.oxygen(releaseOxygen) // 生產一個氧原子
        wg.Done()
    }
}()

wg.Wait()

if len(ch) != N*3 { // 原子的數量必須是分子數量的 3 倍
    t.Fatalf("expect %d atom but got %d", N*3, len(ch))
}
```

```
    var s = make([]string, 3)
    for i := 0; i < N; i++ {
        s[0] = <-ch // 取出三個字元
        s[1] = <-ch
        s[2] = <-ch
        sort.Strings(s) // 排序方便檢查，否則就會有兩種合法的情況

        water := s[0] + s[1] + s[2]
        if water != "HOh" { // 連續三個字元，必須是一個 H、一個 O 和一個 h
            t.Fatalf("expect a water molecule but got %s", water)
        }
    }
}
```

這個問題使用 CyclicBarrier 和訊號量還是比較容易解決的。所以，如果問題中將製造水分子改成製造三氧化二鐵，那麼你也知道該怎麼撰寫程式了。

將問題變通一下，如果不要求氫原子必須由兩個執行緒提供，比如一個執行緒可以提供兩個氫原子，該怎麼實現呢？

其實這個實現起來更簡單，甚至不需要使用 CyclicBarrier，基本上變成了 hydrogen 執行緒和 oxygen 執行緒之間的同步。程式如下：

```
type H2O struct {
    semaH *semaphore.Weighted
    semaO *semaphore.Weighted
}

func New() *H2O {
    semaO := semaphore.NewWeighted(2)
    semaO.Acquire(context.Background(), 2)

    return &H2O{
        semaH: semaphore.NewWeighted(2),
        semaO: semaO,
    }
}
```

```
func (h2o *H2O) hydrogen(releaseHydrogen func()) {
    h2o.semaH.Acquire(context.Background(), 1)

    // 輸出一個 H
    releaseHydrogen()

    h2o.semaO.Release(1)
}

func (h2o *H2O) oxygen(releaseOxygen func()) {
    h2o.semaO.Acquire(context.Background(), 2)

    // 輸出一個 O
    releaseOxygen()

    h2o.semaH.Release(2)
}
```

使用兩個訊號量：semaH 和 semaO，它們都有兩個權杖，但 semaO 在初始化時兩個權杖都被取走了。氫 goroutine 的原子準備好後，首先請求 semaH 的權杖，然後釋放給 semaO 一個權杖。氧 goroutine 的原子準備好後，先請求 semaO 的兩個權杖，獲取到後再釋放給 semaH 兩個權杖。

氫 goroutine 輸出 H 後會釋放氧原子訊號量的許可，其實就是告訴氧 goroutine 一個氫原子準備好了。這個時候這個氫 goroutine 可以再次請求，也可能是其他的氫 goroutine 請求。

氧 goroutine 先請求氧原子訊號量的兩個許可，如果成功獲取，則表示兩個氫原子已經準備它輸出 O，並釋放氫原子訊號量的兩個許可。

21.4 fizz buzz 問題

fizzbuzz 問題也是一個經典的並發問題。問題描述如下。

輸入數字 1 到 n，滿足下面的條件：

- 如果這個數字可以被 3 整除，則輸出「fizz」。
- 如果這個數字可以被 5 整除，則輸出「buzz」。
- 如果這個數字可以同時被 3 和 5 整除，則輸出「fizzbuzz」。

舉例來說，當 n = 20 時，輸出：1, 2, fizz, 4, buzz, fizz, 7, 8, fizz, buzz, 11, fizz, 13, 14, fizzbuzz, 16, 17, fizz, 19, buzz。

我們來實現一個有四個 goroutine 的並發版 FizzBuzz，同一個 FizzBuzz 實例會被以下四個 goroutine 使用。

- goorutine A 將呼叫 fizz() 方法來判斷數字是否能被 3 整除，如果是，則輸出「fizz」。
- goroutine B 將呼叫 buzz() 方法來判斷數字是否能被 5 整除，如果是，則輸出「buzz」。
- goroutine C 將呼叫 fizzbuzz() 方法來判斷數字是否能同時被 3 和 5 整除，如果是，則輸出「fizzbuzz」。
- goroutine D 將呼叫 number() 方法來實現輸出既不能被 3 整除又不能被 5 整除的數字。

21.4.1 將並發轉為串列

每一個數字都被交給一個 goroutine 來處理，如果這個數字不應該由該 goroutine 負責處理，那麼它就被交給下一個 goroutine。

這個問題的妙處就在於，這四種情況是沒有交叉的，一個數字只能由一個 goroutine 處理，並且肯定會有一個 goroutine 來處理。在四個 goroutine 傳遞的過程中，肯定有一個 goroutine 會輸出內容，如果該 goroutine 輸出了內容，它就將數字加 1，交給下一個 goroutine 來檢查和處理，這就開啟了新一輪的數字檢查和處理。

當處理的數字大於指定的數字時，該 goroutine 將數字交給下一個 goroutine，然後傳回。下一個 goroutine 做同樣的處理，然後傳回。最後四個 goroutine 都傳回了。

在下面的程式中，使用 WaitGroup 等待四個 goroutine 都傳回，然後程式退出。

```
package main
import (
    "fmt"
    "sync"
)
// 定義問題物件
type FizzBuzz struct {
    n int
    chs []chan int
    wg sync.WaitGroup
}
// 指定最後的數字
func New(n int) *FizzBuzz {
    chs := make([]chan int, 4)
    for i := 0; i < 4; i++ {
        chs[i] = make(chan int, 1)
    }
    return &FizzBuzz{
        n:      n,
        chs: chs,
    }
}
// 程式開始。四個 goroutine 都完成後，此程式退出
func (fb *FizzBuzz) start() {
    fb.wg.Add(4)
    go fb.fizz()
    go fb.buzz()
    go fb.fizzbuzz()
    go fb.number()
    fb.chs[0] <- 1
    fb.wg.Wait()
}
// 只處理能被 3 整除的數字，next <- v 表示交給下一個 goroutine 處理
func (fb *FizzBuzz) fizz() {
    defer fb.wg.Done()
    next := fb.chs[1]
```

```
    for v := range fb.chs[0] {
        if v > fb.n { // 超過最大的數字，退出。依次交給其他的 goroutine，讓它們也退出
            next <- v
            return
        }
        if v%3 == 0 {
            if v%5 == 0 {
                next <- v
                continue
            }
            if v == fb.n {
                fmt.Print(" fizz。")
            } else {
                fmt.Print(" fizz,")
            }
            next <- v + 1 // 如果數字被處理了，則處理下一個數字
            continue
        }
        next <- v
    }
}
// 只處理能被 5 整除的數字，next <- v 表示交給下一個 goroutine 處理
func (fb *FizzBuzz) buzz() {
    defer fb.wg.Done()
    next := fb.chs[2]
    for v := range fb.chs[1] {
        if v > fb.n {
            next <- v
            return
        }
        if v%5 == 0 {
            if v%3 == 0 {
                next <- v
                continue
            }
            if v == fb.n {
                fmt.Print(" buzz。")
            } else {
                fmt.Print(" buzz,")
```

```
            }
            next <- v + 1
            continue
        }
        next <- v
    }
}
// 只處理既能被 3 整除又能被 5 整除的數字，next <- v 表示交給下一個 goroutine 處理
func (fb *FizzBuzz) fizzbuzz() {
    defer fb.wg.Done()
    next := fb.chs[3]
    for v := range fb.chs[2] {
        if v > fb.n {
            next <- v
            return
        }
        if v%5 == 0 && v%3 == 0 {
            if v == fb.n {
                fmt.Print(" fizzbuzz。")
            } else {
                fmt.Print(" fizzbuzz,")
            }
            next <- v + 1
            continue
        }
        next <- v
    }
}
// 處理其他的數字，next <- v 表示交給下一個 goroutine 處理
func (fb *FizzBuzz) number() {
    defer fb.wg.Done()
    next := fb.chs[0]
    for v := range fb.chs[3] {
        if v > fb.n {
            next <- v
            return
        }
        if v%5 != 0 && v%3 != 0 {
            if v == fb.n {
```

```
                fmt.Printf(" %d。", v)
            } else {
                fmt.Printf(" %d,", v)
            }
            next <- v + 1
            continue
        }
        next <- v
    }
}
func main() {
    fb := New(15)
    fb.start()
}
```

21.4.2 使用同一個 channel

我們可以轉換一下想法，讓四個 goroutine 使用同一個 channel。如果某個 goroutine 非常幸運，從這個 channel 中取出一個數字，那麼它會進行檢查。無非兩種情況：

- 正好是自己要處理的數字：輸出相應的文字，並且把數字加 1，再放入 channel 中。
- 不是自己要處理的數字：把這個數字再放回 channel 中。

對於每一個數字，總會有 goroutine 取出來並進行處理。

當取出來的數字大於指定的數字時，就把此數字再放回 channel 中，並傳回。

這種解法和上面的類似，只不過將四個 channel 替換成了一個 channel。程式如下：

```
package main
import (
    "fmt"
    "sync"
)
// 為這個問題的解定義一個物件
```

```
type FizzBuzz struct {
    n int // 要求解的數字
    ch chan int // 存放當前數字的 channel
    wg sync.WaitGroup // 用來等待四個 goroutine 完成
}
// 新建一個物件
func New(n int) *FizzBuzz {
    return &FizzBuzz{
        n: n,
        ch: make(chan int, 1),
    }
}
// 啟動四個 goroutine，並初始化第一個數字 1
func (fb *FizzBuzz) start() {
    fb.wg.Add(4)
    go fb.fizz()
    go fb.buzz()
    go fb.fizzbuzz()
    go fb.number()
    fb.ch <- 1 // 初始化第一個數字 1
    fb.wg.Wait() // 等待四個 goroutine 完成
}
// 如果只能被 3 整除
func (fb *FizzBuzz) fizz() {
    defer fb.wg.Done()
    for v := range fb.ch {
        if v > fb.n { // 已經處理完最後一個數字 n 了，傳回即可
            fb.ch <- v // 一定要放回，以便通知到其他 goroutine
            return
        }
        if v%3 == 0 { // 能被 3 整除
            if v%5 == 0 { // 且能被 5 整除，不屬於這個 goroutine 的職責，把數字放回
                fb.ch <- v
                continue
            }
            if v == fb.n { // 最後一個數字
                fmt.Print(" fizz。")
            } else {// 輸出 fizz
                fmt.Print(" fizz,")
```

```
            }
            fb.ch <- v + 1 // 開始處理下一個數字
            continue
        }
        fb.ch <- v // 不能被 3 整除，放回
    }
}
// 如果只能被 5 整除
func (fb *FizzBuzz) buzz() {
    defer fb.wg.Done()
    for v := range fb.ch { // 已經處理完最後一個數字 n 了，傳回即可
        if v > fb.n {
            fb.ch <- v
            return
        }
        if v%5 == 0 { // 能被 5 整除
            if v%3 == 0 { // 且能被 3 整除，不屬於這個 goroutine 的職責
                fb.ch <- v
                continue
            }
            if v == fb.n { // 只能被 5 整除，列印 buzz
                fmt.Print(" buzz。")
            } else {
                fmt.Print(" buzz,")
            }
            fb.ch <- v + 1 // 處理下一個數字
            continue
        }
        fb.ch <- v // 不是本 goroutine 要處理的情況，放回
    }
}
// 處理能被 3 和 5 整除的情況
func (fb *FizzBuzz) fizzbuzz() {
    defer fb.wg.Done()
    for v := range fb.ch {
        if v > fb.n { // 已經處理完最後一個數字 n 了，傳回即可
            fb.ch <- v
            return
        }
```

```
        if v%5 == 0 && v%3 == 0 { // 既能被 3 整除又能被 5 整除，列印 fizzbuzz
            if v == fb.n {
                fmt.Print(" fizzbuzz。")
            } else {
                fmt.Print(" fizzbuzz,")
            }
            fb.ch <- v + 1 // 處理下一個數字
            continue
        }
        fb.ch <- v // 不是本 goroutine 要處理的情況，放回
    }
}
// 處理既不能被 3 整除又不能被 5 整除的情況
func (fb *FizzBuzz) number() {
    defer fb.wg.Done()
    for v := range fb.ch {
        if v > fb.n { // 已經處理完最後一個數字 n 了，傳回即可
            fb.ch <- v
            return
        }
        if v%5 != 0 && v%3 != 0 { // 既不能被 3 整除又不能被 5 整除，直接列印這個數字
            if v == fb.n {
                fmt.Printf(" %d。", v)
            } else {
                fmt.Printf(" %d,", v)
            }
            fb.ch <- v + 1 // 處理下一個數字
            continue
        }
        fb.ch <- v // 放回
    }
}
func main() {
    fb := New(15)
    fb.start()
}
```

這裡有一個基礎知識：會不會只有一個 goroutine 把數字取出來放回去，再取出來再放回去，其他的 goroutine 沒有機會讀取到這個數字呢？

不會的，根據 channel 的實現，waiter 還是有先來後到之說的，一個 goroutine 總是有機會能讀取到自己要處理的數字的。

21.4.3 使用 CyclicBarrier

對於這個場景，其實還可以使用 CyclicBarrier，程式簡潔，邏輯清晰明了。在上面的程式中，一個數字同一時刻只有一個 goroutine 來處理，比較低效。其實四個 goroutine 可以同時進行檢查，肯定有一個 goroutine 可以處理。處理完一個數字，就再取出來一個數字，四個 goroutine 都等到了下一個數字，並發度比較高。

而且，CyclicBarrier 更適合這個場景，因為我們要重複使用屏障。

```
package main
import (
    "context"
    "fmt"
    "sync"
    "github.com/marusama/cyclicbarrier"
)

// 這個實現採用 CyclicBarrier
type FizzBuzz struct {
    n int
    barrier cyclicbarrier.CyclicBarrier // 使用這個屏障處理每一輪的數字
    wg  sync.WaitGroup
}
// 初始化
func New(n int) *FizzBuzz {
    return &FizzBuzz{
        n:      n,
        barrier: cyclicbarrier.New(4),
    }
}
// 依然是啟動四個 goroutine
func (fb *FizzBuzz) start() {
    fb.wg.Add(4)
```

```
    go fb.fizz()
    go fb.buzz()
    go fb.fizzbuzz()
    go fb.number()
    fb.wg.Wait() // 用來等待四個 goroutine 完成
}
// 處理只能被 3 整除的情況
func (fb *FizzBuzz) fizz() {
    defer fb.wg.Done()
    ctx := context.Background()
    v := 0
    for {
        fb.barrier.Await(ctx) // 等待四個 goroutine 都準備好
        v++ // 新一輪的數字，每一輪四個 goroutine 都處理相同的數字
        if v > fb.n { // 如果超過 n，則完成，傳回
            return
        }
        if v%3 == 0 { // 能被 3 整除
            if v%5 == 0 { // 且能被 5 整除，非此 goroutine 要處理的情況
                continue
            }
            if v == fb.n { // 只能被 3 整除，列印 fizz
                fmt.Print(" fizz。")
            } else {
                fmt.Print(" fizz,")
            }
        }
    }
}
// 處理只能被 5 整除的情況
func (fb *FizzBuzz) buzz() {
    defer fb.wg.Done()
    ctx := context.Background()
    v := 0
    for {
        fb.barrier.Await(ctx) // 等待四個 goroutine 都準備好
        v++ // 新一輪的數字
        if v > fb.n { // 如果超過 n，則完成，傳回
            return
```

```
        }
        if v%5 == 0 { // 能被 5 整除
            if v%3 == 0 { // 且能被 3 整除，非此 goroutine 處理的情況
                continue
            }
            if v == fb.n { // 列印 buzz
                fmt.Print(" buzz。")
            } else {
                fmt.Print(" buzz,")
            }
        }
    }
}
// 處理既能被 3 整除又能被 5 整除的情況
func (fb *FizzBuzz) fizzbuzz() {
    defer fb.wg.Done()
    ctx := context.Background()
    v := 0
    for {
        fb.barrier.Await(ctx) // 等待四個 goroutine 都準備好
        v++ // 新一輪的數字
        if v > fb.n { // 如果超過 n，則完成，傳回
            return
        }
        if v%5 == 0 && v%3 == 0 { // 既能被 3 整除又能被 5 整除，列印 fizzbuzz
            if v == fb.n {
                fmt.Print(" fizzbuzz。")
            } else {
                fmt.Print(" fizzbuzz,")
            }
        }
    }
}
// 處理既不能被 3 整除又不能被 5 整除的情況
func (fb *FizzBuzz) number() {
    defer fb.wg.Done()
    ctx := context.Background()
    v := 0
    for {
```

```
        fb.barrier.Await(ctx) // 等待四個 goroutine 都準備好
        v++ // 新一輪的數字
        if v > fb.n { // 如果超過 n，則完成，傳回
            return
        }
        if v%5 != 0 && v%3 != 0 { // 既不能被 3 整除又不能被 5 整除，直接列印這個數字
            if v == fb.n {
                fmt.Printf(" %d。", v)
            } else {
                fmt.Printf(" %d,", v)
            }
        }
    }
}
func main() {
    fb := New(15)
    fb.start()
}
```

在這個實現中，使用 CyclicBarrier，讓四個 goroutine 處理每一輪的數字，處理完之後，它們又進入了下一個屏障。四個 goroutine 的處理安排得妥妥當當，一輪又一輪，一個數字又一個數字，任務編排符合預期。

透過本章四個經典問題的介紹，相信你對 Go 並發程式設計的理解又深入了一步。